KB116793

데이터과학자의 사고법

• 더 나은 선택을 위한 통계학적 통찰의 힘 •

김영사

추천사

"요즘 데이터가 홍수다. 길을 잃지 않으려면 모두 눈을 떠야 한다. 바로 저자가 말하는 데이터 리터러시다. 서브프라임모기지 사태의 원인은 무엇이고 고속도로에서 내 차선만 유달리 막히는 이유는 무엇인지, 책을 보면 알 수 있다. 데이터의 구슬을 꿰어 합리적 이해의 보배를 얻으려면 읽어야 할 책이다. 이미 우리 곁에 온 미래에 데이터과학은 세상의 심장이니까."

김범준 성균관대 물리학과 교수, 《관계의 과학》 저자

"통계학의 방법론 속에는 그 방법을 도출시킨 과학적 사고체계와 그에 따른 핵심 개념들이 숨어있고, 이들에 대한 이해의 깊이와 통계학의 수련 내공에 따라 세상이 다르게 보일 것이다. 김용대 교수는 다양한 사례를 통하여 유려한 문장과 직관적인 설명으로 일반 대중이나 통계학의 초보자들도 깊은 수준의 통계학 사고에 다가갈 수 있게 한다. 데이터과학 시대의 일반 독자를 위한 도서로 적극 추천한다."

박병욱 서울대 통계학과 교수, 한국통계학회장

"마음이 없으면 보아도 보이지 않는다는 옛말처럼 준비되어 있지 않으면 데이터를 봐도 진실을 알아채지 못한다. 데이터 과학자의 눈으로 바라보면 단조롭고 진부한 일상 속에서 유머와 오류로 가득한 낯선 즐거움을 느낄 수 있고, 교묘한 변명과 위장, 편협한 위선과 편견을 논리의 망치로 한 방에 설파해버리는 통쾌함을 맛볼 수 있다. 데이터 분석과 기계학습, AI를 전공하는 이들뿐만 아니라 객관적이고 합리적인 사고를 원하는 모든 이들을 위한 데이터과학 해설서이다."

김유원 네이버 데이터랩 리더

프롤로그

데이터과학으로 들어가기

최근 학계와 산업계에서 많이 회자되고 있는 단어로 '4차 산업혁명', '빅데이터', '인공지능'과 더불어 '데이터과학'을 꼽을 수 있을 것입니다. 우리는 전기자동차를 타면서 '4차 산업혁명'의 흐름을 느끼고, 구글Google이나 네이버에서 궁금한 것을 검색하면서 '빅데이터'를 경험하고, 스마트폰의 네비게이션을 음성으로 작동시키면서 '인공지능'을 이용합니다. 그런데 '데이터과학'은 전문가가 아니면 무엇인지 알기 어렵습니다. 우리 주변의 일상생활에서 찾아보기도 쉽지 않고 꼭 필요한 것 같지도 않습니다.

하지만 데이터과학은 우리 주위에 공기처럼 존재합니다. 우리는 매일매일 데이터과학의 다양한 결과물을 누리고 있습니다. 항상 뉴스 일기예보에 나오는 '비 올 확률'과 명절 때 발표되는 '교통량 예측' 등의 정보뿐 아니라 페이스북facebook이나 유튜브YouTube에서 보이는 광고, 인터넷 쇼핑 중에 화면에 노출되는 상품 등도 데이터과학의 결과물입니다. 여러 데이터를 분석하여 고객이 가장 좋아할 광고나 상품을 추천하는 알고리즘algorism이 부지불식중에 작동하고 있는 것입니다. 나아가 지구온난화 원인 규명이나 전염병 발생지 추적 등의 국제적 이슈에도 데이터과학은 큰 역할을 하고 있습니다.

데이터과학에서 '데이터'라는 단어는 전문가가 아니더라도 어느 정도 알고 있습니다. 매 선거 때 발표되는 여론조사 결과도 데이터이고, 매일 발표되는 주가지수나 아파트 가격도 데이터입니다. 그럼에도 데이터과학에서 '과학'이 의미하는 바는 전문가가 아니면 알기 어렵습니다. 그래서 이 책의 목표는 전문가가 아닌 사람이 데이터과학을 좀 더 쉽게 이해할 수 있도록 하는 것입니다. 특히 '데이터과학'에서 '과학'의 의미와 '데이터과학'이 어떻게 우리 사회 곳곳에서 사용되고 있는지 살펴볼 것입니다.

데이터과학을 본격적으로 소개하기 전에 데이터과학에 대한 오해 2가지를 살펴보겠습니다. 첫 번째 오해는 '과학을 위한 데이터'라는 것입니다. 오늘날 과학의 새로운 패러다임은 데이터입니다. 과거 실험, 이론, 계산에 의존하던 과학은 현재 데이터에 크게 의존하여 발전하고 있습니다. 데이터 중심 연구가 다양한 과학 분야에서 각광받고 있습니다. 정밀의료(의학), 생물정보학(생물학), 엘니뇨 예측(기상학), 뇌 네트워크 분석(인지과학), 텍스트마이닝(언어학) 등을 예로 들 수 있겠습니다. 물론 물리학에서도 마찬가지인데, 2017년에 노벨물리학상을 받은 중력파 입증 연구에서도 데이터가 중요한 역할을 했습니다.

그렇지만 이러한 연구는 데이터과학을 활용한 것이지 데이터과학 그 자체는 아닙니다. 데이터과학은 데이터를 기반으로 하여 합리적 사고를 하는 방법에 대한 과학입니다. 즉, 데이터 분석을 위한 과학이며 기존의 학문 분야 중에는 통계학과 가장 관련이 깊습니다.

데이터를 기반으로 합리적 사고를 한다는 것은 무엇일까요? 간단한 예를 살펴보겠습니다. 데이터를 보니 우리나라에서 심장마비로 사망한 사람 중 99퍼센트, 그리고 뇌종양 환자의 98퍼센트가 '이것'을 먹었다고 나옵니다. 99퍼센트와 98퍼센트라는 확률을 보면 이것은 건강에 매우 해로운 식품이라 당장 법으로 금지해야 할 만큼 심각한 문제 같습니다. 하지만 이 문제의 숫자가 나온 식품은 바로 '밥'입니다. 밥은 모든 사람이 먹습니다. 건강한 사람이나 아픈 환자나 모두 밥을 먹습니다. 한데 이런 점을 고려하지 않고 바로 밥을 나쁜 음식이라 규정한다면, 이것은 엉터리 의사결정인 셈입니다. 조금만 주의하면 이런 실수는 범하지 않을 것 같습니다. 약간 말장난 같기도 합니다. 그런데 이런 실수를 전문가도 자주 범합니다.

영국에 샐리 클라크Sally Clark라는 여성의 첫아이가 출생 11주 만에 죽었는데 둘째 아이도 출생 8주째에 죽었습니다. 검사는

'두 아이가 우연히 급사할 확률은 약 7300만 분의 1'이라는 소아과 의사의 계산을 근거로 하여 클라크를 살인범으로 기소했습니다. 하지만 그 이후 확률을 바탕으로 한 검사의 의사결정에는 큰 문제가 있었음이 드러납니다. 심장마비 사망자의 99퍼센트가 밥을 먹었으니 밥은 나쁜 식품이라고 결론을 낸 것과 같은 논리였습니다. 밥이 심장마비의 원인인지 합리적으로 판단하기 위해서는 건강한 사람이 밥을 먹을 확률도 알아야 합니다. 건강한 사람의 50퍼센트만 밥을 먹었다면, 밥을 심장마비의 주요 원인으로 볼 수 있을 것입니다. 그러나 건강한 사람 대부분이 밥을 먹기 때문에 밥을 심장마비의 원인이라 할 수 없습니다. 합리적인 의사결정의 시작은 상호 비교입니다. 이 간단한 이치를 클라크를 기소한 검사는 몰랐던 것입니다.

두 아이가 우연히 급사할 확률도 낮지만, 엄마한테 살해당할 확률도 매우 낮습니다. 통계학자가 다시 확률을 계산해서 '엄마가 두 아이를 연속으로 살해할 확률'은 '두 아이가 연속으로 급사할 확률'의 9분의 1이라는 결론이 나왔고 상급법원은 클라크를 무죄로 풀어줍니다. 하지만 이미 알코올의존자가 된 클라크는 출소 4년 후에 알코올 과다섭취로 사망합니다. 이 사건은 데이터 기반 합리적 사고가 얼마나 어려운지와 합리적 의사결정을 결여했을 때 인권 침해도 발생할 수 있다는 것을 잘 보여줍니다.

데이터과학에 대한 두 번째 오해는 데이터를 위한 기술이라는 것입니다. 데이터과학이란 새로운 정보나 지식을 찾기 위해 데이터를 수집·저장·분석하는 유관 과학기술(예: 통계, 컴퓨터, 통신, 소프트웨어 등)입니다. 위키백과에서는 데이터과학을 통계학·컴퓨터학·응용분야 지식의 융합이라고 정의합니다. 응용분야란 데이터과학을 적용하고자 하는 분야를 의미합니다. 기상이변을 예측하려면 기상학에 대한 지식이 있어야 하며, 맞춤형 광고 추천을 하려면 마케팅에 대한 지식이 있어야 합니다. 센서·인터넷·모바일 등을 이용한 데이터 수집과, 수집된 데이터를 저장하고 필요할 때 빠르게 찾기 위해서도 컴퓨터학이 필요합니다. 데이터가 많아서 손으로 적거나 문서로 정리하는 것은 거의 불가능합니다. 데이터과학에서 컴퓨터는 필수불가결합니다.

통계학은 이렇게 모인 데이터를 분석하는 방법에 대한 학문입니다. 그런데 분석이 무엇인지는 쉽게 이해하기 어렵습니다. 평균소득, 평균 시청 시간, 평균 강수량 등은 분석의 결과물입니다. 하지만 이런 결과물을 위해서 통계학이 무슨 일을 하는지 일반인은 잘 이해가 되지 않습니다. 그냥 엑셀 프로그램으로 집계하면 쉽게 구해지기 때문입니다. 특별한 지식이 필요 없어 보입니다. 응용분야의 지식과 데이터 기술의 이해, 그리고 분석에 대한 상식만 있으면 데이터과학은 완성되는 것처럼 보입니다. 기술과 상식만 보이고 과학은 보이지 않습니다.

응용분야의 지식과 데이터 기술은 데이터과학에서 매우 중요한 부분이지만 데이터과학의 전부는 아닙니다. 데이터과학의 핵심에는 데이터로부터 유용하고 새로운 정보를 찾기 위한 합리적 사고방법이 자리 잡고 있습니다. 샐리 클라크의 예에서 보았듯이 아무리 데이터를 잘 모아도 데이터과학에 대한 지식이 결여되면 엉터리 결론을 내릴 수 있습니다. 또한 많은 분야에는 상식으로 해결되지 않는 중요한 질문들이 있습니다. 홍수 피해를 줄이기 위한 제방의 높이를 결정하거나 불량 반도체가 생산된 원인을 찾는 문제에는 고도의 데이터 분석 지식이 필요합니다.

이 책에서는 데이터과학에서 다루는 복잡하고 어려운 방법을 설명하지 않습니다. 다만 데이터를 통한 합리적 의사결정이 왜 어려운지 일상 속 여러 사례를 통해서 소개하고, 다양한 분야에서 데이터과학의 활약상을 살펴볼 예정입니다. 특히 데이터를 통한 합리적 의사결정이 응용분야 전문가뿐 아니라 우리의 일상생활에서도 매우 중요하다는 것을 설명하려 합니다. 검사가 데이터과학을 조금이라도 알았다면 샐리 클라크는 행복한 삶을 살았을지도 모릅니다.

차례

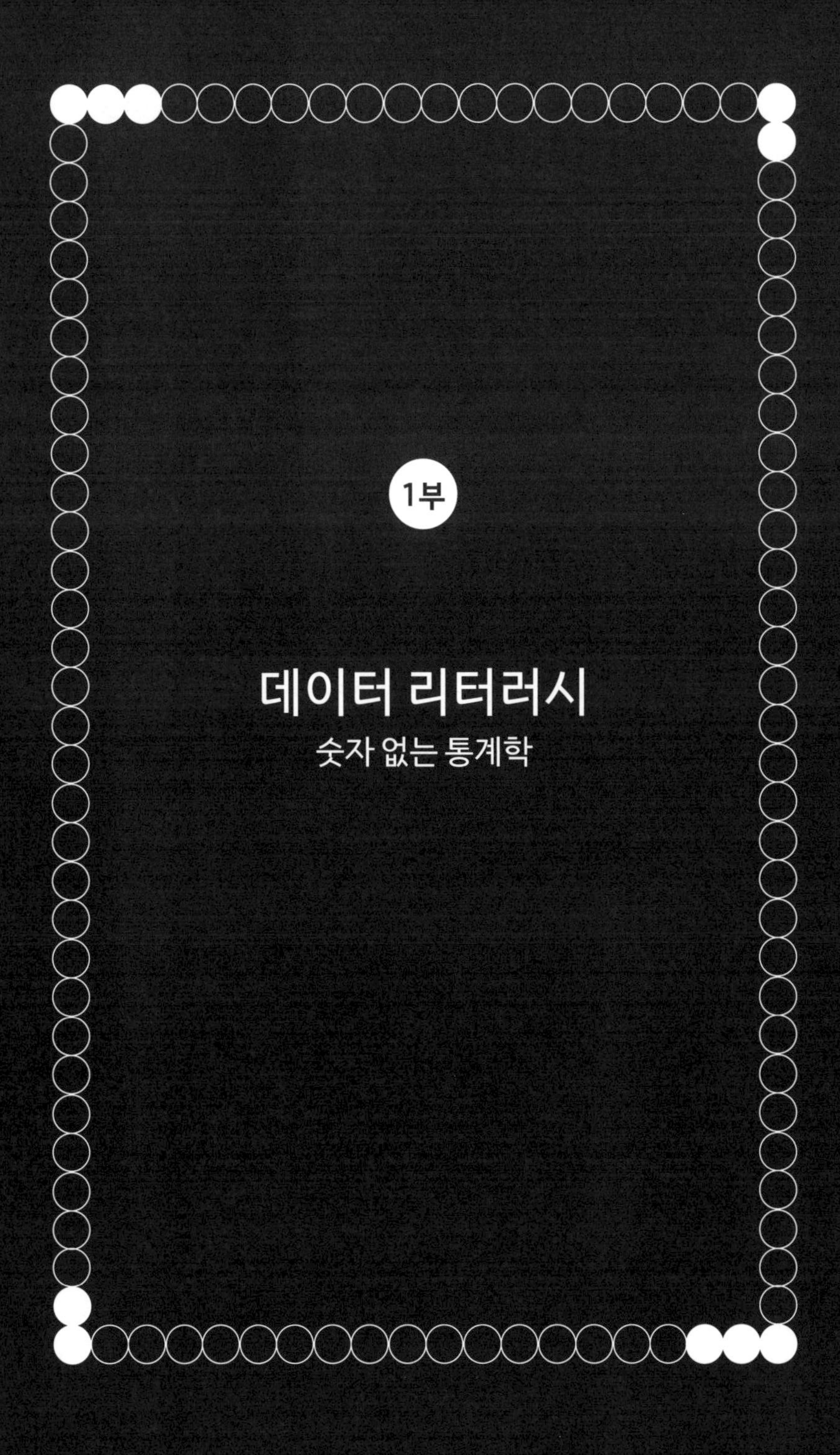

1부

데이터 리터러시

숫자 없는 통계학

1장

역사 속의 데이터

무지와 탐욕을 밝히는 열쇠

데이터과학을 본격적으로 이야기하기 전에 역사 속 2가지 사건을 통해서 데이터과학의 역할을 살펴보고자 합니다. 데이터과학의 목적은 데이터를 기반으로 합리적 의사결정을 하는 것입니다. 즉 데이터과학은 '데이터'와 '합리적 의사결정'이라는 2가지 요소로 구성되어 있습니다. 먼저 데이터 없이 경험과 감에 의존해서 내린 의사결정이 얼마나 심각한 결과를 초래하는지 19세기 런던에서 발병한 콜레라 사례를 통해서 살펴볼 것입니다. 그다음으로 데이터가 있지만 인간이 탐욕에 눈멀어 합리적이지 못한 의사결정을 내린 사례로서 2008년에 전 세계를 불황으로 몰아넣은 금융위기를 살펴보고자 합니다.

런던 콜레라 그리고 데이터

19세기는 영국의 황금기였습니다. 18세기 산업혁명 이후 산업화가 급속도로 진행되었으며, 대도시로 인구가 집중되기 시작합니다. 19세기 중반 런던 소호 지구에도 인구가 대량으로 유입됩니다. 그러면서 여러 가지 문제가 발생했는데, 그중 하나가 위생이었습니다. 런던의 하수처리 시스템은 급증하는 인구를 따라가지 못하고, 소호 지구는 오물을 정상적으로 처리할 수 없었습니다. 지하에 설치한 정화조의 용량 부족으로 오물이 여과 없이 유입되면서 템스강이 오염되었고, 이렇게 오염된 물로 인해 콜레라가 창궐합니다. 기록에 의하면 1832년과 1849년 두 차례 발병한 콜레라로 총 1만 4137명이 사망했다고 합니다.

하지만 이때에는 콜레라가 물로 전염되는 수인성 전염병인 것을 알지 못했습니다. 당시에는 나쁜 공기가 전염병의 원인이라는 '장기설miasma theory'이 의료계의 정설이었고, 이 때문에 콜레라의 원인을 파악할 수 없었습니다. 심지어 전염병을 막으려고 물청소를 했는데, 이는 콜레라의 창궐을 도와주는 꼴이었습니다. 오염된 공기를 통해 설사병이 전염된다는 생각은 상한 음식의 냄새만으로도 배탈이 난다는 꼴이니 지금 보면 어이없는 생각입니다. 하지만 그 당시로는 매우 합리적인 판단이었습니다. 단, 데이터가 아닌 '감'으로 판단한 것이었습니다. 물론 데이터로 장기설을 증명하려고 노력한 과학자도 있었습니다. 기온과 사망률의 관계를 조사하여 온도가 콜레라의 원인이라는 것을 밝히려는 노력도 있었지만 성과는 없었습니다.

1854년 8월 31일 소호 지역에서 다시 한번 콜레라가 창궐하기 시작합니다. 사흘간 127명이 사망했고, 1주 후에는 주민의 4분의 3이 이 지역을 떠납니다. 열흘 후인 9월 10일이 되자 사망자 수는 500여 명에 달했는데, 사망률이 주민의 12.8퍼센트에 달한 곳도 있었습니다. 총 616명이 사망한 이 질병의 발병 원인을 놓고 공방이 치열했습니다. 당시 공기감염 이론에 회의적이었던 존 스노John Snow 박사는 오물에 오염된 템스강을 식수로 이용한 것이 원인일지 모른다고 생각했습니다. 그리고 자신의 생각을 뒷받침하기 위해서 일일이 발로 뛰며 데이터를 수집하기 시작했습니다.

스노는 런던의 집집마다 방문해서 환자가 사망한 날짜와 장소를 물어보고 그 정보를 지도에 표시했는데(그림 1), 이를 통해 사망자 위치가 소호 지역의 물펌프를 중심으로 몰려 있다는 사실을 확인했습니다. 특이하게 맥주 제조시설에서 일하는 사람이나 빈민촌 주민 중에는 사망자가 1명도 없었습니다. 맥주공장 직원은 맥주를 공짜로 마실 수 있었고 빈민촌에는 우물이 따로 있어서 템스강의 물을 길어오는 물펌프를 사용하지 않았던 것입니다. 스노는 이 결과를 지역 이사회에 보고했고, 바로 소호 지역의 물펌프 사용이 금지됩니다. 이로써 수많은 사람의 생명을 구하고 더 큰 불행을 막을 수 있었습니다.[1]

스노의 업적은 의학의 한 분야인 역학epidemiology의 시초로 평가받습니다. 역학이란 질병의 발생과 환경의 관계를 분석하는 분야입니다. 전염병의 원인 및 전파경로 파악, 위생 상태와 질병의 관계, 유해물질과 건강의 관계 등에 대해서 데이터를 기반으로 연구를 진행합니다. 2011년에 한국에서 크게 이슈가 되었던 가습기 살균제와 폐질환의 연관 관계도 역학 전문가가 밝혀냈습니다. 2020년 코로나바이러스감염증-19(코로나19) 사태를 극복하는 열쇠도 역학이 쥐고 있습니다. 코로나19 해결의 유일한 해결책으로 평가받고 있는 백신의 개발도 역학의 주요 연구 분야입니다. 그리고 역학의 핵심에는 데이터과학이 있습니다.

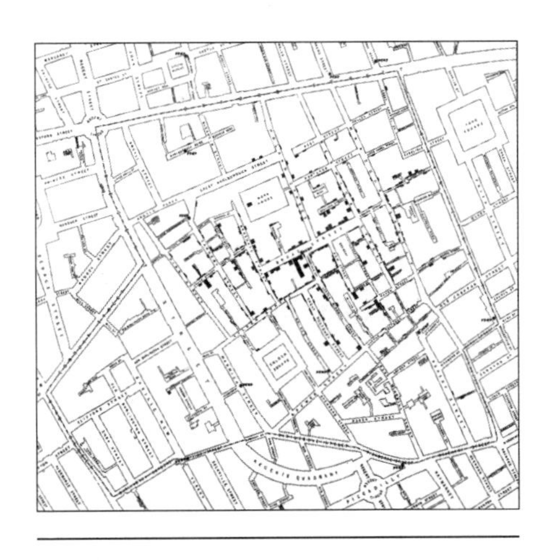

그림 1 존 스노의 지도

인간의 탐욕과 리먼브라더스 사태

2008년에 엄청난 사건이 터집니다. 금융시장의 핵심인 미국에서 4대 투자은행 중 하나인 리먼브라더스Lehman Brothers가 하루아침에 파산한 것입니다. 리먼브라더스 파산은 전 세계에 엄청난 후폭풍을 몰고 옵니다. 미국에서 600만 명이 집을 차압당하고 800만 명이 직장을 잃었습니다. 우리나라도 예외가 아니었습니다. 주가지수가 41퍼센트 폭락했고 실업률이 크게 증가했습니다. 현재 전 세계적으로 겪고 있는 저성장 기조도 2008년부터 시작됩니다.

금융 산업의 핵심은 위험의 회피이고, 따라서 금융 산업의 핵심 기술은 위험의 측정 및 관리입니다. 그리고 위험 측정의 핵심에 데이터가 존재합니다. 금융에서 위험관리 관련 이론 중 가장 유명하면서 실제 널리 사용되는 이론은 '포트폴리오 이론'입니다. "달걀은 한 바구니에 담지 말아라"라는 비유로도 유명한 포트폴리오 이론을 쉽게 설명하자면, 다양한 금융 상품 또는 다양한 주식에 자금을 분산해서 장기적으로 투자하면 평균적으로 이익은 유지하면서 위험은 크게 감소시킬 수 있다는 것입니다. 포트폴리오 이론은 1952년에 25세 청년 해리 마코위츠Harry Markowitz가 발표했으며, 그는 이 공로로 1990년에 노벨경제학상을 수상하게 됩니다.

포트폴리오 이론을 기반으로 다양한 금융 상품이 개발되었으며 금융 산업은 급성장합니다. 은행이나 증권회사에서 판매하는 수많은 펀드 상품도 포트폴리오 이론을 배경으로 개발된 것입니다. 그러나 과유불급이라는 격언처럼 무엇이든 도가 지나치면 화를 불러옵니다. 금융 산업도 포트폴리오 이론을 만병통치약처럼 사용하다가 결국 2008년 글로벌 금융위기를 맞게 됩니다.

2008년 글로벌 금융위기의 원인이 되는 서브프라임모기지Subprime Mortgage라는 금융 상품도 포트폴리오 이론을 바탕으로 개발되었습니다. 서브프라임모기지를 이해하기 위해서는 '모기지'와 '서브프라임'이라는 단어를 이해해야 합니다. 모기지는 집을 구매하고자 하는 사람에게 집을 담보로 은행에서 대출해주는 금융 상품입니다. 우리나라에서도 집을 구매한 거의 모든 사람이 이 금융 상품을 이용합니다. 반면에 서브프라임은 프라임에 못 미친다는 뜻인데, 프라임은 신용이 좋은 사람을 지칭합니다. 즉, 서브프라임모기지는 신용이 좋지 않은 사람을 대상으로 집을 구매할 때 대출해주는 금융 상품입니다.

서브프라임모기지는 상대적으로 신용이 나쁜 사람에게 대출을 해주기 때문에 위험관리에 좀 더 많이 신경 써야 합니다. 하지만 이윤을 우선으로 한 금융회사들은 위험관리보다 수익 창출에 더 많은 노력을 쏟았습니다. 나아가 문제점을 내부에서 알고도 고객에게 알리지 않은 범죄를 저질렀고 그 결과는 처참했습니다.

서브프라임모기지 사태의 원인을 찾아가다 보면 놀랍게도 데이터를 만나게 됩니다. 그런데 영국 콜레라 사태와는 다릅니다. 이번에는 데이터가 많았는데 분석을 엉터리로 했습니다. 분석가의 실력이 모자라서가 아니라 탐욕에 눈이 멀어서 분석을 엉터리로 한 것입니다. 그럼 탐욕이 어떻게 합리적 의사결정을 방해했는지 간단하게 살펴보겠습니다.

개별 서브프라임모기지 자체는 위험이 매우 높습니다. 신용이 좋지 않은 사람에게 대출을 해주었기 때문입니다. 그런데 여기에 포트폴리오 이론을 적용하면 이야기가 달라집니다. 이론상으로 개별 서브프라임모기지를 잘게 나누어 다른 금융 상품과 섞으면 위험이 낮아집니다. 수익 창출을 우선한 금융 전문가는 포트폴리오 이론을 이용하여 서브프라임모기지를 기반으로 위험이 낮아 보이는 새로운 금융 상품을 만들고 이를 시장에서 판매했습니다. 그리고 엄청난 수익을 올립니다. 이 새로운 금융 상품을 구매한 고객은 다양한 서브프라임모기지의 일부만을 소유하게 됩니다. 따라서 한번에 많은 사람이 대출을 갚지 못하는 극단적인 사태가 오지 않는 한 이 상품이 위험에 빠질 확률은 매우 낮다고 평가할 수 있었습니다.

2008년 글로벌 금융위기 직전에 신용평가기관에서 평가한 서브프라임모기지 신용도는 AAA였습니다. 그 당시 미국에서 6개의 회사만 신용도가 AAA였으니, 서브프라임모기지의 신용도는 대단히 높았습니다. 그런데 한순간 많은 사람이 동시에 빚을 갚지 못했고 결국 글로벌 금융위기를 몰고 옵니다. 이 금융 상품은 이론적으로 완벽했고 객관적인 평가도 아주 우수했습니다. 단, 이론이 데이터와 맞지 않았던 것입니다.

서브프라임모기지 상품에 적용된 위험관리 이론의 큰 오류는 바로 '한번에 많은 사람이 부도낼 확률은 낮다'는 가정이었습니다. 이 가정은 포트폴리오 이론의 핵심 가정으로서, 이 가정이 없으면 포트폴리오 이론을 바탕으로 한 위험관리 방법도 무용지물이 됩니다. 따라서 어떤 이론을 적용할 때는 그 이론의 배경이 되는 가정이 실제 상황에 잘 부합하는지 데이터로 확인해야 합니다. 2008년 금융위기는 이 확인을 제대로 하지 않아서 발생한 것입니다.[2]

서브프라임모기지를 이용하여 대출을 받은 사람은 주로 저소득층이며, 이러한 저소득층의 신용도는 경기 변화에 따라 민감하게 반응합니다. GM자동차 공장이 철수된 군산이 대표적인 예로, GM자동차 공장에서 근무했던 노동자의 신용위험은 자동차 공장이 철수한 후에 모두 급격하게 증가했습니다. 즉, 저소득층의 신용은 동시에 급격하게 낮아질 수 있으며, 실제로 2008년의 금융위기는 이러한 현상이 발생하며 초래된 것입니다.

더 심각한 문제는 서브프라임모기지에는 포트폴리오 이론이 적용될 수 없다는 것을 금융 상품을 설계한 내부 전문가 및 이를 평가한 평가기관에서도 이미 알고 있었다는 것입니다. 그러나 전문가와 평가기관은 수익 창출에 눈이 멀어서 이를 제대로 알리지 않았고, 결국 이 문제가 악화되어 국제적 경제 위기로 폭발했습니다. 2008년 금융위기의 원인을 좀 더 구체적으로 파악해 보도록 합시다.

첫 번째 원인은 저소득층 사람의 신용을 너무 높게 평가한 것입니다. 이유는 단순하게도 저소득층의 신용을 평가할 데이터가 부족했기 때문입니다. 저소득층은 금융회사에서 대출을 거의 받지 못하기 때문에 부도를 낼 수도 없습니다. 저소득층이 대출을 받은 경우에는 보통 특별한 사연이 있습니다. 이를테면 소득은 낮지만 아버지가 부자여서 대출이 가능한 경우를 생각할 수 있습니다. 이런 경우 금융회사의 데이터에 있는 저소득자는 모두 아버지가 부자일 것입니다. 그러나 대출을 거부당한 수많은 저소득자는 아버지도 가난했습니다. 즉, 분석에 사용된 데이터가 모집단을 대표할 수 없었던 것입니다. 이러한 문제는 새로운 것이 아니고, 신용평가에서는 아주 잘 알려진 '거절자 추론'reject inference이라는 문제입니다. 데이터 분석가가 무시했거나 무지했거나 둘 중 하나였던 것입니다.

두 번째 원인은 금융회사가 신용평가기관의 평가 기법을 잘 알고 있다는 것입니다. 신용평가기관에서 금융회사로 이직하는 사람이 꽤 있었고, 어떤 경우에는 금융회사가 특정한 목적을 위해 신용평가기관 전문가를 스카우트하기도 했습니다. 평가 방법을 잘 알면 평가의 허점을 이용하여 신용평가도를 인위적으로 높일 수 있습니다.

가령 신용평가기관의 평가 규칙이 '금융회사가 좋은 신용평가를 받기 위해서는 대출자들의 신용점수가 평균 615점 이상이어야 한다'고 가정하겠습니다. 여기에 평균의 함정이 있습니다. 대출자들의 신용점수가 615점을 기준으로 균등하게 분포되어 있는 경우와 50퍼센트의 대출자는 신용점수가 550점이고 나머지 50퍼센트의 대출자의 신용점수가 680점인 경우가 구별이 안 됩니다. 물론 두 번째 경우에 금융회사가 부도날 확률이 훨씬 높아집니다. 부도는 평균이 중요하지 않습니다. 10명에게 대출해준 은행은 보통 2명만 부도내도 크게 손해를 봅니다. 전체 대출자 신용도의 평균보다 고위험 대출자가 얼마나 많은지가 부도 위험을 측정하는 데 훨씬 중요한 지표입니다. 금융회사는 이를 모두 알고서도 탐욕에 눈멀어 고의적으로 무시했습니다.

세 번째 원인으로 신용평가기관은 금융 상품을 공정하게 평가하기 어려운 환경이었습니다. 신용평가기관은 금융회사가 주 고객입니다. 따라서 금융회사가 싫어하는 결과를 신용평가기관도 싫어합니다. 악어와 악어새 관계라고나 할까요. 그래서 자연스럽게 신용평가기관은 데이터를 분석할 때 금융회사에 유리한 쪽으로 분석합니다. 이러한 공생관계는 합리적인 의사결정을 크게 방해했습니다.

돌이켜 보면 데이터는 모든 것을 알고 있었습니다. 서브프라임모기지의 위험이 높다는 것을 전문가들도 잘 파악하고 있었습니다. 단지 이유가 무엇이든 데이터를 무시하고 합리적인 의사결정을 하지 않았을 뿐입니다. 2008년 금융위기 사태는 우리에게 데이터과학의 성공에는 데이터뿐 아니라 합리적인 의사결정도 매우 중요한 요소임을 잘 보여줍니다. 의사결정에서 탐욕을 배제하기 위해서는 관리와 감독이 필수적이며, 관리와 감독을 위한 전문가는 데이터과학으로 무장해야 할 것입니다. 우리나라는 금융위원회와 금융감독원에서 금융회사를 관리 감독하고 있으며, 이곳에서 많은 데이터과학자가 활약하고 있습니다.

2장

불확실한 세상을 위한 언어

확률

불확실한 시대에 필요한 것

우리가 사는 세상은 불확실합니다. 1997년에 발생한 IMF 외환위기와 2020년의 신종코로나바이러스 창궐 등은 사람들이 전혀 예측하지 못했던 국가적 사건입니다. 개인의 일상생활에서도 우리는 불확실성과 함께 살고 있습니다. 제과점 주인에게는 내일 팔릴 빵의 개수가 불확실하고, 대학입시를 준비하는 수험생에게는 대학수학능력시험 문제가 불확실합니다.

불확실성은 완전히 없앨 수 없기 때문에 우리는 항상 불확실성에 대해 대비해야 합니다. 국가는 금융위기를 대비해서 달러를 비축하고, 전염병을 대비해서 의료 시스템을 구축합니다. 제과점 주인은 경험을 바탕으로 적절한 양의 빵을 만들고, 수험생은 수능을 대비해서 다양한 문제를 풀어봅니다.

그런데 불확실성을 얼마만큼 대비할지 결정하기란 쉽지 않습니다. 비를 대비해서 매일 우산을 가지고 나가는 것은 아무래도 이상해 보입니다. 빵이 모자랄 것을 대비해서 빵을 엄청나게 많이 만들면 폐기하는 빵 때문에 큰 손해를 볼 것입니다. 마찬가지로 수험생이 모든 과목의 모든 문제를 다 풀어보는 것은 육체적으로나 정신적으로 불가능합니다. 따라서 불확실성을 없애려는 것이 아닌 불확실성을 받아들이고 이를 적절하게 대비하는 것이 중요합니다.

불확실성에 적절히 대비하려면 먼저 불확실성을 측정해야 합니다. "측정할 수 없으면 관리할 수 없다"라는 격언이 있습니다. 불확실성을 측정하는 방법 중에서 가장 합리적이고 현재 거의 유일하게 사용되는 것이 바로 확률입니다. 그리고 데이터로부터 불확실한 사건의 확률을 구하는 것이 데이터과학의 목적입니다. 즉, 불확실한 사건에 대해 데이터를 통해서 확률을 구하고 이를 바탕으로 적절하게 대비합니다. 확률은 불확실성을 표현하는 언어이고 나아가 데이터과학의 언어입니다. 일례로 2018년 러시아 월드컵에서 배팅업체들은 브라질이 우승할 확률을 16.6퍼센트로 발표했습니다. 이처럼 배팅업체도 확률을 이용하여 고객과 소통하고 있습니다.

불확실성에 대한 우리의 관심은 그리 오래되지 않았습니다.

인간은 오랜 역사 동안 주위에서 발생하는 다양한 사건을 이해하려고 노력했습니다. 해는 왜 뜨고 지는지, 파도는 왜 치고, 꽃은 왜 피고 지는지 등에 대해서 궁금해했고 과학은 이런 질문들에 대해서 멋진 답을 제공했습니다. 지구가 태양 주위를 돌아서 해가 뜨고 지는 것이고, 달의 인력으로 파도가 치는 것이고, 적절한 온도와 환경이 갖춰지면 꽃이 핀다는 것을 과학을 통해서 알아냈습니다. 나아가 과학은 인류가 경험하지 못한 사건까지도 찾아내고 설명합니다. 물질이 에너지로 바뀔 수 있다는 아인슈타인의 상대성이론으로 핵발전소와 핵무기가 개발되었고, DNA라는 유전자가 우리 몸의 신진대사를 관장한다는 왓슨James Watson의 발견은 친자 확인, 유전자 치료 등 다양한 분야에 적용되고 있습니다. 16세기 뉴턴의 만유인력 이후 본격적으로 시작된 과학혁명은 20세기를 지나 현재도 우리 주위에서 작동하고 있습니다.

20~21세기를 거치면서 과학에 미세하지만 의미 있는 변화가 나타납니다. 20세기까지 인간이 연구한 사건은 주로 확실하게 발생하는 것이었습니다. 해는 매일 아침에 뜨고 저녁에 집니다. 예외가 없지요. 개나리는 항상 봄에 핍니다. 가을에는 피지 않지요. 그런데 21세기 현재 우리가 관심을 두는 사건은 어떨 때는 발생하고 어떨 때는 발생하지 않는 경우가 많습니다. 내일 비가 올 사건, 암에 걸리는 사건, 주가가 올라가는 사건, 경제가 나빠지는 사건 등은 항상 발생하지 않습니다. 이러한 사건은 정확히

예측하기 불가능합니다. 하지만 과거 데이터를 잘 분석하면 이러한 불확실한 사건에 대한 확률, 즉 발생 가능성을 알 수 있습니다. 특정한 유전자를 가지고 있으면 암에 걸릴 확률이 높아진다는 법칙을 데이터로부터 알 수 있습니다. 그리고 이 법칙을 이용하여 암을 예방할 수 있습니다. 유방암 예방을 위해서 건강한 사람이 유방 절제 수술을 받기도 합니다.

데이터과학은 이러한 불확실한 사건의 발생 가능성을 어떻게 확률로 표현할지 연구하는 분야입니다. 데이터과학 이전에는 가뭄이 들 때 하늘에 기우제를 드렸다면, 현재는 데이터과학을 통해서 강수량을 예측하고 저수지나 댐 등의 건설을 통해서 대비할 수 있게 되었습니다. 많은 불확실한 사건이 과거에는 신의 뜻이었지만 지금은 확률로 표현할 수 있는 과학법칙이자 데이터과학의 열매입니다. 데이터와 확률을 이용하여 불확실한 사건을 이해한 인류의 업적을 번스타인Peter L. Bernstein은 그의 저서 《신을 거역한 사람들》에서 신을 거역한 사건이라고 부르기도 했습니다.

세상은 점점 더 불확실해지는 것 같습니다. 느닷없이 전염병이 창궐하고, 세계 최강국인 미국에서 부동산사업가가 대통령이 되고, 사하라사막에 눈이 옵니다. 전혀 예상하지 못한 일이 여기저기서 목격되고 있습니다. 이러한 불확실성 시대에 잘 적응하며 살아가기 위해 확률에 대한 이해가 일반인에게도 매우 중요해졌습니다. 일반인이 확률을 정확하게 계산하는 것은 거의 불가능해 보이지만, 사실 우리는 항상 각자의 경험을 바탕으로 어림짐작으로 확률을 계산합니다. 내년에 집값이 오를 확률을 짐작하고 지금 집을 구매할지를 결정합니다. 형사는 살인사건의 용의자 중 범인일 확률이 가장 높은 사람부터 집중적으로 조사합니다. 회사의 인사 담당자는 회사의 성장에 기여할 확률이 높은 지원자부터 선발합니다.

판사는 증거를 바탕으로 판결합니다. 그런데 물증 없이 정황증거만 있는 사건일 경우에는 종종 확률을 기반으로 판단합니다. 2018년에 강남의 S여고에서 교무부장인 아버지가 쌍둥이 딸에게 기말고사 시험지를 유출한 사건이 발생합니다. 교무부장이 시험지를 유출한 직접적인 증거는 없었지만, 다양한 정황증거가 있었습니다. 특히 성적이 중간 정도였던 두 딸이 갑자기 이과와 문과에서 동시에 전교 1등을 하는 일이 발생했습니다. 시험지 유출 없이는 극히 낮은 확률의 사건이 발생했던 것입니다. 결국 2020년에 아버지는 대법원에서 징역 3년형이 최종 확정됩니다. 이런 사례를 보면 판사가 판결을 잘 내리기 위해서는 확률에 대한 올바른 이해도 필요하다는 것을 알 수 있습니다.

그런데 확률을 올바르게 이해하려면 반드시 확률 이론을 이해해야 합니다. 이론적 확률과 직관적 확률이 크게 다를 수 있기 때문입니다. '몬티홀 문제'Monty Hall problem는 이러한 괴리를 잘 보여줍니다. 1975년에 미국에는 〈Let's make deal〉이라는 TV쇼 프로그램이 있었습니다. 이 쇼에서는 다음과 같은 게임을 합니다. 게임 참가자는 3개의 문 중에 1개를 선택하여 문 뒤에 있는 선물을 가질 수 있습니다. 1곳에는 자동차가 있고, 나머지 2곳에는 염소가 있습니다. 이때 최종 우승자가 1번 문을 선택했을 때, 게임쇼 진행자는 3번 문을 열어 문 뒤에 염소가 있음을 보여주면서 1번 대신 2번을 선택하겠냐고 물어봅니다. 참가자가 원하는 선물이 자동차일 때 원래 선택했던 번호를 바꾸는 것이 유리할까요, 아니면 안 바꾸는 것이 유리할까요? 대부분은 문을 바꾸든 바꾸지 않든 참가자가 이길 확률은 변하지 않는다고 생각했습니다. 왜냐하면 처음에 문을 선택할 때는 이길 확률이 3분의 1이었지만, 3번에 자동차가 없다는 것을 알게 되면 1번 문에 자동차가 있을 확률은 2분의 1로 되는데, 문을 바꾸어도 이길 확률은 계속해서 2분의 1이기 때문입니다. 일반인뿐만 아니라 많은 전문가들도 이에 동의했습니다. 하지만 놀랍게도 정답은 문을 바꾸는 것입니다. 문을 바꾸면 이길 확률이 3분의 2가 됩니다. 이유는 참가자가 문을 선택한 후에 3번 문의 결과를 보았기 때문에 참가자가 이길 확률은 변하지 않기 때문입니다. 즉, 참가자가 이길 확률은 항상 3분의 1입니다. 따라서 2번 문에 자동차가 있을 확률이 3분의 2가 됩니다. 이 문제를 TV쇼의 사회자 이름을 따서 '몬티홀 문제'라고 합니다. 몬티홀 문제의 자세한 해설은 인터넷에서 쉽게 찾을 수 있습니다. 확률에 대한 직관을 키우는 것이 만만치 않아 보입니다.

이처럼 불확실한 시대에서 살아남기 위해서는 확률과 친해져야 하고, 이를 위해서는 확률을 이해해야 합니다. 이제 확률의 이해를 위한 가장 기본적이면서도 중요한 2가지 주제를 간단하게 살펴보려고 합니다. 하나는 확률의 정의이고 다른 하나는 확률의 계산입니다.

동전의 앞면이 나올 확률은?

동전을 던져서 앞면이 나올 확률은 얼마일까요? 대부분의 사람은 동전에는 앞면과 뒷면이 있어서 2개의 사건 중 1개가 발생할 사건이므로 2분의 1이라고 대답할 것입니다. 이러한 답변은 사정이 조금만 변해도 적용하기 어렵습니다. 압정을 던졌을 때 [그림 2]의 오른쪽 압정처럼 머리가 바닥에 닿을 확률은 얼마일까요? 동전 말고 윷놀이의 윷 하나를 던지면 윷이 뒤집어 나올 확률도 2분의 1일까요? 단순히 가능한 경우가 2개라고 해서 특정 사건이 일어날 확률이 2분의 1이라고 하는 것은 타당하지 않은 것 같습니다.

다시 원래 질문으로 돌아와서 동전을 던져서 앞면이 나올 확률은 얼마일까요? 이 답을 얻는 방법은 동전을 던져보는 것입니다. 100번을 던져서 앞면이 52번 나왔다면, 앞면이 나올 확률은 100분의 52가 됩니다. 이렇게 확률은 반복 시행의 빈도를 기반으로 정의할 수 있습니다. 그리고 이렇게 정의된 확률을 빈도확

그림 2 압정 머리가 바닥에 닿을 확률을 구하는 '빈도확률'

률이라고 합니다.

빈도확률의 문제점은 동전을 던지는 횟수가 변하거나 동전을 던지는 시간이 변하면 확률도 변한다는 것입니다. 어제는 100번 던져서 앞면이 52번 나와 확률이 100분의 52였는데, 오늘은 100번 던져서 앞면이 48번 나오면 확률은 100분의 48로 바뀌게 됩니다. 장소와 시간에 따라 빈도확률이 변하는 문제를 해결한 이론이 '큰 수의 법칙'Law of large numbers입니다. 큰 수의 법칙이란 동전을 많이 던지면 장소와 시간에 따라 달라지는 확률이 특정 값으로 수렴한다는 것입니다. 동전을 100만 번 던졌는데 앞면이 나오는 비율이 0.4999가 나왔다면 '동전의 앞면이 나올 확률'을 0.5라고 말할 수 있습니다. 큰 수의 법칙에 의하면 이러한 동전은 내일 다시 100만 번을 던져도 빈도확률은 0.5에 매우 가까울 것입니다.

압정을 던지거나 윷을 던질 때 앞면이 나올 확률도 큰 수의 법칙으로 구하면 됩니다. 많이 던져보고 빈도를 잘 기록하면 됩니다. 큰 수의 법칙은 데이터과학의 핵심이 되는 이론 중 하나입니다. 500원짜리 동전을 던질 때 '학'이 나올 확률은 2분의 1이 아닌 것으로 알려져 있습니다. 우리 예상과는 달리 500원짜리 동전은 공정하지 않습니다. 확률이 얼마인지는 간단한 실험으로 알아낼 수 있습니다. 많이 던져보면 됩니다. 살짝 답을 적자면 '학'이 나올 확률이 2분의 1보다 많이 큽니다. 점심 내기로 동전 던지기를 한다면 '학'을 선택하는 것이 유리합니다. 확률을 잘 알면 공짜 점심도 자주 먹을 수 있습니다.

큰 수의 법칙을 이용해서 확률을 정의하려면 사건의 반복 실험이 가능해야 합니다. 그런데 반복 실험이 불가능한 사건이 많이 있습니다. 내일 비가 올 사건, 특정 회사가 부도내는 사건, 폐암에 걸리는 사건 등은 반복적인 실험이 불가능합니다. 이러한 반복 실험이 불가능한 사건에 대해서는 과거 오랫동안 조사된 데이터를 바탕으로 확률을 계산합니다. 과거에 비슷한 상황과 환경에서 어떤 사건이 발생했는지를 조사해서 확률을 알아냅니다. '담배를 피우면 폐암에 걸릴 확률이 10배 증가한다'라는 결과도 데이터로부터 나온 것입니다. 이처럼 확률과 데이터는 불가분의 관계입니다.

이와 반대로 반복할 수도 없고 데이터도 구할 수 없는 사건에 대한 확률도 있습니다. 전기자동차 회사에 투자했을 때 1년에 25퍼센트 이상의 수익을 올리는 사건의 확률, 대통령 탄핵 시 집권

당이 총선에서 승리할 사건의 확률 등은 반복할 수 없고, 과거 데이터도 구할 수 없습니다. 과거에는 전기자동차 회사가 없었고, 탄핵이라는 정치적 상황은 과거에는 존재하지 않기 때문입니다. 우리나라가 북한과 전쟁을 해서 일주일 내로 승리할 확률도 궁금해하는데, 이를 위해서 전쟁을 할 수는 없습니다. 그런데 우리는 이러한 사건에 대해서도 확률을 구하고 싶어 합니다. 확률을 기반으로 합리적인 의사결정을 하기 위해서입니다. 반복도 안 되고 데이터도 없는 사건에 대해서는 주관적인 견해를 바탕으로 확률을 구할 수밖에 없습니다. 전문가 의견을 바탕으로 하거나, 컴퓨터를 이용한 가상실험을 통해서 구할 수 있습니다. 이렇게 나온 확률을 '주관적 확률'이라고 합니다. 주관적 확률은 매우 어렵기 때문에 여기서는 용어만 소개하는 것으로 마치겠습니다. 하지만 주관적 확률은 우리의 일상생활에 자주 사용됩니다. 2020년 미국 대선 전에 많은 여론조사 기관에서 바이든이 승리할 확률이 90퍼센트라고 발표했습니다. 그런데 90퍼센트라는 확률은 빈도나 데이터로는 계산할 수 없는 주관적 확률입니다. 바이든이 대선 후보로 나온 게 이번이 처음이기 때문입니다.

이와 같이 언뜻 보기에는 단순한 확률의 정의에도 매우 복잡한 이야기가 숨어 있습니다. 데이터과학을 이해하는 길은 멀고도 긴 여정이 될 것 같습니다.

주사위를 2개 던져서 나온 수의 합이 7일 확률은?

동전을 던질 때 앞면이 나오는 사건은 단순한 사건입니다. 이 사건의 확률은 동전을 많이 던져서 알 수 있습니다. 그러나 세상에서 관심 있어 하는 사건은 단순한 사건 여러 개가 결합된 복잡한 사건입니다. 가장 간단한 복합사건의 예로는 동전을 2개 던질 때 앞면이 나온 동전이 1개인 사건을 생각할 수 있습니다. 고등학교 확률·통계 과목에서 이 사건의 확률을 계산하는 방법을 배웁니다. 동전을 2개 던지면 (앞, 앞), (앞, 뒤), (뒤, 앞), (뒤, 뒤) 이렇게 총 4가지의 결과가 나올 수 있고 이 중 '앞면이 나온 동전이 1개' 인 경우는 (앞, 뒤)와 (뒤, 앞) 이렇게 2가지가 있어서 확률은 '4분의 2=2분의 1'이 됩니다. 이렇듯 단순사건(동전 1개를 던질 때 앞면이 나올 사건)의 확률을 알고 있을 때 복합사건(동전을 2개 던질 때 앞면이 1번 나올 사건)의 확률을 계산하는 것은 확률을 이해하는 데 (확률의 정의와 함께) 가장 중요한 주제입니다. 고등학교에서 확률·통계 단원을 공부하면서 좌절을 느낀 적이 있다면 아마 복합사건의 확률 계산부터 느꼈을 것입니다. 다행히도 이 책에서는 복합사건의 확률 계산 방법을 설명하지 않습니다. 단, 복합사건의 확률 계산에서 합리적인 듯 보이지만 엉터리인 계산 방법을 소개할 것입니다. 이를 통해서 직관적으로 확률을 이해하는 것이 얼마나 어려운지 살펴보겠습니다.

복합사건의 확률 계산에 대해서 좀 더 살펴보겠습니다. '주사위 2개를 던져서 나온 눈의 합이 7인 사건'을 A라 하겠습니다. 그러면 사건 A가 나올 확률은 얼마일까요? 이 문제는 고등학교 확률·통계 단원에 단골로 나오는, 그리 어렵지 않은 문제입니다. 주사위를 2개 던지면 나올 수 있는 사건은 (1, 1)부터 (6, 6)까지 총 36가지가 있고, 이 중 눈의 합이 7일 사건은 (1, 6), ···, (6, 1)로 총 6가지가 있습니다. 따라서 사건 A의 확률은 '36분의 6=6분의 1'이 됩니다.

먼 과거에는 사건 A의 확률을 다음과 같이 구했습니다. 주사위를 2개 던질 때 나올 수 있는 눈의 수의 합은 2부터 12로 11가지입니다. 그래서 눈의 합이 7이 나올 확률은 11분의 1이라는 것입니다. 동전에는 앞면과 뒷면이 있기 때문에 동전을 던져서 앞면이 나올 확률이 2분의 1인 것과 비슷한 논리이지요. 이러한 논리는 뭐가 잘못된 것일까요? 그 이유는 2개의 주사위를 던질 때 눈의 합이 2일 확률과 눈의 합이 7일 확률이 다르기 때문입니다.

복합사건의 확률을 계산하는 방법은 '발생할 수 있는 모든 사건에 대해서 근원확률을 먼저 구하고, 이를 바탕으로 우리가 관심 있는 사건의 확률을 계산'하는 것입니다. 우리가 관심 있는 사건을 먼저 고려하면 안 됩니다. 주사위 2개 눈의 합이 7일 사건에 대한 확률 계산에서는 먼저 주사위 2개 눈의 가능한 모든 쌍을 고려해야 하는데 이게 36개입니다. 그래서 각 쌍이 나올 근원확률은 36분의 1이 됩니다. 마지막으로 우리가 관심이 있는 '눈의 합이 7'인 사건은 가능한 쌍이 6개 있으므로 '36분의 6=6분의 1'이 되는 것입니다. 눈의 합의 가능한 경우가 11개라서 11분의 1이라고 하면 안 된다는 것입니다.

주사위 2개의 숫자 합이 7일 확률이 11분의 1이 아니고 6분의 1이라고 계산하는 방법을 알려준 사람은 17세기 철학자 겸 수학자인 파스칼입니다. 상금 100만 원이 걸린 주사위 게임을 합니다. 3번을 먼저 이기는 사람이 상금을 모두 가져가기로 했는데 2 대 1인 상황에서 더는 게임을 할 수 없게 되었습니다. 상금을 어떻게 나누어 가져야 할까요? 그냥 절반씩 나누어 가지면 될까요? 뭔가 아닌 것 같습니다. 그럼 2 대 1로 상금을 나누면 될까요? 합리적으로 보입니다. 파스칼의 친구인 드 메레가 파스칼에게 이 문제를 물었고, 파스칼은 수학자 친구인 페르마와 이 문제를 계산합니다. 답은 3 대 1로 나누는 것입니다. '도박사의 파산 문제'Gambler's ruin problem라고 알려진 이 문제의 해결을 통해서 우리가 고등학교에서 배우는 복합사건의 확률을 계산하는 방법이 정립됩니다. 도박사의 파산 문제의 해답은 너무 어려워서 생략하겠습니다. 문제의 해답이 궁금하다면 인터넷에서 해답을 찾을 수 있습니다.

이렇게 복합사건의 확률 계산은 우리의 직관과 틀릴 때가 많습니다. 직관과 어긋날수록 확률이 점점 어려워집니다. 그냥 확률 없는 세상에서 살고 싶어지기도 합니다. 그런데 다음 장에서 이렇게 복잡한 확률 계산이 일상생활에서 꼭 필요하다는 것을 목격할 것입니다.

확률, 그 오묘함에 대하여

조건부 확률

남편이 범인인가?

1970년대에 미국 프로미식축구NFL에서 아주 유명한 선수였던 O. J. 심슨O.J. Simpson은 1994년 백인인 전처를 살해한 혐의로 체포되었습니다. 살해 현장에서 심슨의 혈흔과 머리카락이 발견되었고, 살해 현장에서 발견된 왼손 장갑과 쌍이 되는 오른손 장갑이 심슨 집에서 발견됩니다. 또한 심슨은 전처를 폭행한 전력이 있었으며 그를 체포하려고 찾아간 경찰을 피해서 도주하다가 결국 잡힙니다. 모든 증거는 심슨을 전처의 살해범으로 지목했습니다. 그러나 배심원은 무죄를 선고합니다. 이유는 복합적이었지만 심슨이 흑인이고 증거를 수집한 경찰이 인종주의자였던 것이 결정적이었습니다.

심슨 재판에서 재미있는 확률이 사용됩니다. 심슨의 변호사는 다음과 같이 말합니다. "백인 여성과 결혼한 흑인 남성은 상당히 많고 이 중 아내를 살해한 남편은 극히 적습니다. 따라서 심슨이 전처를 죽였을 확률도 낮습니다." 확률을 이용한 변호사의 설명에 검사는 잘 대응하지 못했으며, 심슨의 무죄 판결에도 큰 영향을 미쳤습니다.

판결 이후에 밝혀진 것이지만, 변호사의 논리는 엉터리였습니다. 변호사가 인용한 확률은 맞습니다. 단, 살인사건과는 전혀 상관이 없었습니다. 재판과 관련해서는 '아내가 살해되었을 때 남편이 범인일 확률'을 계산했어야 합니다. 이 확률은 대단히 큽니다. 단순히 '남편이 아내를 죽일 확률'을 계산하면 안 됩니다. '아내가 살해되었다'를 알 때와 모를 때 '남편이 아내를 죽일 확률'은 크게 차이가 납니다. 말장난 같지만 실제로 이런 작은 차이가 재판 결과에 큰 영향을 미친 것입니다.

두 확률의 차이점을 예를 들어 설명해보겠습니다. 가령, 남편은 흑인이고 아내는 백인인 부부가 1만 쌍이 있습니다. 어떤 사회든 살인사건은 매우 드물게 일어나므로 1만 쌍 중에서 아내가 살해된 부부는 2쌍뿐입니다. 그리고 이 2쌍의 부부 중 1쌍은 남편이 아내를 살해했습니다. 심슨의 변호사가 주장한 논리대로라면 확률은 1만 분의 1이 됩니다. 전체 부부 1만 쌍 중 남편이 아내를 살해한 경우는 1쌍만 있기 때문입니다. 그런데 실제 재판을 위해서 적용해야 할 확률은 2분의 1입니다. 왜냐하면 아내가 살해된 부부는 2쌍이고 이 중에서 남편이 아내를 살해한 경우는 1쌍이기 때문입니다. '아내가 살해당했다'는 사실을 아는 것과 모르는 것에 따라 확률이 크게 변합니다. 변호사는 고의적으로 '아내가 살해당했다'라는 사실을 확률 계산에 사용하지 않았습니다. 그럼에도 검사는 이런 오류를 찾아내지 못했습니다. 심슨 재판에서 변호사가 주장한 논리를 '변호사의 오류'라고 합니다.

변호사의 오류가 시사하는 바는 동일한 사건에 대해서도 이미 알고 있는 정보가 무엇인가에 따라서 확률이 바뀐다는 것입니다. 확률은 고정된 것이 아니고 우리의 지식에 따라 유동적으로 바뀝니다. 이렇게 바뀌는 확률을 '조건부확률'이라고 합니다. A가 관심 있는 사건이고 B가 우리가 알고 있는 정보이면, $P(A \mid B)$는 B를 알고 있을 때 A의 조건부확률입니다. 심슨 재판에서 변호사가 계산한 조건부확률에서 A는 '심슨이 전처를 죽이는 사건'이고, B는 '심슨이 흑인이고 전처가 백인'이라는 정보입니다. 올바른 조건부확률은 B를 '심슨이 흑인이고 전처가 백인, 그리고 전처가 살해됨'으로 놓아야 했습니다. 변호사는 '전처가 살해됨'이라는 정보를 고의적으로 누락한 것입니다.

조건부확률은 데이터과학의 핵심입니다. 우리가 궁극적으로 알고자 하는 것이 A이고 데이터로부터 얻는 정보가 B입니다. 그러면 $P(A \mid B)$를 통해서 A의 불확실성을 측정합니다. 여기서 확률 $P(A \mid B)$와 확률 $P(A)$를 비교해보면 매우 흥미롭습니다.

$P(A)$는 사건 B의 정보가 없을 때 사건 A의 확률이라고 해석할 수 있고, $P(A \mid B)$는 우리가 사건 B를 경험한 후 사건 A에 대한 확률입니다. 결국 $P(A \mid B)$와 $P(A)$의 차이를 이용해서 사건 B가 사건 A에 대한 확률을 얼마나 바꾸는지를 알아볼 수 있습니다. 차이가 많이 날수록 사건 B는 사건 A를 이해하는 데 중요한 역할을 한다고 이야기할 수 있습니다. '내일 비가 올' 사건을 A라 하고 '오늘이 7월'인 것을 사건 B라고 하면 $P(A)$보다 $P(A \mid B)$가 훨씬 클 것입니다. 우리나라에서 7월은 장마기간이기 때문입니다. 이러한 비교를 바탕으로 계절은 비 올 사건을 예측하는 데 매우 중요한 정보가 된다고 할 수 있습니다.

조건부확률을 구하는 것은 매우 기술적이고 전문가의 영역이지만, 주어진 정보에 따라서 조건부확률이 어떻게 변하는지 사고하는 능력은 일반인에게도 필요합니다. 정부의 새로운 부동산 정책이 집값에 미치는 영향은 일반인도 판단해야 합니다. A는 집값이 오르는 사건이고 B는 정부의 새로운 부동산 정책이라고 할 때, 우리가 알고 싶은 것은 $P(A)$와 $P(A \mid B)$일 것입니다. $P(A \mid B)$가 $P(A)$보다 크다면 새로운 부동산 정책은 매우 부적절하다고 판단할 수 있습니다. 다만 $P(A)$와 $P(A \mid B)$를 직접 구하는 식은 매우 어렵고 전문적인 데이터과학자의 영역인데, 집을 구매하고자 하는 우리는 감으로 이 2개의 확률의 차이를 가늠해보고 정부 정책의 적절성을 판단합니다.

우리는 일상생활에서 부지불식중에 조건부확률에 대한 감에 의존하며 살아갑니다. 그런데 조건부확률에 대한 우리의 감과 실제 조건부확률과 차이가 나는 경우가 종종 있습니다. 다음에 소개할 2가지 예를 통해서 조건부확률의 오묘함을 살펴보겠습니다.

거짓말탐지기는 믿을 수 있을까?

거짓말탐지기를 이용하면 매우 정확하게 상대편이 거짓말을 하는지 알아낼 수 있습니다. 거짓말탐지기는 거짓말을 할 때 나타나는 신체 변화를 탐지해냅니다. 일반적으로 거짓말을 하면 교감신경이 활성화되어 여러 가지 생리적 변화가 일어납니다. 교감신경이 강하게 작용하면서 호흡이 가빠지고, 심장박동 수가 빨라지고, 혈압이 올라가고, 땀이 나고, 피부에 흐르는 전기의 양도 변합니다. 거짓말탐지기는 이러한 생리적인 변화를 감지해서 거짓 여부를 판단합니다. 과학수사연구소에서 사용하는 고성능 거짓말탐지기는 정확도가 97퍼센트나 된다고 합니다. 이 정도의 높은 정확도라면 애매한 사건을 다루는 재판에서 유용하게 사용할 수 있을 것 같습니다. 그런데 우리나라는 거짓말탐지기 결과를 공식적인 증거로 채택하지 않습니다. 바로 이 97퍼센트라는 정확도의 착시현상 때문입니다.

확률의 착시현상은 정확도의 의미에서 비롯합니다. 고성능 거짓말탐지기는 정확도가 97퍼센트입니다. 따라서 3퍼센트는 잘못 탐지합니다. 진실을 말한 사람을 거짓말쟁이로 판단하거나 거짓말쟁이를 진실을 말한 사람으로 판단하는 오류가 3퍼센트 정도 됩니다. 얼핏 낮아 보이지만 이 정도의 정확도는 판사가 원하는 것이 아닙니다. 판사는 거짓말탐지기의 판단 결과가 매우 정확하기를 요구합니다. 가령 살인용의자 홍길동에게 거짓말탐지기를 적용할 때, A를 홍길동이 진짜 거짓말쟁이라는 사건이고, B를 거짓말탐지기가 홍길동을 거짓말쟁이로 지목하는 사건이라고 하겠습니다. 그러면 판사가 원하는 것은 $P(A \mid B)$가 매우 높은 것입니다. 이 확률이 낮으면 진실을 말한 사람을 거짓말쟁이로 판단할 수 있기 때문입니다. 그런데 정확도가 97퍼센트나 되는 탐지기도 $P(A \mid B)$는 매우 작을 수 있습니다.

정확도가 97퍼센트인 탐지기의 $P(A \mid B)$를 간단하게 계산해보겠습니다. 우리나라 인구가 5000만 명이고 이 중 1퍼센트인 50만 명이 거짓말쟁이라고 가정하겠습니다. 거짓말탐지기를 5000만 명 모두에게 적용하면 대략 4950만×0.03+50만×0.97=197만 명 정도를 거짓말쟁이라고 판단합니다. 그런데 이 197만 명 중에 148.5만(4950만×0.03) 명은 진실을 말한 사람이고 진짜 거짓말쟁이는 48.5만(50만×0.97) 명밖에 안 됩니다. 따라서 $P(A \mid B)$는 48.5÷(148.5+48.5)로 대략 24.6퍼센트가 됩니다. 거짓말탐지기가 지목한 거짓말쟁이 중 4분의 3은 진실을 말한 사람이라는 것입니다. 정확도가 97퍼센트인 고성능 거짓말탐지기를 사용했는데도 이런 결과가 나옵니다. 법원에서 증거로 채택하지 않는 것은 너무 당연해 보입니다.

요즘 코로나19 검사가 대대적으로 시행되고 있습니다. 거짓말 탐지기 사례를 통해서 유추해보면 양성 반응이 나왔지만 감염자가 아닌 사람도 상당하리라 예상할 수 있고, 이러한 실수는 진단 방법이 100퍼센트 정확하지 않으면 피할 수 없습니다. 조건부확률의 오묘함을 이해한다면 정상인 사람을 감염자로 잘못 분류하는 질병관리청의 실수에 관대해질 수 있을 것입니다.

'윤아라는 여자아이'

조건부확률의 기기묘묘함은 끝이 없습니다. 사람의 직관과 달라도 너무 다릅니다. 이번에 이야기할 '윤아라는 여자아이' 문제는 조건부확률의 오묘함을 다시 한번 보여줍니다.

한국의 어느 평범한 가정에 자식이 둘 있습니다. 첫째가 딸일 때 둘째 아이가 딸일 확률은 얼마일까요? 물론 답은 2분의 1입니다. 쉬운 문제이지만 차근차근 한번 계산해보겠습니다. 자식이 2명일 때 가능한 쌍은 (아들, 아들), (딸, 아들), (아들, 딸), (딸, 딸)입니다. 이제 첫째가 딸인 것을 알기 때문에 가능한 쌍은 (딸, 아들)과 (딸, 딸)이 남습니다. 그리고 이 중 둘째가 딸인 경우는 1개이기 때문에 조건부확률은 2분의 1이 됩니다. 전혀 어렵지 않습니다.

이제 문제를 조금 바꿔보겠습니다. 한국의 평범한 어느 가정에 자식이 둘 있습니다. 그중 1명이 딸인 것을 알 때 다른 1명이 딸일 조건부확률은 얼마일까요? 언뜻 보면 2분의 1인 것 같지만 문제가 조금 다릅니다. 주어진 정보가 '첫째가 딸'이 아니라 '1명이 딸'입니다. 첫째가 딸일 수도 있고 둘째가 딸일 수도 있습니다. 섬세한 계산이 필요해 보입니다. A는 둘 다 딸일 사건이고 B는 1명이 딸일 사건에서 구하고자 하는 조건부확률은 $P(A \mid B)$입니다. 자식 2명에 가능한 성별의 쌍은 앞과 마찬가지로 총 4가지입니다. 그런데 1명이 딸이라는 정보 B를 알기 때문에 가능한 쌍은 (아들, 딸), (딸, 아들), (딸, 딸)이고 이 중에서 우리가 관심 있는 사건 A에는 (딸, 딸)만 해당되기 때문에 $P(A \mid B)$=3분의 1이됩니다. 조건부확률이 크게 변했습니다. 이 예시는 조건부확률이 얼마나 민감하게 변하는지를 잘 보여줍니다.

이 문제를 조금 더 복잡하게 만들어봅시다. 한국의 어느 평범한 가정에 자식이 둘 있으며 그중 1명이 딸이고, 그 딸의 이름은 윤아입니다. 이때 다른 1명이 딸일 조건부확률은 어떻게 될까요? 딸의 이름이 윤아라는 것을 아는 것과 다른 1명이 딸이 될 사건은 관련이 전혀 없어 보이므로 답은 3분의 1이라고 예상할 것입니다. 그러나 우리의 예상은 또 보기 좋게 빗나갑니다. 정답은 2분의 1입니다. 풀이는 다음과 같습니다. 자식 2명에 가능한 쌍은 다음과 같습니다. (아들, 아들), (딸-윤아, 아들), (딸-not

윤아, 아들), (아들, 딸-윤아), (아들, 딸-not 윤아), (딸-윤아, 딸-not 윤아), (딸-not 윤아, 딸-윤아), (딸-not 윤아, 딸-not 윤아). 이 중에서 1명이 딸인 것과 그 아이 이름이 '윤아'라는 것을 알기 때문에 (딸-윤아, 아들), (아들, 딸-윤아), (딸-윤아, 딸-not 윤아), (딸-not 윤아, 딸-윤아)로 4가지 쌍이 가능하고 둘 모두가 딸인 경우는 2개여서 조건부확률은 2분의 1이 됩니다.[3]

이름이 윤아라는 것을 알고 나니 다른 1명이 딸이 될 확률이 크게 달라집니다. 우리가 얼핏 생각하는 확률과 전혀 맞지 않습니다. 이제 심슨 변호사의 엉터리 주장에 제대로 대응하지 못한 검사가 이해가 되지 않나요?

4장

종 모양의 데이터

정규분포

정보와 잡음

데이터에는 정보와 잡음이 섞여 있습니다. 데이터과학자의 목표는 데이터로부터 잡음을 제거하고 정보를 추출하는 것입니다. 깨에서 참기름을 추출하듯 정보를 뽑아내야 합니다. 야구통계학자로 명성을 쌓고 미국 대선 예측으로 유명해진 네이트 실버Nate Silver는 그의 책 《신호와 소음》에서 정보를 신호로, 잡음을 소음으로 표현합니다. 데이터 자체는 정보가 아니며 데이터에서 잡음을 제거해야 정보가 나온다는 것입니다.

fMRI functional MRI라는 의료기기가 있습니다. 뇌의 활동을 실시간 동영상으로 촬영할 수 있는 기기입니다. MRI가 사진을 찍

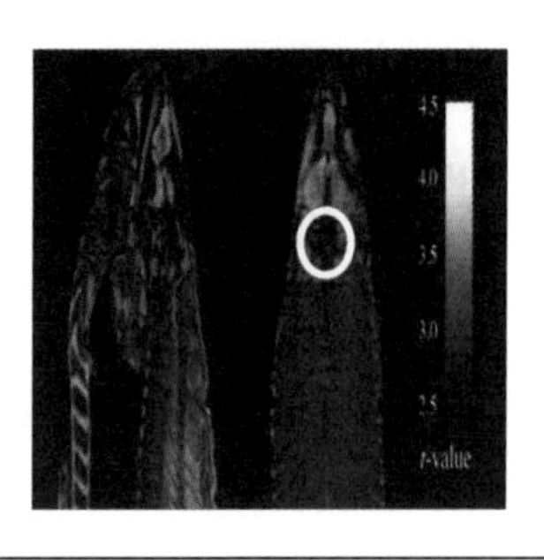

그림 3 fMRI를 이용해서 찍은 죽은 연어의 뇌 사진과 fMRI 사진에 나타난 시그널(동그라미)

는다면 fMRI는 동영상을 찍습니다. 뇌를 연구하는 데 필수적인 매우 혁명적인 기기입니다. 그런데 모든 기기에는 측정오차가 있다는 것을 잊지 말아야 합니다. 2009년에 미국의 한 뇌과학 연구자가 죽은 연어의 뇌를 fMRI로 촬영하다 매우 놀라운 사실을 발견합니다. 연어는 죽었는데 연어 뇌의 특정 부위가 활동하고 있었습니다. 연어의 뇌는 육체가 죽은 후에도 활동을 하는 것 같았습니다. 드디어 영혼의 실체가 과학적으로 확인된 것일까요? 하지만 안타깝게도 이 실험의 관측 결과에 대한 해석은 엉터리였습니다. fMRI에는 항상 측정오차가 있어서 무생물을 찍어도 활동이 관측됩니다. 물론 잡음으로 이루어진 아무 의미 없는 동영상입니다. 다만 잡음의 동영상을 계속해서 찍으면 우연히 특정한 의미를 띠는 영상이 나올 수 있는데, 그 확률도 생각보다 상당히 큽니다. 잡음을 과학적으로 이해하지 않으면 죽은 연어

에서 영혼을 관측하는 황당한 발견을 할 수 있습니다.[4]

데이터, 정보, 잡음과의 관계는 아주 간단한 수식으로 표현할 수 있습니다.

$$D = I + N \quad (1)$$

여기서 D는 데이터Data, I는 정보Information, N은 잡음Noise을 나타냅니다. 식 (1)은 데이터의 속성을 잘 나타내는 데이터과학의 상징과도 같은 수식입니다. 위 식에서 우리가 관측을 통해서 아는 것은 D입니다. 그리고 D로부터 I와 N을 알아내야 합니다. 그런데 문제가 있습니다. 식은 1개인데 미지수가 2개입니다. 즉 D로부터 I와 N을 찾아내는 것은 뭔가가 더 없으면 불가능합니다.

이 문제를 해결하기 위해서 데이터과학자들은 잡음 N에 대해서 생각했습니다. 즉 '잡음은 어떻게 생겼을까'라는 아주 단순한 질문을 하기 시작했습니다. 이 질문은 뉴턴의 만유인력 이후 과학의 시대의 시작과 그 역사를 같이 합니다. 과학적 가설을 검증하려면 측정이 필수이지만, 측정을 하면 가설과 상관없는 잡음이 껴 있었기 때문입니다. 천체를 관측하며 나오는 관측치가 천문학 이론과 정확히 맞지 않았는데, 이 차이를 이론의 문제가 아니라 측정 시 발생하는 잡음이 아닐까 추측한 것입니다. 그런데 이 잡음이 무엇인지, 잡음의 정의를 정립한 연구가 없었습니다.

잡음이 뭔지를 모르면 식 (1)에서 정보 *I*가 뭔지도 알 수 없는 묘한 상황이 되어버리는 바람에, 관측치가 이론과 맞지 않는 이유가 데이터 속 잡음 때문인지 아니면 이론이 잘못된 건지 알 수가 없었습니다.

그때부터 많은 과학자가 잡음이란 무엇인가에 대해서 연구를 시작합니다. 그리고 18세기에 독일의 수학자 가우스는 '중심극한정리'Central Limit Theorem라는 이론을 발표해 잡음의 분포는 특정한 분포, 즉 '정규분포'를 따른다는 것을 증명합니다. 이번 장에서는 잡음을 이해하기 위한 데이터과학자들의 노력을 살펴볼 것입니다. 이를 통해 데이터과학에서 과학의 의미가 무엇이고 데이터과학자가 고민하는 문제가 무엇인지 조금이나마 살펴볼 수 있을 것입니다.

정규분포의 발견

[그림 4]에 있는 4개의 히스토그램은 완전 다른 데이터에서 얻은 것입니다. 그런데 놀랍게도 모든 히스토그램이 비슷하게 생겼습니다. 먼저 중심을 기준으로 대칭되고, 중심에서 가장 높고 중심에서 멀어질수록 값이 줄어듭니다. 흔히 종 모양bell shape이라고 부르는 함수를 볼 수 있습니다. 서울의 여름 일평균기온과 학생들의 IQ 사이에 어떤 관계가 있다고는 상상할 수 없습니다.

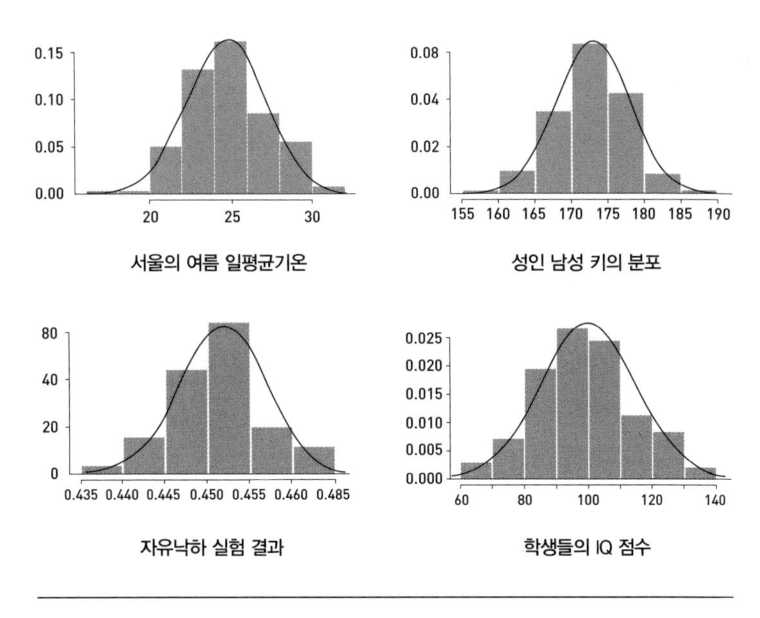

그림 4 데이터 4개의 히스토그램과 종 모양 곡선

그런데 히스토그램 모양은 비슷합니다. 과학자들은 이 현상을 매우 신기해했습니다. 어떤 과학적 문제든 측정해서 모은 데이터에 대해서 히스토그램을 그리면 대부분 종 모양의 곡선이 나왔습니다. 모든 물리법칙에 적용되는 만유인력처럼 모든 데이터에 적용되는 법칙이 있는 듯 보입니다.

종 모양의 히스토그램 현상을 설명하기 위해서 과학자들은 '종 모양 곡선은 왜 항상 나타나지?'와 '저 종 모양 곡선의 수식은 뭐지?'라는 2가지 문제를 고민했습니다. 두 번째 질문의 답으로 많은 과학자가 종 모양 곡선의 정체는 '반원'일 것이라고 생각하기도 했습니다. 이유는 원이 수학적으로 가장 아름다운 곡선이기 때문입니다. 그 당시 많은 과학적 발견에서 수학적 아름다움이 발견되었습니다. 비눗방울이 '구' 모양인 이유는 '구'가 같은 부피에서 표면적이 가장 작은 도형이기 때문입니다. 하느님이 수학자라는 생각도 유행했습니다. 그래서 데이터에서도 이러한 수학적 아름다움이 적용될지 모른다고 생각했습니다. 물론 이러한 과학자들의 생각은 틀린 것이었습니다.

18세기 프랑스 수학자 드무아브르Abraham de Moivre는 동전을 100번 던져서 앞면이 나오는 횟수의 히스토그램을 그려보면 또 종 모양의 함수가 나오는 현상에 주목합니다. 나아가 동전을 던지는 횟수를 늘리면 늘릴수록 히스토그램은 점점 더 뚜렷한 종 모양이 됩니다. 그는 복잡한 계산을 거쳐서 이 종 모양이 어떤 함수인지를 알아냅니다. 이 함수가 바로 정규분포이며 수식은 다음과 같습니다.

$$f(x|\mu,\sigma^2)=\frac{1}{\sqrt{2\pi}\,\sigma}\exp\left(-\frac{(x-\mu)^2}{2\sigma^2}\right) \quad (2)$$

여기서 μ와 σ^2는 평균과 분산입니다. [그림 4]의 히스토그램 위에 그려진 곡선이 바로 정규분포곡선입니다. 불행하게도 식 (2)는 수학적으로 아름답고 단순한 식이 아닙니다. 제 생각으로는 고등학교 수학 교과서에서 가장 어려운 함수입니다. 데이터

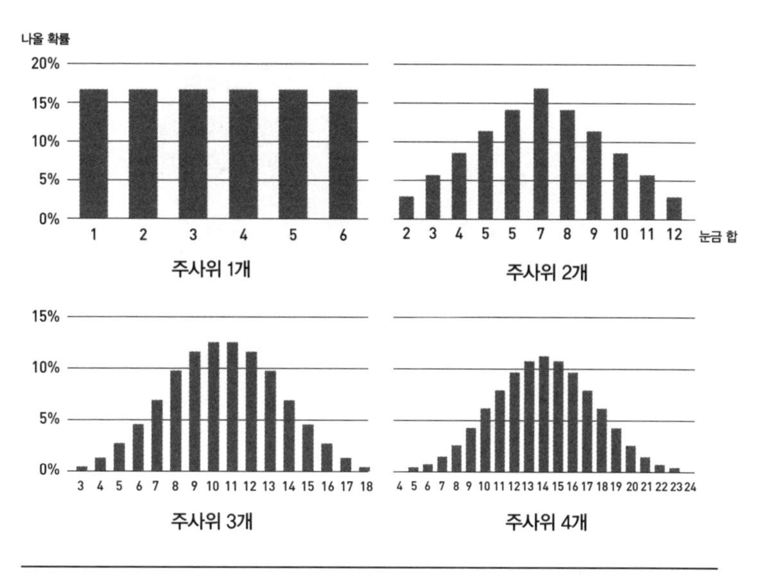

그림 5 주사위 숫자의 합 히스토그램

과학이 어려워지기 시작하는 이유이기도 합니다.

드무아브르의 증명으로 과학자들은 히스토그램은 반원이 아니고 수식 (2)를 따른다는 것을 깨달았습니다. 그러면 이제 '왜'로 관심을 돌립니다. 동전 던지기와 관련된 함수로 정규분포가 나온다는 것은 이해했습니다. 그러면 주사위를 던져서 나온 숫자의 합에 대한 히스토그램은 어떨까요? [그림 5]를 보면 놀랍게도 또 정규분포와 비슷합니다. 주사위 4개의 합만 보아도 정규분포와 매우 비슷한 히스토그램이 나타납니다. 수학자 라플라스는 드무아브르의 결과를 확장해서 주사위를 던져서 눈의 합에

그림 6 독일 10마르크화의 가우스와 정규분포곡선

대한 히스토그램도 정규분포로 수렴한다는 것을 증명합니다. 주사위 말고 윷 4개를 던져서 모가 나오는 횟수의 분포도 정규분포가 됩니다.

드무아브르와 라플라스의 이론을 확장하여 독일의 수학자 가우스는 왜 전혀 다른 데이터의 히스토그램이 모두 정규분포가 되는지를 규명하는데, 이 증명을 '중심극한정리'라고 합니다. 가우스의 중심극한정리를 이용해서 히스토그램에서 보이는 정규분포 현상을 다음과 같이 설명할 수 있습니다. 먼저 $D=I+N$입니다. 여기서 N은 잡음인데, 그 당시 과학계에서는 잡음은 측정하면서 발생하는 것이라고 생각했습니다. 이 잡음은 측정도구가 정확하지 않아서, 또는 측정하는 환경이 일정하지 않아서 생깁니다. 잡음의 발생 원인은 매우 많으며, 이 수많은 잡음의 합이 데이터에 섞여서 관측됩니다. 따라서 대부분의 데이터의 히스토그램이 정규분포처럼 보이는 것입니다.

가우스는 수학 역사상 가장 뛰어난 학자로 뽑힙니다. 이러한 가우스의 가장 중요한 업적이 중심극한정리입니다. 독일은 가우스의 업적을 매우 자랑스럽게 여기며, 이는 지폐에서 잘 나타납니다. 유럽 통화가 유로로 통일되기 전에 독일은 마르크화를 사용했는데, 그중에서 가장 많이 유통되는 것이 10마르크 지폐였습니다. 10마르크 지폐의 인물이 바로 가우스였고, 가우스 초상 옆에 정규분포곡선이 그려져 있었습니다(그림 6). 수학자 가우스의 초상이 들어간 이 지폐를 볼 때마다 우리나라 지폐와 비교해 보면서 많은 생각을 하게 됩니다.

정규분포를 넘어서

중심극한정리는 데이터를 올바르게 관측했다면 히스토그램은 반드시 정규분포를 따라야 한다고 알려줍니다. 이 논리를 확장하면, 정규분포를 따르지 않는 데이터는 데이터에 문제가 있는 것입니다(정규분포가 아닌 이유로는 측정 시에 편이偏異가 있을 수도 있고, 기기의 오류로 이상한 값이 데이터에 포함될 수도 있습니다). 이는 '정규분포'라는 이름에서 극명하게 나타납니다. 정규분포는 영어로 'Normal distribution'인데 직역하면 '정상분포'입니다. 즉, 정규분포가 아닌 데이터는 비정상이라는 것입니다. 지금은 수학능력시험으로 대체되었지만 과거에는 학력고사라는 시험을 통해서 대학에 입학했습니다. 학력고사는 모든 학생이 동일한 문제를 풀어서 점수를 받습니다. 학력고사의 점수 분포가 정규분포가 아니면 문제의 난이도 조절에 실패한 것으로 간주하고 출제위원장이 반성문을 쓰기도 했다는 사실에서 정규분포의 위상이 얼마나 높았는지 실감할 수 있습니다.

그런데 잡음이 정규분포가 아닐 수 있다는 생각이 20세기 초부터 과학계에서 나오기 시작합니다. 이러한 생각은 중심극한정리 이론을 정면으로 반박해야 했기 때문에 매우 조심스럽게 진행되었습니다. 잡음의 정규분포성을 특히나 진지하게 고민했던 그룹은 주식투자자였습니다. 주식가격에 대한 가장 유명한 이론은 '효율적 시장 이론'Efficient market theory입니다. 효율적 시장 이론은 주식가격은 필연적으로 잡음으로 구성되어 있다는 것을 이론적으로 증명합니다. 즉 t시점에서의 주식가격을 S_t라 하면 가격변동 $D_t = (S_{t+1} - S_t)/S_t$은 완전히 잡음이라는 것입니다. 나아가 주식가격에서 가격변동 D_t가 '잡음'이라는 것은 주식가격의 예측은 불가능하다는 의미입니다. 효율적 시장 이론의 창시자인 유진 파마Eugene Fama는 이 공로로 2013년에 노벨경제학상을 수상합니다.

가격변동이 잡음이라면 중심극한정리에 따라 히스토그램은 정규분포와 비슷해야 합니다. 하지만 가격변동 D_t의 히스토그램은 정규분포와는 조금 다르게 보입니다. 평균이 0이고 종 모양인 것까지는 비슷한데, [그림 7]에서 보듯이 가격변동이 매우

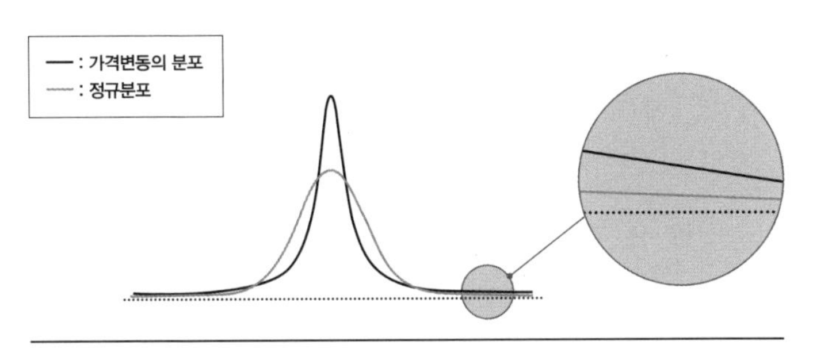

그림 7 정규분포와 주식가격변동의 분포

클 확률이 정규분포에 비해서 많이 높습니다. 분포의 꼬리 부분이 정규분포에 비해서 많이 두껍습니다. 즉 정규분포에 비해서 주식가격은 급등이나 급락이 자주 발생한다는 것입니다. 1987년 10월 19일 월요일 하루에 미국 다우존스지수가 무려 22.61퍼센트나 폭락했습니다. 전쟁이나 에너지 가격의 폭등 같은 외부적인 요인이 전혀 없었는데 주식가격은 사상 최대로 떨어졌습니다. 정규분포라면 22.61퍼센트 폭락할 확률은 어림잡아 100만 년 만에 1번 나오는 사건입니다. 거의 불가능한 일이 일어난 것입니다. 우리나라에서도 2011년 8월에 5일 동안 코스피지수가 무려 20퍼센트나 폭락했습니다. 주식가격의 폭락은 세계적인 현상입니다. 반면에 주식가격의 폭등도 자주 목격됩니다. 미국에서는 2000년 초반에 닷컴 버블을 경험했고, 최근에는 테슬라 자동차 회사의 주식이 엄청나게 폭등하고 있습니다.

가격변동이 커지면 주식투자의 위험도 커지게 됩니다. 특히 가격이 크게 떨어지는 사건이 발생하면 투자자는 막대한 손해를 봅니다. 그래서 주식투자자는 주식이 급락할 사건에 민감하게 반응하는데, 데이터로부터 구한 주식가격이 급락할 확률이 정규분포로부터 계산된 확률보다 훨씬 높습니다. 주식투자를 위한 데이터 분석에는 정규분포 외에 다른 이론이 필요해 보입니다.

주식의 가격변동이 정규분포를 따르지 않는다면 둘 중에 하나일 것입니다. 주식가격의 예측이 가능하거나 또는 정규분포를 따르지 않는 잡음이 존재한다는 것입니다. 1980년대에 월스트리트를 중심으로 수학적 모형으로 주식가격을 예측하려는 시도가 크게 각광을 받았습니다. 월스트리트는 가격변동의 예측 가능성을 믿었습니다. 하지만 결과는 그리 만족스럽지 못했습니다. 현재는 정규분포를 따르지 않는 잡음이 존재한다는 것이 정설로 받아들여지고 있습니다. 가우스의 이론이 주식시장까지 설명하지는 못한 것입니다. 세상은 수학 이론보다 훨씬 복잡합니다.

가우스 이후에 많은 과학자가 정규분포를 따르지 않는 잡음에 대해 연구했습니다. 중심극한정리의 증명을 위한 가정 중 하나는 관측치의 변동이 작아야 한다는 것입니다. 잡음의 변동이 매우 큰 경우에는 정규분포를 따르지 않을 수 있습니다. 즉, 정규분포를 따르지 않는 잡음은 매우 큰 값이나 매우 작은 값이 훨씬 자주 관측된다는 것입니다. 주사위를 던졌는데 드물지만 가끔씩 60000이라는 엄청나게 큰 숫자가 나오면(예: 기록을 잘못해서 생기는 오류) 주사위 숫자 합의 분포는 정규분포와 비슷하지 않을 것입니다. 주식시장에서는 가격이 급등하거나 급락하는 사건이 정상 상태보다 훨씬 자주 발생하기 때문에 가격변동은 정규분포를 따르지 않는 것입니다. 2020년 코로나19 사태 중에 경험한 주식가격의 폭락과 폭등도 정규분포로는 설명할 수 없습니다.

대부분의 데이터에 비해서 매우 크거나 작은 데이터를 이상치outlier라고 합니다. 즉, 정규분포를 따르지 않는 잡음에는 이상치가 많이 존재합니다. 이상치는 데이터 분석의 결과를 크게 왜곡할 수 있습니다. 이상치의 대표적인 예는 1인당 국민소득입니다. 우리나라 1인당 국민소득은 2019년에 3만 달러 정도였습니다. 1인당 국민소득이 3만 달러이면 4인 가족 기준으로 연 12만 달러이고 이는 1억 6000만 원 정도 됩니다. 우리나라 가구당 소득이 평균적으로 1억 6000만 원이라는 이야기입니다. 믿을 수가 없을뿐더러 터무니없어 보입니다. 이러한 착시현상은 소득의 양극화 때문입니다. 엄청나게 소득이 많은 가구 또는 회사가 있어서 평균이 높이 올라가는 것입니다. 이렇게 이상치가 있으면 평균이 전혀 의미가 없습니다. 정규분포가 아닌 데이터를 의미 있게 분석하는 것은 매우 복잡하고 어려워 보입니다. 시대의 변화에 따라 데이터도 진화 중입니다. 페이스북 이용자의 친구의 수의 분포 또는 구글에서 단어들의 검색 수의 분포 등, 21세기에는 많은 분야에서 정규분포를 따르지 않는 데이터가 발견되고 있으며, 이러한 데이터를 위한 분석 방법의 개발이 데이터과학의 새롭고 중요한 과제가 되고 있습니다.

요약 본능과 변동의 이해

표준편차

요약 본능

소설이나 영화를 본 다음에는 대개 큰 줄거리나 주인공만 생각납니다. 세계적으로 크게 흥행한 한국영화 〈기생충〉(2019)을 봤다면, 매우 고급스러운 집과 반지하방이 대조되어 떠오를 것입니다. 하지만 피자집 주인의 얼굴이나 서류 조작을 하던 PC방은 잘 기억하지 못합니다. 인간의 뇌는 엄청난 양의 정보를 빠르게 처리할 수 있는데, 이때 사용하는 방법이 바로 요약입니다. 원시시대에 사냥을 나가면 동물의 움직임에 집중해야 합니다. 들판에 핀 꽃의 종류나 하늘의 구름 모양 등 사냥과 직접적으로 관련이 없는 정보는 과감히 제거해야 합니다. 그래야 사냥에 성공할 확률이 높아집니다. 원시시대를 거치면서 요약과 집중은 인간의 본능이 되었습니다.

현대에도 요약은 성공에 중요한 열쇠입니다. 시험을 잘 치려면 배운 내용을 잘 요약해야 합니다. 선생님은 학생들에게 요약을 잘하는 방법을 가르쳐줍니다. 요약을 잘하는 사람을 똑똑한 사람이라 여기고, 요점 정리를 잘해주는 선생님이나 참고서가 인기가 좋고, 요점 정리를 잘하는 학생이 성적도 좋습니다. 요약 본능은 생존을 위해 타고나는 본능으로 시작해서 후천적 교육으로 강화되고 있습니다.

요약 본능은 데이터를 분석할 때도 나타납니다. 데이터 요약의 알파와 오메가는 바로 평균입니다. 회사에서 신입사원을 뽑을 때 평균학점을 묻습니다. 나라 간 소득수준을 비교할 때 1인당 국민소득이라는 평균소득을 사용합니다. 국회의원의 평균 재산, 공무원 평균 연봉, 여름 평균기온, 평균 강수량 등 사람들은 평균을 습관처럼 사용합니다.

평균에 대한 인간의 집착을 보여주는 사건으로 케틀레Lambert Adolphe Jacque Quetelet의 '평균인간'이라는 개념이 있었습니다. 19세기 벨기에 과학자였던 케틀레는 데이터를 이용하여 사회현상을 설명하려고 시도했습니다. 그리고 한 민족이나 국가의 특성을 이해하려면 평균을 보면 된다고 주장했습니다. 신장, 몸무게, 운동 능력, 각종 질병 등 다양한 특성을 조사해서 평균을 구하면 국가를 이해할 수 있고, 나아가 평균인간이라는 개념을 만들어 이 평균인간이 가장 이상적인 인간이라고 주장했습니다. 이 논리는 평균인간을 개선하기 위한 국가의 개입을 정당화하는 논리로 발전했고, 이후에 악명 높은 우생학으로 발전합니다. 케틀레의 평균인간 개념은 아직도 우리 주위에 망령처럼 남아 있습니다. 지금도 일반적인 범주에서 벗어난 사람을 대상으로 "저 친구 정상이야?"라는 물음을 던지곤 합니다. 정상인간이 존재한다는 개념을 은연중에 받아들인 것입니다.[5]

요약을 넘어서 변동으로

데이터 분석이라 하면 일반인은 평균소득, 평균수명 등 요약을 가장 먼저 떠올리겠지만 사실 가장 중요한 정보는 주로 변동 속에 숨어 있습니다. 변동이란 데이터가 평균과 항상 같지 않고 어떨 때는 크고 어떨 때는 작은 현상입니다. 작년 8월 평균기온이 29도였다면 어떤 날은 29도보다 덥고 어떤 날은 29도보다 낮았을 것입니다. 변동은 개별 데이터가 평균으로부터 떨어져 있는 정도를 말하며, 데이터에 내재되어 있는 불확실성 때문에 나타납니다.

데이터를 기반으로 한 합리적인 의사결정에는 평균보다 변동의 이해가 훨씬 중요합니다. 1940년대에 미국 공군은 큰 문제에 직면합니다. 전투기 조종사의 조종사고가 급증했기 때문입니다.

기체의 문제도 아니었고 조종기술의 문제도 더더욱 아니었습니다. 사고의 원인은 바로 전투기 조종석이었습니다. 그 당시 사용한 조종석은 조종사들의 신체 치수를 조사하여 평균을 낸 뒤 이에 최적화된 디자인으로 제조되었습니다. 그런데 정작 이 조종석은 어느 누구에게도 맞지 않았습니다. 평균 신체에 딱 맞는 조종사는 한 명도 없었기 때문입니다. 누구는 팔이 평균보다 짧았고 누구는 다리가 평균보다 길었습니다. 이후 개인맞춤형 조종석이 개발되었으며, 조종사고가 눈에 띄게 줄었습니다. 변동의 이해로 생명을 구할 수 있었습니다.

1925년에 유아심리학자이면서 소아과의사인 아널드 게젤 Arnold Lucius Gesell은 '유아 성숙 이론'을 발표하면서, 나이에 따라서 유아 행동의 표준을 정했습니다. 3년에 걸쳐서 유아 행동을 관찰하고 분석하여 유아의 나이에 따른 평균 행동을 정리했습니다. 그런데 나이에 따른 평균 행동이 상업적으로 오용될 수 있습니다. 아이가 나이에 맞는 평균 행동을 잘 수행하지 못하면 정상이 아니고 따라서 특별한 교육이나 치료가 필요하다고 처방할 수 있습니다. 하지만 변동을 고려하지 않고 평균만 고려하면 전체 유아 중에서 반은 무조건 특수한 교육이나 치료가 필요하게 됩니다. 평균의 정의 때문에 아이의 반은 성장이 평균 아이보다 늦기 때문입니다. 성장의 변동까지 고려해야 이러한 엉터리 처방을 피할 수 있습니다. 그저 자연적 변동에 의해서 다른 아이에 비해서 성장이 늦는 건지, 아니면 정말 신체적 발달에 문제가 있

는 것인지를 파악해야 합니다.[6]

변동은 사회의 문제점을 파악하는 데도 매우 중요합니다. 우리 사회가 직면한 큰 문제 중 하나는 경제적 양극화입니다. 소득 평균을 의미하는 1인당 국민소득은 3만 달러를 돌파했지만 가난에서 벗어나지 못하는 사람도 증가하고 있습니다. 경제적 양극화로 소득에 대한 변동이 점점 커지고 있습니다. 한 나라의 경제 상태를 파악하기 위해서는 평균소득과 함께 소득의 변동도 고려해야 합니다. 소득의 변동을 측정하여 경제불평등 정도를 알려주는 지수가 지니계수Gini index입니다.

데이터과학에서 최고로 어려운 문제는 의사결정의 불확실성을 측정하는 것입니다. 내년 경제성장률이 2퍼센트라고 예측했을 때, 실제 성장률은 2퍼센트보다 높거나 낮을 것인데, 예측에 내재되어 있는 변동을 측정하는 것이 데이터과학에서 매우 중요하고도 어려운 임무입니다. 사회가 건전하게 성장하려면 최악의 경우도 대비해야 하기 합니다. 평균만을 생각하고 나라살림을 하면 큰 화를 당할 수 있습니다. 1997년 IMF 사태도 최악을 대비하지 않아서 생긴 것입니다. 1992년에 국내 금융시장이 개방되었고, 국내 금융회사는 선진국 은행에서 낮은 이자로 자금을 빌려 개발도상국가에 높은 이자로 대출을 해줘서 큰 수익을 남겼습니다. 빌린 자금과 빌려준 자금이 같았기 때문에 장부상으로 우리나라 경제는 문제가 없어 보였습니다. 단 선진국 은행에서 빌린 자금은 만기 6개월짜리 단기자금이었고, 후진국에 빌려준 자금은 만기 2년 이상의 장기자금이었습니다. 선진국 은행에서 대출 만기를 연장해주지 않으면 한국 금융회사는 큰 난관에 봉착할 수밖에 없었습니다. 당장 돈을 갚아야 하는데 대출금의 회수는 2년 뒤에나 가능했기 때문입니다. 그러나 국내 금융회사나 정부는 선진국의 대출 만기 연장에 대한 불확실성을 완전히 무시했고, 그 결과 1997년 선진국 은행에서 일시에 대출 연장을 거부했을 때 결국 IMF 사태로 번지게 됩니다.

미국 서북쪽 캐나다와 국경이 맞닿은 곳에 노스다코타주가 있습니다. 면적은 우리나라의 2배이지만 인구는 100만 명이 안 되는 매우 한적한 주입니다. 〈파고〉(1996)라는 영화로 소개된 바 있지만 전혀 유명하지 않고 농업이 주력 산업인 곳입니다. 1996년 겨울, 이 주에 눈이 많이 왔습니다. 겨울에 온 눈은 봄이 되어서 녹기 시작했습니다. 눈이 녹으면 물이 되어 강으로 유입됩니다. 1997년에 노스다코타주의 제3의 도시인 그랜드포크스를 관통하는 강이 녹은 눈으로 인해서 범람했습니다. 주민 5만 명이 대피하고 전체 주택의 75퍼센트가 침수되었습니다. 다행히도 인명 피해는 없었습니다.

사실 1997년의 범람은 충분히 예방할 수 있었습니다. 겨울에 온 눈의 양을 측정하고 이를 바탕으로 봄에 강으로 유입되는 물의 양을 계산하면 됩니다. 범람이 예상되면 모래주머니 등으로 제방을 높이면 되었습니다. 물론 노스다코타도 이런 작업을 했습니다. 1996년에서 1997년으로 넘어가는 겨울에 눈이 너무 많이 왔기 때문입니다. 노스다코타 주정부가 계산한 결과에 따르면 강의 예상 최고수위는 14.9미터였습니다. 제방의 높이가 15.3미터였기 때문에 큰 문제가 없을 것으로 주정부는 판단했습니다. 그러나 범람 시 강의 최고수위는 16.5미터로 예상치보다 무려 1.5미터나 높았습니다.[7]

노스다코타 주정부가 놓친 것은 예측치의 불확실성이었습니다. 기상청에 의하면 이 예상치의 오차는 2.7미터나 되었습니다. 과거 데이터를 바탕으로 알아낸 것입니다. 최고수위 예측치 14.9미터와 오차 2.7미터를 바탕으로 강의 범람 확률을 계산하면 35퍼센트 정도가 나옵니다. 강의 범람으로 인한 피해를 생각하면 35퍼센트의 확률은 매우 큰 것입니다. 당연히 대비를 해야 했지만 노스다코타 주정부는 예측치에만 의지하고 예측치의 불확실성을 간과했습니다. 데이터과학의 미비가 큰 재산상의 피해로 귀결되었습니다.

기상이변 현상은 우리나라도 예외가 아닙니다. 우리나라 역시 기후변화에 직접적으로 영향을 받고 있습니다. 동해의 수온은 엄청난 속도로 증가하면서 동해에서 한류성 어류인 명태가 사라진 지 오래입니다. 여름철 긴 장마와 집중호우의 증가도 기후변화와 관련이 있는 것으로 파악되고 있습니다. 그런데 평균에만 집중하다 보면 자칫 기후변화의 양상을 놓칠 수 있습니다. 평균으로 봤을 때, 우리나라 연평균 강수량은 크게 증가하지 않았습니다. 문제는 강수량의 변동에 있습니다. 집중호우와 가뭄의 반복회수가 증가하고 있기 때문입니다. 따라서 댐이나 제방의 표준을 바꾸어서 기상이변에 시급히 대비해야 합니다. 기상이변 대비를 위해서 불확실성을 고려한 신중한 의사결정이 요구되고 있습니다.

변동의 활약

과거에 변동은 신의 섭리였습니다. "인명은 재천"이라는 속담에서 수명은 신의 섭리라는 인간의 믿음을 잘 엿볼 수 있습니다. 그래서 신의 섭리는 항상 인간에게 두려움의 대상입니다. 즉, 변동은 인간에게 두려움을 주었고 이러한 두려움으로 신을 찾게 된 것은 아닐까 생각해볼 수 있습니다. 가뭄과 홍수가 신에게 죄를 지어서 생긴다는 믿음도 이러한 맥락에서 이해할 수 있습니다.

이렇게 변동은 오랫동안 신의 섭리였다가 데이터과학의 발전으로 인하여 과학의 영역으로 바뀝니다. 질병은 죄 때문이 아니라 위생, 유전 등의 요인으로 발생하고, 수명은 하늘의 뜻이 아니라 유전적 특성과 함께 식습관, 스트레스 등 외부 요인으로 결정된다는 것을 알아냈습니다. 경제학에서도 변동에 대한 이해는 매우 중요합니다. 변동은 곧 위험입니다. 그리고 위험을 줄이는 것이 경제학의 숙제 중 하나입니다. 포트폴리오 이론이 대표적인 위험 감소를 위한 연구의 결과입니다. 신의 영역이었던 변동을 과학으로 제거한 것입니다.

변동의 이해가 산업에 직접 사용되는 예는 금융업에서 쉽게 찾아볼 수 있습니다. 국제적인 금융거래는 항상 환율 변동 위험에 노출됩니다. 원화 100만 원을 달러로 바꾸어서 미국 은행에 1년짜리 정기예금으로 들었다면, 1년 후 수익은 예금이자뿐 아니라 1년 후 환율에도 영향을 받습니다. 다만 예금이자는 일정해서 예상이 쉬운데, 환율은 변동이 있어서 예상이 어렵습니다. 이러한 환율의 변동을 줄여주는 보험 상품이 있습니다. 환율이 너무 오르거나 너무 떨어지면 일정한 보험금을 탈 수 있는 상품입니다. 국제 금융거래를 위해서 필요한 상품입니다. 그런데 이러한 보험 상품을 개발할 때 가장 어려운 부분은 적절한 가격을 산출하는 것입니다. 너무 싸면 보험회사가 손해를 보고, 너무 비싸면 잘 팔리지 않을 것입니다. 보험 상품의 보험료 산출을 위해서도 변동의 이해는 필수적입니다.

품질관리 분야에서도 변동의 측정 및 이해는 매우 중요합니다. 우리나라의 주력 산업은 반도체입니다. 우리나라 반도체가 잘 팔리는 이유는 품질이 좋기 때문입니다. 즉, 고장이 잘 나지 않습니다. 반도체 1개의 가격은 아주 비싸지 않아도 반도체가 들어가는 우주선이나 로봇 등의 최종 제품은 매우 고가입니다. 그래서 반도체를 구입하는 회사는 가격보다는 품질에 더 관심이 많습니다. 반도체 불량으로 비싼 제품을 완전히 못 쓰는 상황을 피하고 싶어 합니다. 특허 소송으로 애플과 삼성전자의 사이는 앙숙인 듯하지만, 아이폰에도 삼성전자의 반도체를 사용합니다. 아이폰의 품질 유지에는 반도체의 품질이 핵심이기 때문입니다. 비즈니스에서 적아의 구별은 무의미합니다. 좋은 품질이 모든 것을 결정합니다.

반도체 회사는 품질 향상에 엄청난 노력을 쏟습니다. 품질 향상을 위해 제품 생산 시 온도나 습도 등의 공정 상태를 일정하게 유지하는 데 심혈을 기울입니다. 특히 반도체 제조에는 많은 미세 공정이 있는데 이러한 미세 공정의 상태를 일정하게 유지하고자 공정 상태의 변동을 실시간으로 모니터링합니다. 변동이 일정 수준보다 커지면 생산을 중단하고 원인을 규명합니다. 변동이 커지면 불량품이 많이 나오기 때문입니다. 우리나라가 반도체로 세계를 재패할 수 있는 이유는 남이 만들지 못하는 반도체를 만들기 때문이 아닙니다. 품질이 좋은 반도체를 만들기 때문입니다.

변동의 감소

데이터에 변동이 없으면 데이터를 분석할 필요가 없습니다. 예를 들어 식당의 매출이 매일 100만 원인 식당 A와 어떤 날은 200만 원, 다른 날은 10만 원으로 매출이 들쑥날쑥하는 식당 B가 있을 때, 어떤 식당이 데이터 분석을 하려고 할까요? 답은 식당 B입니다. 도대체 왜 매출이 들쑥날쑥하는지를 알고 싶어 할 것입니다. 즉, 변동을 이해하려고 노력할 것입니다. 변동의 이해가 데이터 분석의 시작입니다.

식당 B가 데이터 분석을 통해서 비 오는 날에 매출이 50퍼센트 감소하고 맑은 날에 50퍼센트 증가한다는 것을 알아냈습니다. 비가 매출 변동의 원인이었습니다. 식당 주인이 날씨를 조종할 수는 없지만, 비 오는 날에는 식자재를 조금 구입해서 낭비를 줄이거나 특별 할인을 통해서 매출을 늘릴 수도 있을 것입니다. 변동의 원인을 찾으면 미리 대비할 수 있습니다.

변동의 원인을 파악하고 효과를 제거하면 변동이 감소합니다. 비가 매출 변동의 원인임을 알아낸 후에는 식당 B의 주인은 전체 데이터의 변동을 구하는 것이 아니라 비 오는 날과 비가 오지 않은 날의 매출 변동을 따로 구할 것입니다. 즉, 2개의 변동을 구합니다. 이 변동은 전체 데이터의 변동보다는 항상 줄게 됩니다. 이렇게 데이터 분석을 통하여 변동 원인을 찾고 결국 변동을 감소시키게 됩니다. 변동을 감소시키는 것이 데이터과학의 주된 임무 중 하나입니다.

만약 비가 안 오는 날의 매출 변동이 여전히 크다면, 비 외에 매출 변동을 일으키는 다른 원인를 찾아야 합니다. 비가 안 온 날이면서 온도가 높은 날이 낮은 날보다 매출이 높다는 것을 발견했다면, 비와 함께 온도도 매출 변동의 원인이 되는 것입니다. 이렇게 데이터의 변동에 영향을 미치는 원인을 찾아가는 것이 데이터 분석의 중요한 목적 중 하나입니다. 통계학의 회귀분석이나 기계학습의 지도학습 등이 변동 원인을 찾아서 변동을 줄이는 방법론을 연구하는 분야입니다.

변동 원인을 찾고 줄이는 작업은 다양한 분야에서 사용되고 있습니다. 한의학에서 사용하는 사상체질은 인간 건강의 변동을 설명하는 원인입니다. 같은 병이라도 체질에 따라 처방을 다르게 합니다. 서양의학에서는 사상체질과 비슷하게 인간 건강의 유형을 유전자 정보등을 이용해서 분류하려고 시도 중입니다. 이를 맞춤의료personalized medicine라고 부릅니다. 이 역시 데이터 과학의 주요 활동 무대입니다.

제조 회사는 품질의 변동에 영향을 미치는 요인을 찾기 위해서 엄청난 노력을 경주합니다. 전체 불량률이 2퍼센트인 제품의 일별 불량률이 크게 변동하면 판매에 큰 문제가 생깁니다. 어떤 날은 불량이 하나도 없다가 다른 날에는 불량률이 10퍼센트가 되면, 불량률이 10퍼센트일 때 제품을 구매한 고객은 엄청난 불만을 가질 것이며 환불 및 손해배상을 요구할 것입니다. 회사에서 이야기한 불량률 2퍼센트보다 너무 높았기 때문입니다. 제조회사는 불량률 자체를 줄이는 작업뿐 아니라 불량률의 변동을 줄이는 작업에도 많이 투자하고 있습니다. 이를 위해서 불량률의 변동 원인을 파악해야 합니다.

마케팅을 위해서도 변동의 이해가 중요합니다. 자사 제품을 선호하는 소비자와 그렇지 않은 소비자가 어떻게 구별되는지 알면 마케팅에 크게 도움이 됩니다. 제품의 선호도에도 소비자에 따른 변동이 있으니, 데이터과학을 이용하여 변동 원인을 파악하고 이를 감소시킬 수 있습니다. 신용카드 회사는 소비자 선호도에 따라서 맞춤형 혜택을 제공하는 신용카드를 개발하고자 노력합니다. 외식이 잦은 20대 소비자에게는 외식 할인 혜택이 필요하고, 성공한 직장인이 많은 50대 소비자에게는 골프나 여행 관련 서비스가 더 인기를 끌 것입니다. 스포츠를 좋아하는 소비자와 영화 관람을 좋아하는 소비자에게는 이에 맞춘 혜택을 제공해야 합니다. 소비자가 무엇을 원하는지는 구매 데이터가 알고 있습니다. 구매 데이터 안의 변동에 소비자 선호도에 대한 다양한 정보가 들어 있는데, 데이터가 21세기의 석유로 떠오르고 있는 것은 변동의 이유에 대한 정보가 담겨 있기 때문입니다.

합리적으로 판단하기

가설점검과 대립가설

스웨인 대 앨라배마

1964년 미국대법원에서는 흥미로운 재판이 진행되었습니다. 스웨인 대 앨라배마로 알려진 재판입니다. 로버트 스웨인Robert Swain이라는 흑인이 앨라배마주에서 강간범으로 체포되어 주법원에서 사형을 선고받았습니다. 그러나 스웨인은 무죄를 주장하며 연방대법원에 상고하는데, 상고 이유는 배심원이 모두 백인이었다는 것입니다. 이러한 배심원 구성은 앨라배마주의 보통 사람을 대표하지 않으며 따라서 수정헌법 6조를 위반했다는 것입니다.

미국 수정헌법 6조는 배심원단에게 판단받을 권리를 규정하면서, 특히 배심원단은 피고인이 속한 사회 구성원을 잘 대표해야 한다고 돼 있습니다. 스웨인이 속한 탤러디가카운티는 흑인 인구가 26퍼센트였기 때문에, 스웨인은 배심원이 모두 백인인 것은 그 선택이 공정하지 않았다는 증거라고 주장합니다. 연방대법원 판사 9명 중 6 대 3으로 스웨인의 상고는 기각되지만 대법원 판사 사이에서도 논쟁이 치열했습니다.

미국의 배심원 선발제도는 2단계로 이루어집니다. 먼저 임의로 다수의 사람을 선발하고, 이 중에서 최종 배심원을 변호사, 검사, 판사의 합의로 선발합니다. 스웨인 재판의 경우 첫 번째 단계에서 임의로 선발된 100명 중에 흑인은 8명이었습니다. 과연 배심원이 공정하게 선택된 것일까요? 아니면 백인에게 편중되도록 했을까요? 모두가 수긍할 수 있는 합리적인 판단이 필요합니다.

스웨인 대 앨라배마 재판에서 던진 질문은 다양한 분야에서도 자주 목격됩니다. 2016년에 국내에서 천경자 화백의 그림이 문제가 되었습니다. 천경자 화백은 박수근, 이중섭과 함께 한국을 대표하는 최고의 화가입니다. 국립현대미술관에서는 수십 년 전에 천경자 화백의 〈미인도〉를 매우 고가에 구입해서 전시합니다. 그런데 1991년에 천경자 화백 본인이 국립현대미술관의 〈미인도〉는 본인이 그리지 않은 가짜라고 주장합니다. 전문가들이 진위 여부를 감정하는데, 놀랍게도 진품으로 결론이 나오고 천경자 화백은 정신 상태가 혼미한 사람으로 여겨집니다. 충격을 받은 천경자 화백은 한국을 떠나서 미국에서 활동하다 생을 마감

했습니다. 이후 2016년에 천경자 화백의 딸이 다시 한번 미술관의 〈미인도〉가 가짜라는 주장을 펼칩니다. 국립현대미술관의 〈미인도〉는 진품일까요, 아니면 가짜일까요? 천경자 화백 사건과 반대의 경우도 있는데, 이우환 화백의 작품은 전문가는 가짜라고 하는데 본인은 진품이라고 합니다.

일반 상거래에서도 스웨인 대 앨라배마 같은 의사결정이 필요한 순간이 매우 자주 있습니다. 주유소에서 1리터를 주유하고 그만큼의 가격을 지불했는데 실제 주유 양이 0.95리터라면 주유소가 고객을 속인 것일까요, 아니면 5퍼센트 정도의 오차는 허용 가능한 것일까요? A사에서 B사에 반도체칩 100만 개를 납품하면서 불량률을 0.1퍼센트라고 했는데 실제로는 0.2퍼센트가 불량품이었다면 A사가 주장한 불량률 0.1퍼센트는 거짓말일까요? 새로운 약을 개발했는데 약을 먹은 10명 중에 7명이 병이 나았습니다. 기존 약의 치료율이 50퍼센트라고 할 때 신약이 기존 약보다 효과가 있다고 할 수 있을까요, 아니면 우연히 7명이 치료된 것일까요?

의사결정을 위한 데이터과학

데이터과학에서는 위와 같은 질문에 과학적으로 의사결정을 하는 방법을 연구·개발하고 있습니다. 통계적 가설검정이 그 방법론입니다. 의사결정을 위해서는 먼저 서로 대립되는 가설이 필요합니다. 스웨인 대 앨라배마 재판에서는 '배심원이 공정하게 선택되었다'와 '배심원이 공정하게 선택되지 않았다'가 2개의 가설입니다. '국립현대미술관에 걸려 있는 천경자 화백의 〈미인도〉는 가짜다'가 하나의 가설이라면 또 하나의 가설은 '국립현대미술관에 걸려 있는 천경자 화백의 〈미인도〉는 진품이다'입니다. 반도체칩 사례에서는 '불량률이 0.1퍼센트이다'와 '불량률이 0.1퍼센트보다 크다'가 2개의 서로 대립되는 가설입니다.

대립되는 가설이 설정된 후에는 주어진 데이터를 살핍니다. 스웨인 대 앨라배마 재판에서 주어진 데이터는 '흑인이 26퍼센트인 카운티에서 100명을 임의로 추출했는데 흑인은 8명이었다'가 데이터입니다. 천경자 화백 위작 논란에서는 전문가들이 〈미인도〉를 조사하면서 수집하는 다양한 정보가 데이터가 됩니다. 위작 논란을 가리기 위해서는 자외선 촬영 등의 첨단과학을 동원하여 데이터를 수집합니다. 주유소 문제에서는 여러 개의 개별 주유기에서 측정한 주유량이 데이터가 됩니다.

가설이 정해지고 데이터가 모이면, 데이터를 기반으로 대립되는 2개의 가설 중 하나를 선택하는데, 이를 '통계적 가설검정'이라고 부릅니다. 통계적 가설검정을 간단한 예로 설명하겠습니다. 자신이 동전을 던지면 앞면만 나온다고 주장하는 마술사가 있습니다. 이 주장을 검증하기 위하여 마술사는 동전을 던집니다. 1번 던져서 앞면이 나온 것만으로는 마술사의 주장을 믿지 않겠지만, 10번 던져서 모두 앞면이 나온다면 마술사의 주장은 사실로 받아들여질 것입니다. 그 이유는 보통 사람이 1번 던져서 앞면이 나올 확률은 0.5로 낮지 않지만 10번 모두 앞면이 나올 확률은 매우 낮기 때문입니다.

이러한 과정을 체계적으로 적어보면 먼저 2개의 가설이 존재하는데, 각각 '가짜 마술사'와 '진짜 마술사'입니다. 이때 첫 번째 가설을 귀무가설, 두 번째 가설을 대립가설이라고 합니다. 가설을 세운 후 마술사는 동전을 던져서 데이터를 관측합니다. 그리고 귀무가설하에서 데이터를 관측할 확률을 계산하고, 이 확률이 아주 낮으면 대립가설을, 그렇지 않으면 귀무가설을 받아들이는 것입니다. 귀무가설하에서 데이터를 관측할 확률이 낮다는 것은 귀무가설이 잘못되었기 때문이라고 생각하는 것입니다.

스웨인 대 알리바마 재판에서 가설검정을 하면 다음과 같습니다. 귀무가설은 '공정한 배심원 선택'이고, 대립가설은 '불공정한 배심원 선택'이 됩니다. 귀무가설하에 무작위로 1명을 뽑았을 때 그 사람이 흑인일 확률은 0.26입니다. 왜냐하면 흑인 인구가 전체 인구의 26퍼센트이기 때문입니다. 즉, 귀무가설은 흑인이 뽑힐 확률이 0.26이라고 주장하는 것과 같습니다. 이제 100명을 뽑았을 때 흑인이 8명이 선택되었다는 데이터를 얻습니다. 그리고 흑인이 뽑힐 확률이 0.26일 때 100명 중에서 흑인이 8명보다 작거나 같게 뽑힐 확률을 구합니다. 이 확률은 거의 0에 가깝습니다. 따라서 귀무가설이 틀렸다고 결정을 내립니다. 다시 말해

배심원이 공정하게 뽑히지 않은 것으로 판단합니다. 통계적 가설검정의 결과가 대법원 판사들의 판단과 다릅니다. 이 결과를 바탕으로 대법원의 판단이 불공정했다고는 단정지을 수 없으나, 최소한 배심원 선택에 대해서는 다시 한번 조사를 권고할 수는 있을 것입니다.

통계적 가설검정에서 기술적으로 어려운 부분은 귀무가설 아래에서 주어진 데이터가 관측될 확률을 계산하는 것입니다. 1977년 11월 15일 일본의 13살 소녀 요코타 메구미가 실종됩니다. 단순 실종사건으로 사건이 종료되는데, 사건 종료 20년 후에 충격적인 증언이 나옵니다. 북한에서 일본으로 귀순한 북한첩보원의 증언에 의하면 메구미는 북한으로 납치되었다는 것입니다. 이 소식에 일본열도가 들끓었고, 결국 2002년 북한과 일본의 정상회담에서 김정일 국방위원장이 고이즈미 총리에게 공식적으로 사과합니다.

메구미는 북한에서 한국인 남성과 결혼해서 1987년에 딸 김은경을 낳았습니다. 김은경은 2002년 북일 정상회담 당시 일본에 있던 메구미의 아버지와 만났습니다. 그리고 일본 정부에서 수행한 김은경과 메구미 아버지와의 유전자 검사에서 김은경은 메구미의 친딸로 판명됩니다. 공식적으로 북한에 의한 일본인 납치가 밝혀지는 순간이었습니다. 이 결과는 동북아시아의 국제관계에 큰 영향을 미칠 수 있는 사건이었습니다. 그래서 한국 정부는 일본 정부의 발표를 일방적으로 믿을 수만은 없었고, 독자적으로 검증할 필요가 있었습니다. 김은경이 만에 하나라도 메구미의 딸이 아니라면 외교적으로 복잡한 문제가 생기기 때문입니다. 당시 북한에는 메구미의 남편이 생존해 있었는데, 메구미 남편과 김은경의 DNA가 일치하지 않으면 메구미 관련 모든 이야기가 원점으로 돌아가는 묘한 상황이었습니다. 우리나라 정부의 고민이 깊어졌습니다.

유전자 검사 방법은 의외로 간단합니다. 아버지와 딸에게 같은 유전자가 있는지 확인하면 됩니다. 30개 정도의 대표 유전자가 모두 일치하면 친자로 확인됩니다. 돌연변이 때문에 가끔 일치하지 않는 유전자도 생기므로 하나 정도 차이가 나는 경우에도 친자로 판단할 수 있습니다. 2개 이상의 유전자가 차이가 나면 친자가 아니라고 판단합니다. 메구미 사건에서 일본 정부는 외할아버지와 손녀의 유전자를 비교했습니다. 그런데 외할아버지 유전자 중에는 손녀에게 전달되지 않는 유전자가 존재합니다. 외할머니의 유전자가 전달될 수 있기 때문입니다. 외할아버지와 손녀의 관계를 확인하는 분석은 아버지와 딸의 관계를 판단하는 것보다 훨씬 어렵습니다. 한국 정부가 일본 정부의 분석을 믿지 못하는 이유였습니다.

한국 정부는 독자적으로 유전자 검사를 합니다. 이 검사가 가능했던 것은 메구미의 남편으로 알려진 남성의 어머니가 충청도에 살고 있었기 때문입니다. 김은경의 DNA와 충청도 할머니의 DNA가 비교되었습니다. 귀무가설은 '충청도 할머니가 김은경의 친할머니다'이고 대립가설은 '충청도 할머니는 김은경의 친할머니가 아니다'입니다. 제가 참여한 우리나라 정부의 분석 결과는 다행히도 일본의 분석 결과와 다르지 않았습니다. 결국 메구미 사건은 조용하게 잘 마무리되었습니다.

유전자 검사에서는 매우 어려운 확률 문제가 자주 나옵니다. 다음에 소개할 이야기는 실제 사건을 각색한 것입니다.

어느 부자 할아버지가 세상을 떴습니다. 3년 뒤에 한 여성이 아이를 데리고 유족에게 나타나서 이 아이가 부자 할아버지의 아들이라고 주장합니다. 유전자 검사를 위해 묘지를 파서 매장했던 시신에서 DNA를 채취한 뒤, 그 유전자와 아이의 유전자를 비교합니다. 그런데 이상하게도 유전자 검사를 수행한 기관에 따라서 결과가 다르게 나옵니다. 유족이 의뢰한 검사기관에서는 아들이 아니라고 판단하지만 아이의 엄마가 의뢰한 기관에서는 친아들이라고 판단합니다. 친아들이냐 아니냐에 따라서 아이에게 엄청난 유산이 결정되는 상황이라 판사는 매우 곤혹스러웠습니다. 확률을 계산하는 방법이 조금 달랐는데 두 기관 모두 합리적으로 확률을 계산했습니다. 이렇게 검사 기관에 따라서 다른 판단이 나온 이유는 사망 후 3년이 지난 시신에서는 유전자가 완벽하게 채취되지 않기 때문입니다. 채취하지 못한 유전자를 어떻게 처리하느냐에 따라서 확률이 다르게 나온 것입니다.

과학을 넘어서

통계적 가설검정의 치명적인 약점은, 상충되는 2개의 가설 중에서 무엇을 귀무가설로 채택하느냐에 따라 결과가 바뀐다는 것입니다. 일반적으로 귀무가설은 통상적인 상황에서 믿는 가설이고, 대립가설은 통상적이지 않은 새로운 가설입니다.

기존 약보다 효과가 2배나 좋은 약을 개발했다고 가정해봅시다. 이 가설의 검정을 위해서는 귀무가설은 '신약이 기존 약보다 좋지 않다', 대립가설은 '신약의 효과가 2배이다'가 됩니다. 즉, 증명하고자 하는 새로운 주장이 대립가설이 되고 대립가설을 반박하는 주장이 귀무가설이 됩니다. 통계적 가설검정은 주어진 데이터가 기존의 이론(즉 귀무가설)으로 설명이 안 된다는 것을 보임으로써 새로운 가설이 참이라는 것을 증명합니다. 관측된 데이터의 귀무가설하에서의 확률이 낮다는 것은 기존 이론에 문제가 있다는 것을 의미하기 때문입니다. 귀무가설을 기각해서 대립가설을 증명하는 것입니다. 귀무가설이 기각되지 않으면 아무것도 얻는 게 없습니다. 귀무가설에서 '귀무 歸無'는 '돌아올 귀 歸'와 '없을 무 無'의 합성으로 아무것도 없는 것으로 돌아온다는 뜻입니다.

그런데 통계적 가설검정의 특징은 아주 강력한 증거가 있지 않는 한 귀무가설을 기각하지 않는다는 것입니다. 보통 귀무가설하에서 데이터의 관측 확률이 5퍼센트 미만인 경우에만 귀무가설을 기각합니다. 확률이 매우 낮을 때에만 귀무가설을 기각할 수 있는 것입니다. 이렇게 귀무가설을 기각하기 어렵게 만든 이유는 인간의 욕심을 제어하기 위해서입니다. 새로운 주장을 하는 사람은 어떻게 해서든 새로운 주장이 사실이라는 것을 증명하려고 합니다. 그래서 데이터 수집부터 확률 계산까지 새로운 사실에 유리하게 진행하는 경향이 있습니다. 이러한 편이偏異가 최종 결정에 미치는 영향을 최소화하기 위해서 귀무가설의 기각을 매우 어렵게 만들었습니다.

이러한 통계적 가설검정의 어려움은 통상적인 상황에 대한 정의가 사람마다 다를 수 있다는 것입니다. 몇 해 전 우리 사회는 송전탑 유해 문제에서 극단의 의견 대립을 경험했습니다. 2007년에 한국전력은 경상남도 밀양시에 고전압 송전탑을 세우려고 하지만, 밀양 주민의 극심한 반대에 부딪혔습니다. 송전탑에서 나오는 전자파가 인근 주민의 건강에 치명적이라는 것이 주민들의 주장이었습니다. 물론 한국전력은 송전탑의 무해함을 주장했습니다. 첨예한 갈등 속에 2012년에는 주민 한 사람이 자살하기도 했습니다.

이러한 분쟁을 해결하기 위해서 통계적 가설검정이 사용될 수 있습니다. 그런데 통계적 가설검정을 사용하기 위한 첫 단계부터 문제가 생깁니다. 한국전력은 '송전탑은 유해하지 않다'를, 주민들은 '송전탑은 유해하다'를 귀무가설로 사용할 것이기 때문입니다. 통계적 가설검정은 귀무가설을 기각하는 것이 매우 어렵기 때문에 이를 역으로 이용해서 자신의 주장을 귀무가설로 선택할 수 있기 때문입니다. 송전탑에 대한 통상적인 믿음, 즉 건강에 무해한지 유해한지도 아직 확실하지 않습니다. 귀무가설이 바뀌면 같은 데이터에 대한 가설이 완전히 달라지게 된다는 치명적인 약점이 통계적 가설검정에 있습니다. 송전탑에 대한 정부의 판단에 많은 사람이 불만을 품는 이유도 여기에 있을 수 있습니다.

통계적 가설검정의 한계는 진실한 데이터를 바탕으로 해도 합리적 의사결정이 매우 어렵다는 것을 잘 보여줍니다. 그러니 잘못되거나 훼손된 데이터를 바탕으로는 합리적인 의사결정이 더더욱 불가능합니다. 거짓말이나 거짓 증거에 대해서 사회적으로 좀 더 엄격해져야 하는 이유입니다. 합리적 의사결정을 위해서 필요한 것은 진실한 데이터, 냉철한 판단력, 서로를 이해하는 마음이 아닐까 생각해봅니다. 데이터과학만으로는 사회적 타협에 도달하기 어렵습니다. 데이터과학자가 데이터과학뿐 아니라 사회적 이슈에도 민감해야 하는 이유입니다.

7장

관계의 이해

상관관계와 인과관계

아이스크림을 많이 먹으면 걸리는 병

지금은 잊혔지만 20세기 중반까지 인류를 꾸준히 괴롭힌 질병이 있었습니다. 바로 소아마비입니다. 소아마비는 어린아이가 특정한 바이러스에 감염되어 근육이 마비되는 병이며, 소아마비에 걸리면 잘 걷지 못하게 됩니다. 인류는 소아마비의 원인을 찾기 위해서 노력했고, 20세기 중반에 백신이 개발되어 지금은 거의 사라졌습니다. 백신을 개발할 당시 많은 데이터를 분석한 결과 연구진은 흥미로운 사실을 발견했습니다. 아이스크림을 먹는 아이가 많아질수록 소아마비에 걸리는 아이도 많아진다는 것이었습니다. 아이스크림 판매량이 높아지면서 소아마비 환자의 수가 증가하는 것을 데이터를 통해 발견한 것입니다. 아이스크림 성분에 소아마비를 유발하는 유해물질이 들어 있는 것이 틀림없어 보였습니다.

그러나 아이스크림과 소아마비의 관계는 해프닝으로 밝혀졌습니다. 사실 문제는 수영장이었고, 수영장에서 물을 통해서 소아마비 바이러스가 쉽게 전염되었던 것입니다. 수영장은 주로 여름에 가고 아이스크림 또한 여름에 많이 먹으니, 여름이 매개체였습니다. 여름에 소아마비 환자도 증가하고 아이스크림 판매량도 증가합니다. 청량음료 판매량과 소아마비 환자의 수도 상당히 밀접한 관계가 있습니다. 둘 다 여름에 늘어나기 때문입니다.

상관관계와 인과관계

데이터를 통해 얻은 관계를 상관관계라고 합니다. 우리가 알고 싶어 하는 것은 인과관계입니다. 소아마비 사례는 상관관계에서 인과관계를 확인하는 것이 만만치 않은 문제라는 것을 잘 보여줍니다. '손을 씻지 않으면 병에 걸린다'는 지식은 지금은 아무도 의문을 품지 않는 상식입니다. 하지만 이 상식은 19세기 중반에야 발견되었으며, 이 단순한 상식은 다른 어떤 의학적 발전보다 인류의 수명을 가장 많이 늘린 발견으로 평가받습니다.

손 씻기의 중요성을 설파한 사람은 헝가리 출신 의사 이그나즈 제멜바이스Ignaz Philipp Semmelweis였습니다. 19세기 중반까지도 위생이라는 개념이 없어서 병원의 의사들이 손뿐 아니라 수술도구도 닦지 않고 재사용했습니다. 제멜바이스는 병원에서 분만한 산모의 사망률이 산파를 통해서 분만한 산모의 사망률보다 3배나 높은 것을 발견합니다. 이러한 데이터 분석을 바탕으로 제멜바이스는 병원과 산파의 차이를 확인한 뒤 손 씻기의 중요성을 설파합니다. 하지만 당시 의사들은 '손을 씻지 않는 의사는 살인자'라고 비판하는 제멜바이스를 좋아하지 않았습니다. 의사들은 자신들의 약점을 들추는 제멜바이스의 주장을 엉터리라고 비난하며 무시했습니다. 이에 상처받은 제멜바이스는 결국 정신병원에서 생을 마감합니다. 이후 위생에 대한 데이터 추적과 다양한 연구를 통해서 손 씻기와 건강은 인과관계로 받아들여졌습니다. 손 씻기라는 너무 당연한 상식이 인과관계로 받아들여지는 것도 순탄하지만은 않았던 것입니다.

이처럼 인과관계를 밝히는 것은 생각보다 매우 어렵습니다. 데이터를 통해서 우리가 알 수 있는 것은 대부분 상관관계입니다. 그리고 많은 상관관계 중 상식으로는 인과관계처럼 보이지만 실제는 아닌 예를 우리 주위에서 쉽게 찾아볼 수 있습니다. 가구당 자동차 보유 대수와 차량당 주행거리의 관계는 흥미롭습니다. 언뜻 생각하기에 자동차를 많이 보유한 가정은 차량을 나눠 타기 때문에 각 차량당 주행거리가 감소할 것이라고 생각할 수 있습니다. 그러나 데이터 분석에 의하면 보유 대수가 늘어나면 주행거리도 늘어납니다. 이 상관관계를 인과관계로 설명하는 이론 중 하나로 자동차를 많이 보유하면 운전하고 싶은 욕망이 늘어나서 주행거리가 늘어난다는 해석을 합니다. 하지만 좀 더 합리적인 설명은 자동차 보유 대수가 주행거리 증가의 원인이 아니라, 주행거리가 긴 가정에서 자동차를 많이 구입한다는 것입니다. 즉, 자동차 보유 대수가 차량당 주행거리의 원인이 아니라 주행거리가 보유 대수의 원인이 되는 반대의 인과관계인 것입니다. 어느 주장이 더 합리적인지는 추가 연구가 필요하지만 상관관계와 인과관계는 이처럼 오묘한 면이 많습니다.[8]

또 다른 사례로는 이혼과 수명의 관계입니다. 국내 한 연구에 의하면 이혼한 사람의 수명이 이혼하지 않은 사람의 수명에 비해서 무려 8~10년 더 일찍 죽는다는 것이 밝혀졌습니다. 그리고 이 결과를 바탕으로 '이혼이 주는 정신적 충격이 건강에 해가 된다'라는 지극히 상식적인 인과관계 설명이 가능해 보입니다. 하지만 이 주장에는 많은 허점이 있습니다. 이혼 자체가 아니라 이혼하는 이유가 건강과 관계될 수 있기 때문입니다. 예를 들면 경제적으로 어려운 사람이 이혼율이 높고 건강도 안 좋을 수 있습니다.

1951년에 미국의 통계학자 에드워드 심슨Edward H. Simpson이 재미있는 논문을 발표합니다. 데이터를 분석하는 방법에 따라서 상관관계가 정반대로 나온다는 것입니다. 〈표 1〉은 버클리대학교 입학 사정 결과입니다. 남학생이 여학생에 비해서 합격률이

표 1 버클리대학교 입학 데이터

	합격	불합격	지원자(계)
남자	1400(52%)	1291(48%)	2691(100%)
여자	772(42%)	1063(58%)	1835(100%)
전체	2172(48%)	2354(52%)	4526(100%)

표 2 단과대별 합격률(회색은 여학생 합격률이 높은 단과대)

	남		여	
분야	지원자(명)	합격률(%)	지원자(명)	합격률(%)
A	825	62	108	82
B	560	63	25	68
C	325	37	593	34
D	417	33	375	35
E	191	28	393	24
F	373	60	341	70

더 높습니다. 이 표만 보면 입학에 성차별이 존재하는 것 같습니다. 그런데 같은 데이터를 지원한 전공분야(예: 법학, 의학, 공학, 과학 등)별로 정리하면 결과가 완전히 바뀝니다. 〈표 2〉의 결과를 보면 전공별 합격률은 여학생이 더 높습니다. 6개의 단과대학 중 4개의 전공에서 여학생의 합격률이 더 높았습니다. 이렇게 결과가 뒤바뀐 이유는 여학생은 합격이 어려운 전공에 많이 지원했기 때문입니다(E분야). 성별이 합격률에 영향을 미치지만, 단순히 버

클리대학교가 남학생을 선호하는 것은 아닙니다. 오히려 왜 여학생이 합격하기 어려운 전공에 많이 지원했는지에 대한 진지한 고민이 필요할 것입니다. 이렇듯 데이터로 인과관계를 알아내는 것은 굉장히 어렵고, 때론 거의 불가능해 보이기까지 합니다.[9]

인과관계 알아내기: 실험

데이터를 통해 인과관계를 알 수도 있습니다. 바로 '임의화 실험'Randomized experiment이라는 특별한 방법을 이용하여 데이터를 모으면 됩니다. 담배와 폐암의 관계를 이용하여 설명해보겠습니다. 1990년대 후반부터 미국에서 흡연에 대한 경각심이 매우 커졌습니다. 제가 처음으로 미국 여행을 갔던 1993년에 비행기 좌석에서 흡연이 가능했던 것을 기억해보면, 담배가 얼마나 빨리 우리 사회에서 퇴출되고 있는지 느낄 수 있습니다. 1960년대에는 미국에서 임산부의 70퍼센트 이상이 흡연을 했다는 놀라운 통계도 있습니다. 현재 담배가 폐암의 원인이라는 것은 대부분의 선진국에서 받아들여지고 있는 듯합니다. 하지만 담배가 폐암의 원인이라는 것은 과학적으로 아직 완전히 증명되지 않았습니다. 흡연으로 인한 폐암 환자들이 담배 회사를 상대로 소송한 재판에서 승소하는 경우가 매우 드문 것도 이 때문입니다. 국내에서는 건강보험공단이 담배 회사에 500억 원대의 손해배상

청구 소송을 걸었다가 2020년 11월에 패소하기도 했습니다.

데이터를 분석해보면 담배를 피우는 사람이 폐암에 걸릴 확률은 매우 높습니다. 이 결과만 보면 담배가 폐암의 원인이라는 인과관계에는 이견이 없어 보입니다. 그러나 담배를 피우는 사람이 경제적·사회적으로 약자인 경우가 많고, 열악한 환경에서 일할 확률이 높습니다. 따라서 담배가 폐암의 원인이 아니라 담배를 피우는 사람의 경제적·사회적 열악한 환경이 폐암의 원인일 수 있습니다. 실제로 담배 회사는 이 논리를 법정에서 주장하는데, 이를 반박하기 쉽지 않습니다.

담배가 폐암의 원인이 되는지 직접적으로 알 수 있는 방법은 무작위로 선택된 사람들에게 담배를 피우도록 하는 실험을 통해서 데이터를 모으면 됩니다. 무작위로 선택되었기 때문에 경제적·사회적 위치가 한쪽으로 치우치지 않으며, 이렇게 모은 데이터에서 흡연자가 폐암이 걸릴 확률이 높게 나오면 담배가 폐암의 원인이라고 판단할 수 있습니다. 겨울에도 아이스크림을 먹어보면 아이스크림이 소아마비의 원인인지 알 수 있는 것과 같은 이치입니다. 물론 이러한 임의화 실험을 통한 데이터 수집은 인권 침해 등의 이유로 사람에게 실제 적용이 불가능합니다. 대신 사람이 아닌 동물에 대해서는 가능하고, 널리 사용되고 있습니다. 제약 회사에서 신약을 동물에 적용하여 안정성 및 효율성에 대한 데이터를 모을 때 임의화 실험을 사용합니다. 공장에서 최적의 공정 조건을 찾을 때도 임의화 실험을 통해서 데이터를 수집합니다.

실험 데이터의 수집을 위한 매우 다양한 임의화 방법이 존재하고 실제 실험에서 최적의 임의화 방법을 선택하는 것은 전문가만이 할 수 있습니다. 자동차 연비를 비교하는 실험을 구상해봅시다. H사의 M모형과 S사의 T모형의 연비를 비교하려고 합니다. 각 모형별로 5대를 실험에 사용하여 서울에서 부산까지 주행하고 연비를 측정합니다. 실험에 참여하는 운전자 5명이 있고 각 운전자는 2번씩 운전할 예정입니다. 운전자를 자동차에 어떻게 배정하는가가 이 실험의 핵심입니다. 총 10번의 주행에 임의로 운전자를 2번씩 배정할 수 있습니다. 또는 각 운전자에게 M모형 1대와 T모형 1대를 무작위로 배정할 수 있습니다. 이 2가지 임의화 방법은 각각 장단점이 있습니다.

이렇게 다양한 임의화 방법의 개발 및 장단점에 대한 연구를 하는 분야를 '실험계획법'이라고 하는데, 데이터과학에서 매우 중요한 주제입니다. 실험 데이터를 많이 모으는 제조업이나 제약업 등에서 널리 사용됩니다. 특히 제조업에서 최상의 품질을 위한 최적의 공정 조건을 찾는 문제와 제약업에서 신약의 효과를 증명하기 위한 임상시험에서 유용하게 적용됩니다.

정리하자면 데이터에는 2가지 종류가 있습니다. 일어나고 있는 현상을 관찰하여 정리한 데이터와 임의화 실험을 통해서 얻은 데이터입니다. 전자를 관측 데이터, 후자를 실험 데이터라고 합니다. 예를 들어 인구조사는 관측 데이터이고, 동물시험으로 얻는 데이터는 실험 데이터입니다. 관측 데이터에서는 상관관계만 알 수 있는 반면에 실험 데이터에서는 인과관계를 알 수 있습니다. 그런데 실험 데이터는 모으기 어렵습니다. 비용도 많이 들고 윤리적인 문제도 해결해야 합니다. 특히 사람을 대상으로는 거의 불가능합니다. 반면에 관측 데이터는 다양하게 모을 수 있습니다. SNS에서 얻는 데이터도 관측 데이터입니다. 공장에서 모으는 센서 데이터도 관측 데이터입니다. 금융회사에서 보유하는 신용 관련 데이터도 관측 데이터입니다. 관측 데이터로부터 인과관계를 파악할 수 있는 데이터 분석 방법론이 지금도 계속 개발되고 있습니다. 특히 여기에는 빅데이터가 큰 역할을 합니다.

인과관계 살펴보기: 빅데이터

인간에 대한 문제는 실험 데이터를 모으기 거의 불가능합니다. 관측 데이터를 이용하여 인과관계를 알아내는 수밖에는 없습니다. 일반적으로 관측 데이터로는 인과관계를 완벽하게 알 수 없지만, 빅데이터를 통해 어느 정도 살펴볼 수 있습니다.

예를 들어, 영재 고등학교가 일반 고등학교에 비해 교육의 질이 높은지 알고 싶습니다. 이 문제가 어려운 점은 학교별로 학생의 수준이 많이 다르기 때문입니다. 우리나라의 영재고는 중학교에서 수학·과학에 뛰어난 재능을 보여준 학생을 선발합니다. 영재고 학생이 수능에서 좋은 성적을 얻고 좋은 대학에 진학하는 것은 자명해 보입니다. 그러나 이러한 데이터는 영재고가 효과적인지 알려주지 않습니다. 영재고를 진학한 학생의 능력이 출중해서 좋은 대학으로 진학하는지, 아니면 영재고 교육의 질이 좋아서 높은 대학진학률을 보이는지 분간할 수 없습니다. 비슷한 수준의 학생을 대상으로 실험을 해야 교육의 질에 대한 평가가 가능합니다.

하지만 빅데이터를 이용하면 인과관계를 어느 정도 엿볼 수 있습니다. 영재고를 진학한 학생 중 입학 커트라인을 간신히 넘긴 학생과 영재고에 지원했다가 아슬아슬하게 진학에 실패해서 일반고로 진학한 학생의 고등학교 졸업 시 학업성취도를 비교하면 됩니다. 모든 데이터를 사용하는 것이 아니라 비슷한 그룹 학생의 데이터만을 사용하는 것입니다. 2014년에 이러한 분석 방법을 적용하여 미국에서 특수목적고의 효과가 전혀 없었다는 결론을 내린 논문이 경제학의 저명한 저널에 게재됩니다. 제목이 〈엘리트 환상〉이었습니다. 단, 이러한 데이터 분석은 빅데이터가 있어야 가능합니다. 커트라인과 매우 근접한 학생의 자료를 충분히 모으려면 많은 데이터가 필요하기 때문입니다.[10]

폭력적인 영화를 많이 보면 폭력 사건이 늘어날까요? 매우 논의가 많은 주장입니다. 논쟁은 무성한데 증거는 없습니다. 일반 사람을 대상으로 실험하는 것은 불가능합니다. 관측자료로 간접적으로 살펴볼 수 있을 뿐입니다. 범죄 정보와 영화 상영 정보를 결합해서 폭력 영화 관람객 수와 폭력 범죄 발생 횟수와의 관계를 보면 될 것 같습니다. 2011년 2명의 경제학자가 FBI 범죄 정보와 영화 흥행 순위, 그리고 영화의 폭력성에 대한 정보를 모아서 분석합니다. 결과는 놀랍게도 폭력 영화와 폭력 범죄는 반비례관계였습니다. 폭력 영화를 많이 보면 폭력 범죄가 줄어드는 것이었습니다. 직관에 반하는 결과입니다. 이후 좀 더 심층적인 분석을 통해서 폭력 영화의 관람이 인간의 폭력성을 해소하는 데 도움이 된다는 점이 밝혀졌습니다. 더군다나 폭력 영화를 관람할 때는 친구와 이야기하지도 않고 술도 마시지 않습니다. 폭력 영화 관람보다는 폭력적인 친구와 모여서 술을 마실 때 폭력성이 훨씬 쉽게 그리고 더 많이 발현됩니다.[11]

현재 우리나라에서 이슈가 되고 있는 모바일게임 중독에 대해서도 과학적으로 살펴볼 필요가 있습니다. 모바일게임에 중독된 사람이 모바일게임을 하지 않았다면 정상적으로 살아갔는지를 알아봐야 합니다. 원래 심리적으로 문제가 있는 사람이 모바일게임에 쉽게 중독될 수 있기 때문입니다. 그런데 사람이 인생을 2번 살 수는 없습니다. 특별한 데이터과학이 필요할 것 같습니다. 게다가 경마나 경륜 등의 도박성 스포츠는 허용하면서 모바일게임을 규제하는 것은 뭔가 이율배반적인 것 같습니다. 모바일게임 산업의 발전도 같이 고려해야 합니다. 감과 고정관념에 의한 규제가 아니라 데이터에 기반을 둔 합리적인 판단이 필요한 이유입니다.

상당한 인과관계

인과관계를 밝히는 작업은 어렵습니다. 특히 인간과 관련된 주장의 인과관계를 밝히는 것은 임의화 실험이 불가능하여 매우 어렵습니다. 하지만 인과관계 여부는 우리의 일상생활과 직접적인 연관이 있습니다. 경찰공무원의 자살에 대한 순직 여부 결정, 제조업 노동자의 백혈병에 대한 산재 인정 여부 결정, 자살한 군인의 보훈 대상 지정 여부 등, 인과관계 인정 여부가 첨예하게 대립하는 사건은 뉴스에서 쉽게 접합니다. 경찰 업무에 의한 스트레스가 자살의 원인인지, 열악한 환경이 백혈병의 원인인지, 군 생활이 자살의 원인인지를 알아야 정확한 판단이 가능합니다. 그러나 이러한 인과관계를 데이터를 통해서 직접적으로 아는 것은 불가능하고, 여러 관측 데이터를 살펴보고 정황을 조사한 후 합리적으로 판사의 양심에 따라서 판단할 수밖에 없습니다.

이 같은 첨예한 이슈에 대해서 법원은 '상당한 인과관계'라는 단어를 사용합니다. 당직실에서 숨진 전공의는 산재 인정을 받은 반면 세월호 잠수사의 골 괴사 사건은 인과관계 인정을 받지 못했습니다. 이러한 법원의 판단을 보면서 데이터과학의 한계를 생각해봅니다. 데이터를 바탕으로 모두가 동의하는 인과관계를 발견한다는 것은 매우 어렵습니다. 우리가 기술에 대한 지식뿐만 아니라 데이터과학의 한계도 잘 이해해야 하는 이유입니다.

8장

2년차 징크스는 왜 생길까?

평균으로의 회귀

2년차 징크스

스포츠에는 2년차 징크스라는 현상이 있습니다. 데뷔 첫해에 매우 좋은 성적을 올린 신인선수는 그다음 해에 극심한 부진을 경험하는 현상을 지칭합니다. 한국 프로야구에서 2016년에 데뷔한 넥센 히어로즈(현 키움 히어로즈)의 투수 신재영 선수는 데뷔 첫해 엄청난 성적을 올립니다. 30경기에 등판해서 168과 3분의 2이닝을 소화하면서 15승 7패, 평균자책점 3.09라는 기록으로 그해 신인왕으로 선정되는 영광을 누립니다. 하지만 신재영 선수는 2017년에 극심한 부진을 경험합니다. 125이닝을 소화하면서 6승 7패 1세이브 2홀드와 평균자책점 4.54로 전해 성적에 비하면 매우 부진했습니다. 이렇게 신인선수가 겪는 2년차의 부진을 '2년차 징크스'라고 합니다.

2년차 징크스가 스포츠에 국한된 것은 아닙니다. 대학교 1년 때 좋은 성적을 얻은 학생이 2학년에 급격한 성적 하락을 경험할 수 있습니다. 음악에서도 2년차 징크스를 발견할 수 있습니다. 버네사 칼턴Vanessa Carlton의 데뷔 음반 《Be Not Nobody》(2002)는 빌보드 200차트 5위에 오르며 미국 내에서 130만 장 이상의 판매고를 올렸으나, 두 번째 음반 《Harmonium》(2004)은 빌보드 차트 33위에 오르며 미국 내에서 17만 9000여 장을 파는 데에 그쳤습니다. 세계적으로 크게 히트한 〈강남스타일〉(2012) 이후 활동이 현저히 줄어든 싸이도 2년차 징크스의 일환으로 이해할 수 있습니다.

2년차 징크스의 원인에 대해서 다양한 의견이 있습니다. 내적으로는 어린 나이에 팀에서 기대가 높아지는 것에 대한 부담감이 생기고, 외적으로는 상대팀의 견제와 철저한 분석으로 약점이 노출되어서 성적이 저조할 수 있습니다. 국내에서 2005년 발표된 논문 〈2년차 징크스의 실체〉에서는 첫해 성적이 좋았던 선수에 대한 상대의 치밀한 분석과 선수 스스로의 자만심 혹은 부상과 혹사 등이 2년차 징크스의 원인으로 작용한다고 짚었습니다. 반면에 2년차 징크스는 허상이고 미신이라는 주장도 있습니다. 2년차에도 계속해서 잘하는 경우를 쉽게 찾아볼 수 있기 때문입니다. 케이블 드라마 사상 최고의 시청률을 올린 〈응답하라

1997〉(2012)의 후속작인 〈응답하라 1994〉(2013)은 전작 최고 시청률 7.6퍼센트를 훨씬 뛰어넘는 시청률을 달성했습니다. 2년차 징크스에 대한 과학적인 이해가 필요한 것 같은데, 그럼 데이터 과학으로 2년차 징크스를 살펴보겠습니다.[12]

아버지 키와 아들 키: 평균으로의 회귀

통계학 분야에서 중요한 방법론 중 하나는 '회귀분석'regression analysis입니다. 주어진 두 변수 사이의 관계를 알아내는 것이 목적인 분석입니다. 예를 들어, 환율과 주가지수의 관계를 알아내려고 할 때 회귀분석을 이용합니다. 오늘의 환율을 x로, 내일의 주가지수를 y로 놓고 $y = f(x) + \varepsilon$ 이라는 함수를 가정합니다. 여기서 ε 은 데이터에 존재하는 오차를 의미합니다. 이 식에서 $f(x)$를 회귀함수라고 하며, 데이터를 이용해서 회귀함수를 추정하는 것이 회귀분석의 목적입니다. 즉, 오늘의 환율을 바탕으로 내일의 주가지수를 예측하는 것이 목표입니다. 결국 회귀분석은 예측입니다. 그런데 이름이 이상합니다. '회귀'는 한자로 回歸, 영어로는 regression입니다. 국어사전에서 회귀는 "1바퀴 돌아 제자리로 돌아오거나 돌아감"이라고 돼 있습니다. 돌아가는 것과 예측하는 것에 도대체 무슨 관계가 있을까요? 이 물음의 답에 2년차 징크스의 비밀이 숨어 있습니다.

19세기 영국에 골턴Francis Galton이라는 과학자가 있었습니다. 데이터 분석을 통해서 유전의 비밀을 찾아내려 연구한 당대 유명한 과학자였습니다. 특히 그 당시 인간의 능력은 환경에 크게 영향을 받는다는 가설이 일반적이었는데, 골턴은 이를 배격하고 인간의 능력은 대부분 유전에 의해서 결정된다는 것을 증명하려고 노력했습니다. 이를 위해서 골턴은 아버지의 키와 아들 키의 유전 관계에 대해서 연구했습니다. 아버지 키가 크면 아들 키도 크다는 당연한 결과 외에, 골턴은 매우 흥미로운 현상을 발견합니다. 아버지 키가 평균보다 큰 경우에는 아들의 키는 아버지의 키보다 작을 확률이 높아지고 아버지 키가 평균보다 작은 경우에는 아들의 키가 아버지 키보다 클 확률이 높아진다는 사실을 발견했습니다. 이 현상을 '평균으로의 회귀'라고 합니다. 만약 평균으로의 회귀 현상이 없으면, 즉 아버지의 키가 클 때 아들 키도 같이 커지고, 아버지 키가 작으면 아들 키도 같이 작아진다면, 몇 세대 이후에는 키가 극단적으로 큰 사람과 극단적으로 작은 사람만 남을 것입니다. 키는 유전이지만, 세대를 거듭해도 키의 분포는 안정적으로 유지될 수 있는 미스터리를 평균으로의 회귀라는 현상으로 설명한 것입니다. 골턴의 연구는 아버지 키가 x이고 아들 키가 y인 예측 문제이며, 골턴의 평균으로의 회귀를 기념하여 아직도 x로 y를 예측하는 분석을 회귀분석이라고 부릅니다.

2년차 징크스는 '평균으로의 회귀'라는 자연현상으로 이해할 수 있습니다. 아버지 키를 1년차 때 성적으로, 아들의 키를 2년차 때 성적이라고 대입해보면 2년차 징크스는 아주 자연스럽게 이해됩니다. 1년차 성적이 평균보다 높은 선수는 2년차 성적이 1년차 성적보다 낮을 확률이 높아지기 때문입니다. 학창 시절의 시험 성적을 생각해보면 2년차 징크스는 당연해 보입니다. 중간고사에서 점수를 매우 잘 받은 경우 기말고사 성적이 중간고사보다 좋기는 매우 어렵습니다. 극단적으로 중간고사 성적이 100점이면 기말고사 성적은 중간고사 성적보다 높을 수 없게 되겠지요. 평균으로의 회귀는 2년차 징크스가 심리적인 문제가 아니라 자연현상이라는 것을 알려줍니다.

격려냐, 체벌이냐?

'평균으로의 회귀' 현상의 이해는 합리적 의사결정을 위해서 매우 중요합니다. 왜 중요한지 간단한 예를 통해서 살펴보겠습니다. 교육학에서 매우 오래되고 중요한 주제 중 하나는 '격려와 체벌 중 어느 것이 학습 효과 향상에 더 도움이 되는가'입니다. 이 문제에 대한 생물심리학자의 공통된 의견은 격려가 체벌보다 훨씬 효과적이라는 것입니다. 생물심리학이란 심리학적 문제를 생물을 대상으로 실험하여 밝혀내는 연구 분야입니다. 격려와 체벌의 효과 비교를 위해서 보통 쥐를 대상으로 실험을 합니다. 쥐를 미로에 넣고 출구를 찾을 때까지의 시간을 측정합니다. 시간이 짧을수록 학습 효과가 높다고 할 수 있습니다. 먼저 쥐들을 임의로 2개 그룹으로 나누어 차례로 미로에 넣고 출구를 찾을 때까지 걸린 시간을 기록합니다. 단, 쥐가 출구를 찾지 못하고 막다른 길에 들어가는 경우 한쪽 그룹의 쥐는 치즈를 주고 다시 입구로 데려와서 재투입하는 반면에 다른 그룹의 쥐는 치즈 대신 전기충격을 준 후 미로 입구에 재투입합니다. 치즈를 준 쥐는 격려를 받은 쥐이고 전기충격을 받은 쥐는 체벌을 받은 쥐로 해석할 수 있습니다. 실험이 끝난 후에 두 그룹의 평균시간을 비교해 보면 대부분의 실험에서 치즈로 격려를 받은 쥐가 출구를 찾을 때까지 걸린 시간이 현저하게 짧았습니다. 격려가 체벌보다 좋다는 것을 과학적으로 증명한 것입니다.

그런데 실제 여러 분야에서 학생을 가르치는 선생님 중에는 과학적 사실과 전혀 다른 경험을 가지고 있는 분이 많습니다. 그 중 공군 파일럿을 교육하는 어느 교관의 일화를 소개하겠습니다. 이 교관은 30년 넘게 파일럿을 훈련시킨 베테랑 교관입니다. 그리고 30년의 경험을 바탕으로 깨달은 점은, 격려보다 체벌이 교육 효과 향상에 훨씬 효과적이라는 것입니다. 파일럿 훈련 중 가장 어려운 부분이 비행기 착륙입니다. 착륙 훈련을 훌륭히 수행해서 칭찬을 받은 파일럿 후보생은 그다음 훈련에서 착륙에 실패하거나 착륙에 어려움을 겪는 경우가 많았으며, 착륙 훈련을 잘 수행하지 못해서 체벌을 받은 파일럿 후보생은 다음 훈련에서 훈련을 훨씬 잘 수행했습니다. 30년 이상 교관으로 근무한 베테랑 교관의 경험으로는 체벌이 격려보다 훨씬 더 효율적이라는 것입니다. 과학적 사실과 완전 다른 결론입니다. 뭐가 문제일까요? '평균으로의 회귀'로 살펴보겠습니다.

파일럿 교관이 경험으로 알아낸 현상은 평균으로의 회귀로 설명이 됩니다. 전날 우수한 성적으로 훈련을 마친 교육생은 다음 날에는 훈련 성적이 전날보다 낮아질 확률이 높아지고, 반대로 전날 훈련 성적이 우수하지 않은 학생은 다음 날 성적이 전날 성적보다 향상될 확률이 높아집니다. 교관이 아무 지도를 하지 않아도 발견되는 자연스러운 현상입니다. 그런데 교관은 평균으로의 회귀라는 자연스러운 현상에 본인의 지도 방법을 적용했습니다. 성적이 좋으면 칭찬을, 성적이 나쁘면 체벌을 한 것입니다. 교육생의 다음 날 성적의 오르내림은 자연현상이지 교관의 지도 때문은 아닙니다. 반대로 교관의 지도 방법은 교육생의 오늘 성적 결과에 따른 것입니다. 원인이 아니라 결과인 것입니다. 이처럼 경험에 의존해서 판단하는 것을 피해야 합니다. 경험이 필요 없는 것이 아니라 경험에 대한 해석이 어렵기 때문입니다.[13]

그렇다면 자연현상과 지도 효과를 구별할 수는 없을까요? 데이터과학은 이것이 가능하다고 알려줍니다. 단 실험을 과학적으로 해야 합니다. 지도 방법을 전날 훈련 성적을 기반으로 정하지 말고 무작위로 정해서 적용하면 됩니다. 예를 들어, 훈련을 잘못한 교육생도 칭찬을 해보고, 성적이 좋은 훈련생도 체벌을 가해보는 것입니다. 그리고 다음 날 성적을 체벌 그룹과 칭찬 그룹으로 나누어서 비교해보면 교육 방법의 효과와 자연현상을 구분할 수 있습니다.

생활 속의 평균으로의 회귀

평균으로의 회귀와 관련되어 흔히 범하는 실수는 주위에서 쉽게 찾아볼 수 있습니다. 어느 지방자치단체에서 교통사고를 줄이기 위해 모든 교차로에 카메라를 설치하려고 했습니다. 하지만 모든 교차로에 카메라를 설치하는 비용은 상당하고, 카메라 설치와 교통사고 횟수의 관계가 명확하지 않았습니다. 지자체장은 매우 신중한 사람이었습니다. 그래서 조그마한 연구를 제안합니다. 소수의 교차로에 카메라를 설치하고 효과를 조사한 후, 교차로 카메라가 교통사고 감소에 효과가 있다고 판단이 되면 카메라 설치를 모든 교차로로 확대하는 방안을 제시합니다. 매우 합리적이고 타당한 결정입니다. 담당 직원은 작년 통계를 바탕으로 교통사고가 많이 발생한 교차로 10개를 선발합니다. 그리고 이 10개의 교차로에 카메라를 설치합니다. 카메라 설치 후 1년 동안 관찰했더니 엄청난 효과가 있는 것을 확인합니다. 전년도에 비해서 교통사고가 20퍼센트나 감소했습니다. 이 결과를 바탕으로 모든 교차로에 카메라를 설치합니다. 그리고 다시 효과를 측정하는데, 이상하게도 이번에는 카메라 효과가 전혀 없다고 판명됩니다. 데이터를 바탕으로 한 의사결정이 완전 엉터리로 판명된 것입니다. 무엇이 잘못되었던 것일까요?

이 예에서 잘못된 부분은 바로 전년도에 사고가 많은 교차로를 대상으로 실험을 한 것입니다. 평균으로의 회귀 현상 때문에 선택된 10개의 교차로는 카메라가 없었어도 교통사고가 전년도에 비해서 줄어들 것입니다. 10개의 교차로에서의 교통사고 감소 효과가 카메라 때문인지 평균으로의 회귀 현상인지 구분할 수 없습니다. 과학적인 실험을 위해서는 10개의 실험 대상 교차로를 무작위로 뽑았어야 합니다. 이처럼 데이터과학의 기본을 이해해야 사회현상을 제대로 해석하고 올바른 대책을 세울 수 있습니다.

왜 내 차선만 막히나요?

데이터 편이

지금 행복한가요?

그리스의 철학자 아리스토텔레스는 인생의 궁극적 목표는 행복이라고 했습니다. 그런데 현재 "지금 행복하신가요?"라고 물어보면 흔쾌히 "예"라고 답할 사람이 많지 않을 것입니다. 언제부터인가 유행하기 시작한 '헬조선'이라는 단어는 지금 우리 사회의 구성원이 그리 행복하지 않다는 진실을 잘 보여줍니다. 취직은 어렵고 집값은 천정부지로 치솟고 교육비도 엄청나게 늘고 있어서 젊은 사람들 사이에서는 'N포 세대'라는 말까지 돌고 있습니다. 2018년에 개봉한 〈리틀 포레스트〉라는 영화는 젊은이의 고민을 아주 잔잔하게 잘 전달하고 있습니다. 행복이 무엇인지 고민해보게 하는 영화입니다.

우리나라는 경제력으로는 세계 10위권의 강국이고, G7국가 중 캐나다를 제치고 3050클럽(1인당 국민소득 3만 달러, 인구 5000만 명)에 가입했습니다. 3050클럽에 가입한 나라는 미국, 영국, 프랑스, 독일, 일본, 이탈리아뿐이며, 경제적인 측면뿐만 아니라 사회적으로도 우리나라는 세계적으로 모범이 되고 있습니다. 문맹률도 낮고 수명은 길고 교육 수준도 높습니다. 코로나19 방역도 세계에 모범이 될 정도로 훌륭하게 수행했습니다. 그런데 행복지수는 매우 낮습니다. 유엔에서 발표한 2020년 행복지수 통계에 의하면 우리나라는 61위를 차지했고 2019년도에 비해서 7계단이나 순위가 하락했습니다. 필리핀보다도 순위가 낮습니다. 행복을 지수로 환산하는 것이 무리일 수 있지만, 우리 사회가 행복한 사회라고 하기에는 뭔가 부족한 것은 사실입니다.

행복은 상대적인 것입니다. 부탄이라는 작고 그리 잘살지 못하는 나라가 2010년도 행복지수 1등을 했습니다. 행복 관련 설문조사에서 부탄 국민 100명 중 97명이 행복하다고 답변했습니다. "사촌이 땅을 사면 배가 아프다"는 우리나라 속담은 행복의 상대성을 잘 보여줍니다. 그런데 궁금해집니다. 행복이 상대적이라면 불행한 사람이 있는 만큼 상대적으로 행복한 사람도 있어야 하는데 우리나라는 불행하다고 생각하는 사람이 훨씬 많습니다. 무엇이 문제인 걸까요?

머피의 법칙 속 데이터과학

상대적 불행을 잘 표현하는 법칙으로 '머피의 법칙'이 있습니다. 1995년에 발표된 〈머피의 법칙〉이라는 노래는 "내가 맘에 들어하는 여자들은 꼭 내 친구 여자친구이거나 우리 형 애인, 형 친구 애인, 아니면 꼭 동성동본"이라고 머피의 법칙을 설명합니다. 머피의 법칙은 1949년 미국 공군 소속 머피Edward A. Murphy 대위가 한 말에서 유래합니다. 어떤 일을 하는 데 여러 가지 방법이 있고 그중 하나는 문제가 있는 방법일 때, 누군가는 꼭 문제가 있는 방법을 사용한다는 것입니다. 일이 생각한 대로 진행되지 않고 계속 꼬여만 갈 때 머피의 법칙이 작동한다고 표현합니다.

머피의 법칙을 설명하는 다양한 이론이 있습니다. 실수로 식빵을 바닥에 떨어뜨리면 잼이 묻은 면이 바닥에 닿아서 청소하기 어렵다는 머피의 법칙은 물리학적으로 설명이 가능하고, 양말을 서랍에서 고르면 꼭 짝짝이인 경우는 확률로 설명이 가능합니다. 그 외 현실에서 경험하는 머피의 법칙은 우리 기억의 불균형으로 인한 심리적 현상이라고 설명합니다. 인간은 좋은 기억보다는 나쁜 기억을 오래 간직한다는 이론도 있습니다. 즉, 머피의 법칙은 자연법칙이 아니라는 것입니다.

머피의 법칙이 진짜 세상에 존재하는 자연법칙인지 아니면 심리적 착오에 의한 미신인지를 데이터과학으로 알아볼 수 있는데, 놀랍게도 많은 경우에 머피의 법칙은 과학입니다. 미팅에서 내 파트너만 폭탄인 것은 과학이 아니지만, 내 차선만 막히고 내가 탄 버스만 만원이고 내가 선택한 계산대만 사람이 많고 내가 기다리는 버스만 오지 않는 것은 과학 법칙입니다.

설명을 위해서 가상 상황을 상정하겠습니다. 서울 근교의 위성도시에 살면서 서울로 출퇴근하는 사람의 큰 애로사항 중 하나는 교통난일 것입니다. 특히 출퇴근 시간의 만원버스는 우리의 몸과 마음을 지치게 합니다. 정부는 이 문제를 해결하고자 광역버스 노선을 신설하고 버스전용차선을 만들고 버스 배차 시간을 조절하는 등의 다양한 아이디어를 동원합니다. 그리고 이러한 노력으로 출퇴근 시간 버스당 탑승인원이 5년 전 대비 20퍼센트 감소했다고 정부는 홍보합니다. 그런데 문제는, 직접 출퇴근하는 시민은 만원버스 문제가 전혀 해결되지 않았다고 느낀다는 점입니다. 아침 버스는 여전히 만원이고 출퇴근으로 인한 심신의 피곤은 더해져만 갑니다. 정부가 제공하는 통계를 전혀 신뢰하지 않지만, 혹시 머피의 법칙으로 내가 타는 버스만 만원일 수 있다는 생각도 해봄직합니다.

이러한 정부 통계와 일반 시민의 체감의 차이는 데이터 수집 방법에 기인합니다. 매일 출퇴근 시간에 100대의 버스가 운행한다고 가정하겠습니다. 이때 버스당 탑승인원은 전체 100대의 버스의 전체 탑승인원을 100으로 나누어서 구합니다. 그리고 정부는 이 평균 탑승인원을 연도별로 비교한 뒤 20퍼센트가 감소했다고 발표할 것입니다. 전혀 이상할 것 없이 아주 간단하고도 매우 합리적인 데이터 수집 및 분석입니다.

자, 그런데 평균 탑승인원을 조사하는 다른 방법이 있습니다. 출퇴근시 버스를 이용하는 시민에게 본인이 탑승한 버스에 몇 명이 탔는지를 물어보는 것입니다. 시민 1000명을 무작위로 뽑아서 같은 질문을 한 후 이를 평균해서 평균 탑승인원을 구하는 것입니다. 이렇게 구한 통계를 편의상 시민통계라고 하겠습니다. 놀랍게도 정부통계와 시민통계의 결과는 다릅니다. 더욱 놀라운 점은 시민통계에 의한 평균 탑승인원이 정부통계보다 항상 큽니다. 시민은 정부가 생각하는 것보다 훨씬 혼잡한 버스를 타고 출퇴근하고 있는 것입니다. 물론 실제 일반 시민이 버스에 탑승할 때마다 전체 탑승인원을 정확히 알기란 불가능하지만 대충 어림잡아 느낄 수 있습니다. 내가 타는 버스는 항상 혼잡한데 정부통계는 혼잡도가 줄고 있다고 이야기하니, 정부에 대한 불신이 높아질 수밖에 없습니다.

시민통계와 정부통계의 차이는 정부가 통계를 조작해서가 아니라 조사 방법의 차이입니다. 이러한 차이를 발생시키는 문제를 데이터과학에서는 '길이 편이 조사'length biased sampling라고 합니다. 시민을 조사하게 되면 혼잡한 버스를 이용한 시민이 뽑힐 확률이 높아집니다. 왜냐하면 혼잡한 버스는 혼잡하지 않은 버스에 비해서 많은 사람이 탑승하기 때문입니다. 이해를 돕기 위해서 다음의 극단적인 상황을 고려하겠습니다. 100대의 버스가 운행하는 데 1대에만 100명이 타고 나머지 99대에는 1명도 탑승하지 않았습니다. 이 경우 정부통계에서 평균 탑승인원은 1명이 됩니다. 전체 버스가 100대이고 총탑승인원이 100명이니 평균 탑승인원은 1명입니다. 그러나 시민통계는 평균 탑승인원이 100명입니다. 100명에게 물어보면 모두 탑승인원이 100명이라고 답하기 때문입니다. 이러한 차이를 보이는 것이 길이 편이 조사 입니다. 이러한 현상을 이해하지 못하면 불신의 골은 더 깊어질 수밖에 없습니다.[14]

생활 속의 데이터 편이

길이 편이 조사로 인한 정부통계와 시민통계의 부조화는 우리 생활 곳곳에서 살펴볼 수 있습니다. 대표적인 통계로는 소비자물가지수가 있습니다. 정부통계로는 물가가 안 올랐는데 장바구니 물가는 항상 올라갑니다. 그것도 빠르게 올라갑니다. 물가에 대한 정부통계와 장바구니통계에 차이가 나는 이유는 많은 사람이 구매하는 인기 상품은 가격이 오르고 인기 없는 상품은 가격이 떨어지기 때문입니다. 정부통계는 상품당 가격을 조사하는 데 비해서 장바구니통계는 구입한 상품의 가격을 바탕으로 작성됩니다. 소비자가 많이 구입하는 상품은 가격이 오르기 때문에 장바구니통계에 의한 물가는 정부통계의 물가보다 항상 커집니다.

운전할 때도 머피의 법칙이 작동합니다. 항상 내가 가고 있는 차선만 막힌다고 느낍니다. 나만 불행한 것 같습니다. 하지만 내 차선만 막힌다고 느끼는 이유는 막히는 차선에 차가 많기 때문입니다. 2차선에서 1개 차선은 잘 뚫리고 다른 차선은 정체되는 경우, 많은 운전자가 정체 차선에 있었을 것입니다. 정체 차선에 차가 많았기 때문입니다.

의학에서도 길이 편이는 매우 자주 발견됩니다. 당뇨병 환자의 평균수명을 구하려고 합니다. 건강보험공단 데이터베이스에서 1980년 1월 1일에 당뇨병을 앓고 있었던 환자 100명을 찾아서 평균수명을 구합니다. 이러한 데이터 분석은 매우 적절해 보이지만 사실 길이 편이에 빠져 있습니다. 1980년 1월 1일에 당뇨병 환자는 그 이전 적당한 시점에 당뇨병이 발병했을 것인데, 발병 이후 1980년 1월 1일까지 생존한 환자만 분석에 포함되었습니다. 당뇨병이 심해서 1980년 1월 1일 이전에 사망한 환자는 분석에서 제외되었습니다. 수명이 긴 당뇨병환자가 분석에 포함될 확률이 수명이 짧은 환자에 비해서 높습니다. 이러한 길이 편이는 데이터과학 전문가조차도 간혹 놓치는 경우가 종종 있습니다.

데이터과학으로 행복 충전하기

우리의 경험은 길이 편이로 인하여 왜곡될 수 있습니다. 그리고 많은 경우 왜곡은 우리의 행복도를 높이는 방향보다는 낮추는 방향으로 진행됩니다. 장바구니물가는 항상 빠르게 오르고, 내 차선만 막히고, 내 버스만 사람이 많습니다. 그렇지만 정류장에서 버스를 오래 기다린 경험을 떠올리며 길이 편이를 생각해봅시다. 배차 시간이 평균 10분인 버스가 있습니다. 정류장에서 버스를 기다리는 평균 대기시간은 당연히 5분일 것입니다. 그러나 버스 탑승객을 상대로 평균 대기시간을 조사하면 5분보다 길 것입니다. 배차 간격이 길어졌을 때 탑승객이 많기 때문입니다. 하지만 이는 나만 겪는 일이 아닙니다. 길이 편이를 잘 이해하면 잃어버린 행복을 조금이나마 찾을 수 있습니다. 데이터과학으로 행복을 충전하기를 바라겠습니다.

10장

걱정은 팔자가 아니고 과학입니다

극단값

걱정도 팔자

국어사전에서는 '걱정'이라는 단어를 "안심이 되지 않아 속을 태움"이라고 설명합니다. 우리 모두는 각자의 걱정이 있습니다. 미래에 대한 불확실성 때문에 안심이 되지 않아서 속을 태웁니다. 수험생에게는 다가오는 시험에서 공부하지 않은 문제가 나올 것에 대한 걱정, 연애하는 커플은 상대방이 변심하는 것에 대한 걱정, 사업을 하는 사람은 내년에 경제가 나빠질 걱정, 자식을 둔 부모는 자식의 건강에 대한 걱정 등 수많은 걱정을 어깨에 짊어지고 살아갑니다. 인생은 고행이라는 말을 실감합니다.

적당한 걱정은 우리 삶에 원동력이 됩니다. 건강에 대한 걱정은 올바른 식습관을 가져오고, 시험에 대한 걱정은 수험생이 공부를 하게 만드는 동력이 됩니다. 질병에 대한 걱정은 적절한 대비책을 만들어서 실제 질병이 도래했을 때 손실을 최소화합니다. 우리나라가 코로나19에 잘 대처한 것도 메르스 사태에서 얻은 교훈으로 미래를 잘 대비했기 때문입니다. 걱정이 없으면 미래를 대비할 수 없습니다.

그러나 도가 지나친 걱정은 우리의 삶을 피폐하게 만듭니다. 속담 중에 "걱정도 팔자"가 있습니다. 불필요한 걱정을 지나치게 하는 사람을 놀리는 속담입니다. 영단어 'worrywart'는 이렇게 과하게 걱정하는 사람을 지칭합니다. 이처럼 동서양을 막론하고 우리는 걱정 속에 사는 사람을 종종 접합니다. 내일 아침에 알람이 잘 울릴까 하는 소소한 걱정부터 하늘이 무너지면 어떡하냐 하는 엄청난 걱정까지, 걱정도 팔자인 사람을 우리 주위에서 어렵지 않게 만날 수 있습니다. 공황장애는 걱정과 불안이 지나쳐서 심장발작, 호흡곤란 등으로 이어지는 병이며, 최근에 환자 수가 늘어나고 있습니다.

필요한 걱정과 지나친 걱정의 구분은 생각보다 어렵습니다. 행성이 지구와 부딪쳐서 인류가 멸망할지도 모른다는 걱정은 지나쳐 보이지만, 폭우 때문에 한강이 범람해서 많은 사람이 죽을 수 있다는 걱정은 필요한 걱정으로 보입니다. 미국 대통령의 실수로 핵폭탄이 발사되면 지구가 멸망할 수 있다는 걱정은 지나쳐 보이지만, 원자력발전소가 폭발해서 수많은 사상자가 발생할 수 있다는 우려는 반드시 필요한 걱정입니다. 지구온난화로 인류가 큰 재앙에 직면할 것이라는 걱정에 대해서는 놀랍게도 이견이 많습니다. 2020년 미국 트럼프Donald John Trump 대통령은 지구온난화가 허구라고 주장하면서 기후변화협약에서 공식 탈퇴했습니다. 학계에서도 소수이지만 현재 진행되고 있는 온난화는 빙하기와 온하기를 반복하는 지구의 성격상 자연스러운 현상이라고 주장합니다. 태양의 활동이 지구온난화의 원인이라는 주장도 있습니다. 온난화가 우려스러우나 인류가 할 수 있는 일이 없으며 따라서 걱정도 불필요하다는 주장입니다.

걱정을 위한 데이터과학

필요한 걱정에 대해서는 대비를 동반해야 합니다. 홍수에 대비해 한강 주위에 높은 둑을 쌓아서 범람을 막으려 하고, 이중벽 등의 다양한 장치를 적용하여 원자력발전소의 안전을 최대한 높이고자 합니다. 하지만 우리가 아무리 노력해도 완벽하게 걱정을 제거할 수 없습니다. 2011년에 매우 안전하다고 알려졌던 후쿠시마 원자력발전소가 이전까지 경험한 적 없던 엄청난 쓰나미 앞에서 무용지물이 되는 것을 우리는 생생히 목격했습니다. 아무리 둑을 높게 쌓아도 예상을 뛰어넘는 폭우가 쏟아지면 강물이 범람합니다. 이런 극단적 사건을 천재지변이라고 합니다.

반면에 걱정에 완벽하게 대비하기 위하여 너무 과하게 준비하는 것도 도움이 되지 않습니다. 강물의 범람을 대비해서 한강 둑의 높이를 100미터로 쌓는 것은 도무지 합리적이지 않아 보입니다. 미관을 해칠 뿐 아니라 엄청난 비용이 들어가기 때문입니다. 원자력발전소 폭발의 위험을 완벽히 해결하는 방법은 원자력발전소를 모두 폐쇄하는 것이지만, 전기 공급의 부족으로 새로운 문제가 생기는 부작용이 따라옵니다. 비행기 추락에 대한 위험을 완벽하게 없애는 방법은 비행기를 타지 않는 것인데 아무도 동의하지 않을 것입니다.

걱정 또는 위험에 대해서 완벽히 대비할 수 없다면 어느 정도로 대비해야 할까요? 이 문제의 해답을 데이터과학이 제공합니다. 네덜란드는 국토의 대부분이 해발 1미터이거나 해수면보다 낮으며, 전체 인구 중 반 이상이 저지대에 밀집해 있어서 바닷물의 범람에 취약합니다. 그래서 항상 바닷물이 범람할까 하는 걱정에 시달리면서 살아갑니다. 한 소년이 둑의 구멍을 발견하고 자신의 팔로 구멍을 막아서 나라를 구했다는 내용의 네덜란드 동화는 우리나라에 잘 알려져 있습니다. 그리고 이 위험은 실제로 나타났습니다. 네덜란드는 1953년에 북해의 범람으로 인한 홍수로 큰 피해를 입습니다. 네덜란드 정부는 1953년 홍수를 계기로 홍수 피해를 줄이기 위하여 데이터과학적 접근법을 도입합니다. 이를테면 제방의 높이를 결정할 때 주먹구구식으로 하지 않고 300년 동안 바다의 최대 수위를 예측하고 이보다 높게 제방을 건설했습니다.

걱정을 적절한 수준에서 해결하는 방법의 중심에 확률이 있습니다. 300년 동안 바닷물이 범람하는 확률이 0.000001보다 낮아지도록 둑의 높이를 정합니다. 1000년 동안 원자력발전소가 폭발할 확률이 0.000001보다 낮도록 발전소를 설계하고, 비행기가 100년 동안 추락할 확률을 0.000001보다 낮도록 다양한 안전장치를 구비합니다. 그런데 여기서 기술적인 문제는 주어진 확률이 너무 낮다는 것입니다. 확률이 0.000001인 사건은 100만 번 중에 1번 일어나는 사건입니다. 매일 비가 온다고 하면 1년이 365일이니 대충 3000년 만에 1번 경험하는 엄청난 홍수를 대비해서 둑을 쌓아야 합니다. 우리나라 기상청이 1912년부터 측정을 시작했으니 적절한 둑의 높이를 알려면 앞으로도 2900년을 더 기다려야 합니다. 데이터만을 이용하여 적절한 의사결정을 하는 것이 불가능해 보입니다. 그런데 데이터만으로는 불가능하지만 데이터과학을 이용하면 가능합니다.

앞에서 언급한 문제들의 공통점은 데이터의 평균이 아니라 최댓값에 관심을 갖는다는 것입니다. 둑의 높이를 정할 때 강수량의 평균은 전혀 도움이 되지 않습니다. 최대 강수량이 중요한 정보입니다. 지진에 의한 원자력발전소 폭발을 대비하는 데 평균 지진강도는 무용지물입니다. 최대 강도의 지진을 알아야 대비할 수 있습니다. 대부분의 데이터과학은 주로 평균에 관심을 두지만, 최댓값이나 최솟값의 데이터를 위한 데이터과학이 있습니다.

이를 '극단값extreme value 이론'이라고 하며, 데이터과학의 여러 분야 중에서 이론적으로 가장 어려운 분야로 알려져 있습니다.

극단값 이론 중에서 가장 유명한 내용은 최댓값이나 최솟값은 데이터와 관계 없이 특정한 히스토그램을 가진다는 것입니다. 이 히스토그램을 극단값분포라고 합니다. 평균에 대해서는 중심극한정리에 의해서 데이터에 상관없이 정규분포를 따릅니다. 유사하게 최댓값이나 최솟값은 극단값분포라는 특정한 분포를 따릅니다. 이 이론을 바탕으로 둑의 높이, 원자력발전소 내진설계, 비행기 안전설계의 적절한 수준을 결정합니다.

극단 사건은 금융에서도 큰 관심을 끌고 있습니다. 특히 투자자의 실수로 인한 큰 손실을 피하기 위해 다양한 안전장치를 마련하는데, 적절한 수준의 위험관리를 위해서 극단값 이론이 유용하게 사용됩니다. 1995년 영국 베어링스 은행Barings Bank의 파산은 금융 산업에서 극단적인 사건을 잘 보여줍니다. 베어링스 은행은 영국의 매우 유서 깊은 은행이었습니다. 미국이 프랑스에서 루이지애나를 사들일 때 돈을 빌려주기도 했고, 소설《몽테크리스토 백작》에서 유럽의 손꼽히는 갑부인 에드몽 당테스가 이용하던 은행이기도 했으며, 쥘 베른의 소설《80일간의 세계일주》에도 등장할 정도로 유명한 은행입니다.

1992년에 베어링스 은행의 싱가포르 지점에서 근무하는 닉 리슨은 투자를 담당했는데 투자 시 생긴 손실을 회사에 알리지 않고 장부를 조작해서 숨겼습니다. 그리고 손실을 만회하기 위해 1995년 1월에 일본 주식에 크게 투자하지만, 고베 대지진으로 인하여 일본 주식가격이 폭락했고 이에 따른 엄청난 손실이 결국은 베어링스 은행을 파산까지 몰고 갔습니다. 28살 젊은이의 무리한 투자와 예상하지 못한 지진이 겹쳐 200년 전통의 명문 은행을 파산시킨 이 사건은 극단적 사건의 관리가 불필요한 걱정이 아니라 실제로 얼마나 중요한지를 잘 보여줍니다. 2013년에 우리나라에서도 직원이 주문을 실수(매도를 매수로 착각)하는 바람에 462억 원의 손실을 기록한 한맥투자증권이 파산했습니다. 이 사건 이후로 금융당국은 실시간 호가 제한, 착오 거래 구제 제도, 사후증거금 요건 인상 등의 제도를 도입하여 안전장치를 마련했습니다.

걱정을 사고팝니다

극단적 사건을 완전하게 피할 수는 없습니다. 데이터과학은 극단적 사건이 발생하는 확률을 추정해줄 뿐입니다. 현재 코로나 19 사태는 아무도 예측하지 못한 극단 사건이고 여행업계의 타격은 실로 어마어마합니다. 여행객 수가 93퍼센트 감소했다고 하니 그 피해의 규모를 짐작하기도 어렵습니다. 농부에게 태풍은 예상할 수 없는 극단 사건입니다. 후쿠시마 쓰나미도 예측할 수 없었던 극단 사건이고 원자력발전소의 폭발로 이어졌습니다.

예상하지 못한 극단 사건은 엄청난 손실을 가져옵니다. 이러한 엄청난 손실을 일개 회사나 단체가 떠안는 것은 불가능합니다. 사회적으로 손실을 나눠 부담을 줄일 수 있도록 하는 지혜가 필요합니다.

극단 사건으로 인한 손실을 나누어 가지는 효율적인 방법으로 보험이 있습니다. 극단 사건을 완벽하게 피할 수는 없지만 극단 사건이 발생할 확률을 알 수 있으면 적절한 보험료를 계산할 수 있습니다. 아주 간단하게 설명하자면 발생 확률과 예상 손실액을 곱한 것이 보험료가 됩니다. 물론 보험회사의 운영비용과 이윤이 필요하니 보험료는 이 가격보다는 조금 높아집니다. 이러한 극단 사건 보험의 중심에 극단 사건 확률 추정이 있고, 이 확률은 데이터과학 없는 데이터만으로는 추정이 불가능합니다.

극단 사건에 대해서 실제 다양한 보험 상품이 개발되고 거래되고 있습니다. 자동차보험처럼 비행기도 보험을 듭니다. 추락으로 인한 엄청난 손실을 회피하기 위해서입니다. 농부는 날씨보험을 듭니다. 가뭄·홍수·태풍으로 인한 손실을 보상받기 위해서입니다. 원자력발전소도 폭발을 대비해서 보험을 듭니다. 그런데 이런 보험 상품의 특징은 1번 사고가 발생하면 엄청난 손실이 발생하기 때문에 보험회사가 파산하기도 한다는 것입니다. 이 문제를 해결하기 위해서 이런 상품을 판 보험회사가 다시 보험에 가입하는데, 보험회사를 상대로 보험을 판매하는 회사를 재보험회사라고 합니다. 재보험회사의 역할은 극단 사건으로 인한 손실을 국제적으로 분산시키는 것입니다. 재보험회사는 주로 국제적으로 영업하며, 유럽과 미국 등에 본사가 있고, 우리나라도 재보험회사를 보유하고 있습니다. 국가 하나가 지기에 손실이 큰 경우가 많기 때문입니다. 데이터과학을 사용하여 극단 사건의 엄청난 피해를 국제적으로 나누어 가지려는 지혜가 돋보입니다.

술 취한 사람 이해하기

임의보행

개미, 주식시장을 살리다

코로나19가 본격적으로 유행하기 시작한 2020년 3월에 우리나라 주가지수는 1457로 폭락합니다. 전달에 2100선을 상회하고 있었으니 1달 만에 25퍼센트 이상이 폭락한 것입니다. 하지만 다음 그림에서 볼 수 있듯이 이후 계속 오르면서 6월에는 2100선을 돌파하고 8월에는 2400까지 상승합니다. 이러한 주가지수의 폭등에는 개인투자자가 과거 경험에서 배운 교훈이 크게 작용한 것 같습니다. 1997년의 IMF 외환위기나 2008년의 리먼 사태 이후의 폭락에서도 결국 주가지수는 원 상태로 돌아올뿐더러 이전보다 더욱 상승했기 때문입니다. 많은 개인투자자가 코

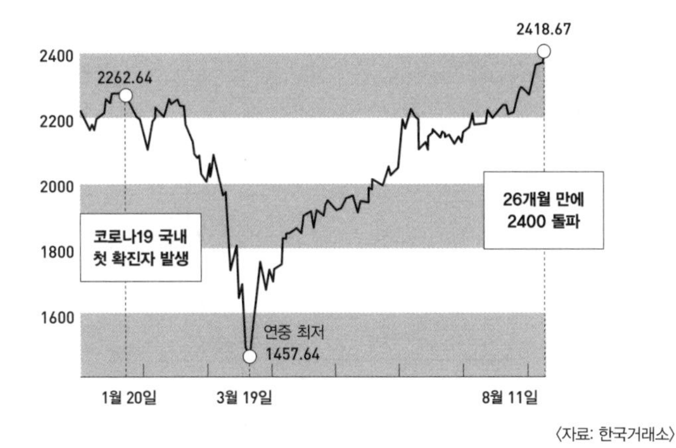

그림 8 2020년 코스피지수 추이(종가 기준)

로나19 사태로 인한 주가지수의 폭락을 투자의 기회라고 여기고 있습니다. 이러한 개인투자자를 동학개미라고 부르며, 이들 동학개미가 현재 우리나라 주식시장을 살리고 있습니다.

2020년의 주가지수 폭락과 폭등을 보면 어느 정도 주식시장 예측이 가능할 듯합니다. 코로나19로 인한 폭락은 예측하기 어렵다고 해도 그 이후의 동학개미에 의한 상승국면은 여러 가지 정황으로 충분히 예견할 수 있는 듯 보입니다. 이론적으로 주식시장은 예측이 불가능하지만 이론과 실제는 다른 법이니까요. 실제로 수많은 주식투자자는 예측 불가능성을 믿지 않고 주식가격을 예측하려고 노력합니다. 특히 차트 분석을 이용해서 주식가격을 예측하려는 시도가 오래전부터 있었고 현재도 많이 시도

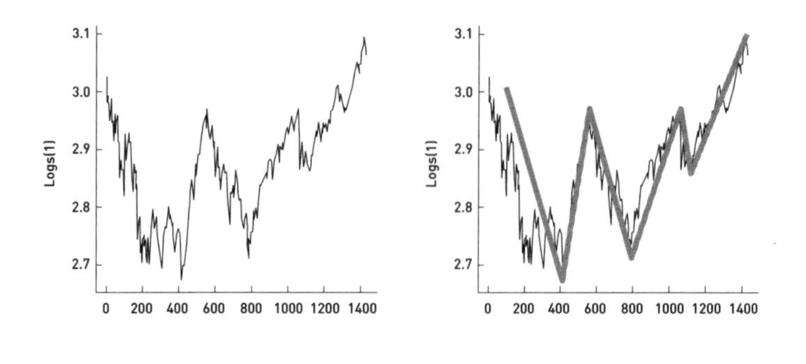

그림 9 2000~2005년의 우리나라 코스피지수(IMF 외환위기 직후)

되고 있습니다. 차트 분석이란 주식가격의 움직임을 차트를 통해서 이해하려는 분석 방법입니다.

[그림 9]의 왼쪽은 IMF 외환위기 직후 2000~2005년의 우리나라 코스피지수를 그린 것입니다. 오른쪽 그림은 왼쪽 그림에서 관측된 6번의 트렌드 변화를 보여줍니다. 6년 동안 트렌드가 최소 6번 변화한 것이 쉽게 눈에 보입니다. 이러한 트렌드의 변화 뒤에는 매우 심오한 경제학 이론이 있을 것 같습니다. 꼭짓점 5개는 5번의 경기 상황의 변화로 설명할 수 있을 것이고 첫 번째 폭락에서 반등 후의 두 번째 폭락을 지진을 설명하듯이 첫 번째 폭락의 여진이라고 설명할 수도 있겠습니다.

하지만 차트 분석으로 크게 성공한 투자자를 찾기 어렵습니다. 소문만 무성하지 과실이 없습니다. 경제학의 대가인 케인스John Maynard Keynes도 차트 분석을 이용한 주식투자를 하다가 크게 손해를 보았다고 알려져 있습니다. 엘리엇 파동Elliott Wave 이라는, 그 뜻도 알 수 없는 법칙으로 주식가격을 설명하려는 노력이 물리학자들을 중심으로 시도되기도 했지만 모두 실패했습니다. 차트를 보면 분명 뭔가 있는 듯한데 말입니다. 데이터를 바라보는 우리의 시각에 문제가 있는 것일까요? 데이터과학으로 살펴보겠습니다.

술 취한 사람은 어디로 가나요?

데이터과학에서 데이터는 정보와 잡음으로 이루어졌다고 가정합니다. 따라서 잡음에 대한 이해는 데이터과학의 핵심입니다. 잡음의 이해를 위해서 술 취한 사람의 걸음걸이를 연구해보겠습니다. 술 취한 사람은 본인이 어디 있든지 상관없이 휘청거리며 걷습니다. 매 걸음마다 전후좌우 제멋대로 움직입니다. 그래서 술 취한 사람을 찾으려면 매우 어렵습니다. 도무지 예측이 안 되기 때문입니다.

술 취한 사람의 위치는 잡음의 정의와 밀접한 관련이 있습니다. 술 취한 사람과 잡음의 관계를 설명하기 위해서 상황을 좀 더 간단히 만들어보겠습니다. 술 취한 사람이 앞뒤로는 못 움직이고 오직 좌우로만 움직인다고 가정하겠습니다. 그리고 술집은 수직선상의 원점에 위치합니다. 그러면 술 취한 사람은 항상 수직선상에 있으면서 매 걸음을 좌우 2분의 1 확률로 무작위로 움직입니다. 이 경우 술 취한 사람이 100걸음을 걸었을 때의 위치는 100개의 1 또는 −1로 구성되는 숫자의 합이 될 것입니다. 1은 오른쪽으로의 이동을, −1은 왼쪽으로의 이동을 나타냅니다. 즉 술 취한 사람의 100걸음 후의 위치는 잡음 100개의 합이라고 생각할 수 있습니다. 여기서 잡음은 1 또는 −1을 2분의 1의 확률로 가집니다. 좌우로 제멋대로 걷기 때문에 술 취한 사람은 술집을 기준으로 좌우로 왔다 갔다 할 것인데 전혀 예측이 불가능합니다.

이렇게 예측 불가능한 완전 무작위한 잡음의 합을 '임의보행'random walk라고 합니다. $X_1, \cdots, X_n$의 평균이 0이고 독립적인 확률변수, 즉 잡음일 때 $S_n = X_1 + \cdots + X_n$을 임의보행이라고 합니다. $P(X_i = 1) = P(X_i = -1) = 1/2$이면 S_n을 좌우로만 움직이는 술 취한 사람의 n걸음 뒤의 위치로 이해할 수 있습니다. 가장 유명한 임의보행으로 '브라운운동'Brownian motion이 있습니다. 스코틀랜드의 식물학자 로버트 브라운Robert Brown이 1827년에 발견한 현상입니다. 그는 물 위에 떠도는 꽃가루 입자가 물 입자와 충돌하면서 떠다니는 운동을 관찰했습니다. 브라운운동은 술 취한 사람이 전후좌우로 2차원 평면에서 움직이는 행동과 비슷합니다. 이것은 2차원 브라운운동입니다. 수직선에서 좌우로만 움직이는 술 취한 사람의 위치는 1차원 브라운운동입니다. 공기 중에 떠다니는 담배연기의 궤적은 3차원 브라운운동입니다. 브라운이 완전 무작위 운동을 자연에서 발견한 후 물리학자는 꽃가루 입자의 운동을 설명할 수 있는 수학모형을 찾아 나섭니다. 그리고 1905년에 아인슈타인이 이 이론을 정립합니다. 즉, 술 취한 사람이 1시간 뒤에 있을 위치에 대한 확률분포를 구하는 방법이 개발됩니다. 정확한 위치는 모르지만 특정한 위치에 있을 확률은 구할 수 있습니다. 아인슈타인은 정말 모르는 게 없는 천재입니다.

브라운운동은 완전히 무작위로 움직이는 운동을 설명합니다. 브라운운동의 가장 큰 특징은 예측 불가능하다는 것입니다. 데이터과학에서도 '무작위성'과 '예측 불가능성'을 이해하기 위한 방법으로 브라운운동이 연구되고 있습니다. '예측 불가능성'을 이해하면 '예측 가능성'은 자연스럽게 이해가 됩니다. 예측 불가능성의 반대가 예측 가능이기 때문입니다. 그런데 브라운운동을 보고 있노라면 '예측 불가능성'이라는 특징을 의심할 정도로 예측이 가능해 보입니다.

술 취한 사람 이야기로 다시 돌아가겠습니다. 11시에 술집에서 나온 술 취한 사람이 11시 30분에는 어디에 있을까요? 12시에는 또 어디에 있을까요? 술집을 기준으로 왔다 갔다 할 테니 11시 30분과 비슷할 것입니다. 그럼 시간이 더 지날수록 거리는 어떻게 변할까요? 술집을 기준으로 무작위로 허우적거리기 때문에 시간이 변해도 술집 주위를 계속 배회할 것입니다. 즉, 시간이 지나면서 술 취한 사람의 술집부터의 거리는 일정한 범위 내에

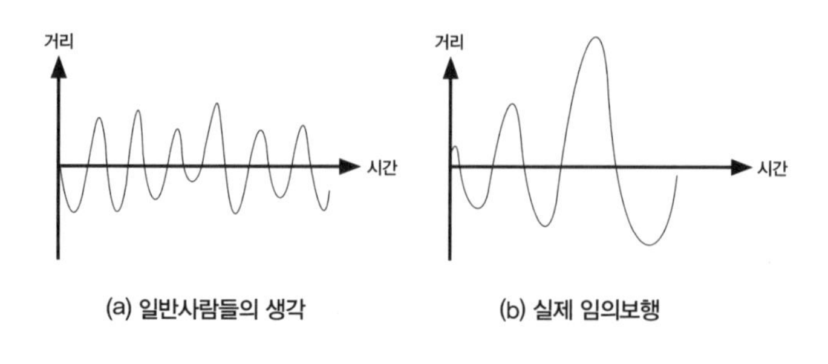

그림 10 임의보행에 대한 2가지 생각

서 커졌다 작아졌다를 반복합니다. 잡음 X_i가 1 또는 -1을 2분의 1의 확률로 갖는 임의보행을 생각해보면 쉽게 이해할 수 있습니다. n걸음 뒤의 술 취한 사람의 위치는 $S_n = X_1 + \cdots + X_n$이 될 것인데, n개의 잡음 중에서 대략 반이 1이고 나머지 반이 -1이므로 합을 구하면 0 근처에서 오르락내리락할 것입니다. 유명한 수학자 오일러Leonhard Euler도 이런 생각에 동의했습니다.

하지만 결과는 예상과 완전히 다릅니다. 술 취한 사람과 술집의 거리는 시간이 가면서 계속해서 늘어나는 경향이 있습니다. 시간이 경과할수록 술집부터의 거리가 매우 커지게 됩니다. 즉, 시간이 아주 오래 지나면 술집으로부터 왼쪽으로 아주 많이 멀어지거나 오른쪽으로 아주 많이 멀어지게 된다는 것입니다. [그림 10]은 임의보행에 대한 2가지 생각을 보여줍니다. x축은 시간이고 y축은 술집으로부터의 상대적 거리입니다. 술 취한 사람이 오른쪽에 있으면 양의 거리, 왼쪽에 있으면 음의 거리입니다. (a)는 거리가 일정 수준에서 진동하는 것이고 (b)는 거리가 계속 해서 늘어나는 것입니다. 오일러를 포함한 많은 과학자는 임의 보행은 (a)처럼 움직일 것이라고 예상했지만, 정답은 (b)입니다. 데이터과학으로 연구해보니 이유는 생각보다 간단합니다. S_n(술 취한 사람의 위치)의 분산(변수의 흩어진 정도)이 n(걸음 수) 곱하기 X_1의 분산이 되어서 시간이 지나면 계속 증가하기 때문입니다.

보이는 것을 믿지 마라

임의보행을 주식가격에 적용할 수 있습니다. 주식가격의 움직임은 술 취한 사람의 걸음걸이와 비슷합니다. 2019년 1월 1일에 A라는 주식을 1000원에 샀다고 가정하겠습니다. S_t를 t시점에 A 주식의 가격이라고 하고, $D_t = S_t - S_{t-1}$은 어제 가격 대비 오늘의 변동입니다. 주식가격의 변동이 무작위하다면, 1년에 주식이 거래되는 날짜가 250여 일이니 2020년 1월 1일에 A주식의 가격은 2019년에 구입한 가격 1000원에 250여 개의 무작위한 변동의 합일 것입니다.

[그림 10]에서 예측 불가능한 1차원 브라운운동의 위치는 (a)가 아니라 (b)를 따른다는 사실은 데이터 분석가에게는 어려운 도전 과제와 같습니다. 브라운운동에서 특이한 현상은, 반드시

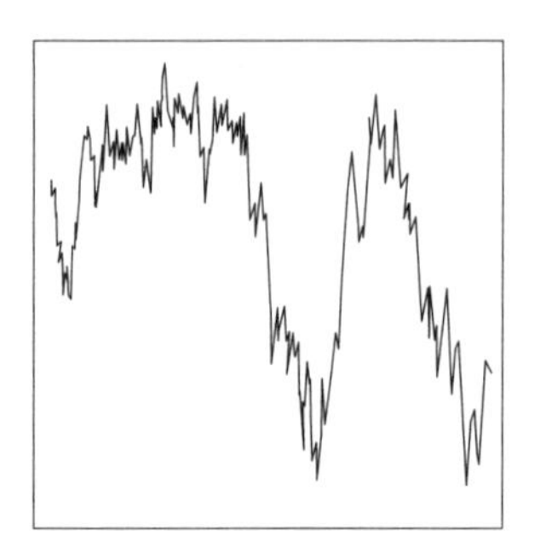

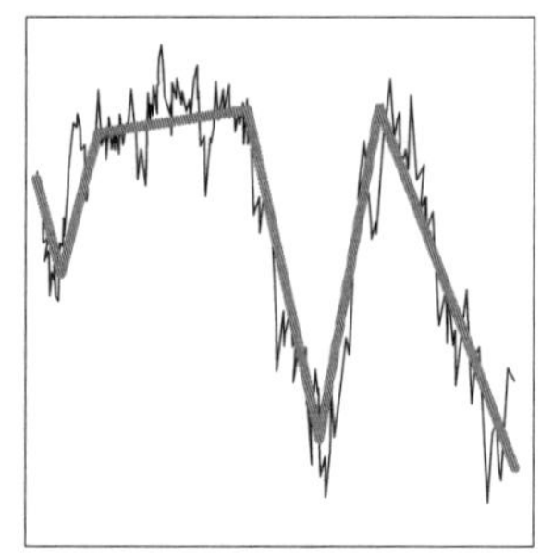

그림 11 컴퓨터로 생성한 1차원 브라운운동(왼쪽)과 이 브라운운동에서 발견된 6개의 트렌드 변화(오른쪽)

트렌드(추세)가 있는 것처럼 보인다는 것입니다. 시간이 지나면서 진폭이 커지기 때문에 특정 구간에서 트렌드를 보이는 것은 당연합니다. [그림 11]에서 왼쪽은 컴퓨터로 생성한 1차원 브라운운동을 그린 것이고 오른쪽은 왼쪽 그림에서 발견된 6개의 트렌드 변화를 표시한 것입니다. 각 부분만 떼어놓고 보면 브라운운동은 예측이 가능한 것처럼 보입니다.

이 그림을 IMF 이후 2000~2005년의 주가지수를 그린 [그림 9]와 비교해보면 뭔가 느낌이 비슷합니다. 두 그림 모두 6번의 급격한 트렌드 변화를 보입니다. 이제 차트 분석이 성과가 없는 이유가 이해가 됩니다. 주가지수는 임의보행이기 때문입니다. 주식 투자자들에게는 안타깝지만 주가지수는 예측이 불가능합니다.

데이터에서 트렌드가 보인다고 모두 예측 가능한 것은 아닙니다. 예측 불가능한 경우에 트렌드가 더 빈번히 발생합니다. 이 때문에 데이터 분석에 확률 이론이 꼭 필요하며, 데이터를 해석할 때 필요한 소양 중 하나는 보이는 것을 그대로 믿지 않는 능력입니다. 임의보행으로 시작하는 다양한 경제 데이터를 분석하는 방법을 연구한 미국의 클라이브 그레인저Clive Granger는 2003년에 노벨경제학상을 수상합니다. 노벨데이터과학상이 없는 것이 안타까울 따름입니다.

미래 예측하기

차원의 저주와 과적합 문제

미래에 대한 궁금증

어릴 적 미래를 안다면 얼마나 좋을까 상상해본 적이 있을 것입니다. 로또 당첨번호를 미리 알아서 로또 1등이 될 수도 있고, 소설처럼 사랑하는 연인이 당할 교통사고를 미리 알고 연인의 생명을 구할 수도 있을 것입니다. 생각만 해도 좋을 것 같습니다. 영화에서도 미래를 아는 능력을 소재로 쓴 작품이 많습니다. 2분 후의 미래를 알 수 있는 주인공이 등장하는 〈넥스트〉(2007), 미래의 범죄를 예측하여 미리 예방한다는 줄거리인 〈마이너리티 리포트〉(2002) 등입니다. 그런데 이런 영화는 미래를 아는 것이 그리 바람직하지 않을 수도 있음을 암시합니다. 미래를 아는 데 대한 철학적 논쟁도 존재합니다. 〈마이너리티 리포트〉에서는 아직 범죄를 저지르지 않은 사람을 처벌할 수 있는지에 대해서 관객들에게 질문합니다.

미래를 알고 싶어 하는 욕망이 우리의 상상이나 SF영화에만 있는 것은 아닙니다. 매일매일 생활 속에서 우리는 미래를 알기 위해서 노력합니다. 정부는 내년 경제 상황을 예상하여 예산안을 만듭니다. 기업에서도 내년의 여러 요소를 고려하여 투자 계획을 세웁니다. 개인은 부동산 가격에 대한 예측을 바탕으로 집 구매 여부를 결정합니다. 미래에 대한 예측은 우리 삶 요소요소에서 수행되고 있습니다. 물론 미래를 아는 것과 미래를 예측하는 것은 다릅니다. 미래를 정확히 알 수는 없습니다. 예측은 틀릴 수 있습니다. 그래서 우리는 미래를 좀 더 정확하게 예측하고 싶어 합니다. 좀 더 정확하게 미래를 예측하려면 좋은 데이터와 유능한 데이터과학자가 필요합니다. 데이터과학이 다루는 중요한 분야 중 하나가 바로 미래에 대한 예측입니다.

데이터로 미래 예측하기

많은 사람은 자신의 수명이 얼마 남았을지 궁금해합니다. 이런 예측 문제를 데이터를 기반으로 수행하는 것은 생각보다 간단합니다. 먼저 이미 사망한 사람의 데이터를 모읍니다. 이런 데이터는 주로 정부에 있으며, 우리나라는 국민건강보험공단에서 가지고 있습니다. 데이터를 모으면 의뢰자의 특징과 가장 비슷한 사람을 사망자 데이터에서 찾고 그 사람의 수명을 의뢰자의 수명으로 예측하면 됩니다. 너무 쉽습니다. 예측 방법의 기본은 '비슷한 사람 찾기'입니다.

그런데 이 '비슷한 사람 찾기' 방법을 실제 문제에 적용할 때 많은 문제가 발생합니다. 그중 가장 어려운 문제는 '비슷한 사람'을 정의하는 것입니다. 키가 비슷해야 비슷한 사람일까요? 몸무게는 고려하지 않아도 될까요? 신체 조건, 출생지, 학력, 직업 등 비슷한 사람을 위해서 고려해야 하는 조건이 너무 많아 보입니다. 이 경우에 비슷한 사람 찾기 방법은 2가지 문제에 봉착합니다. 첫 번째는 주어진 많은 조건에 대해서 의뢰자의 특성과 모두 일치하는 사망자가 없을 수 있습니다. 이런 문제를 '차원의 저주' 문제라고 합니다. 차원은 고려되는 조건의 수인데, 조건의 수가 늘어날수록 데이터 분석에 저주가 내린다는 것입니다. 배우자를 찾을 때 너무 많은 것을 요구하면 그만큼 만나기 어려운 것과 같은 이치입니다. 뛰어난 외모에 재력이 있고 똑똑하며 착한 배우자는 존재하지 않습니다.

두 번째 문제는, 모든 조건에 다 부합하는 비슷한 사람이 존재해도 이 사람의 수명이 의뢰자의 수명과 많이 다를 수 있다는 것입니다. 즉, 비슷한 사람 찾기 방법의 예측력이 매우 떨어질 수 있습니다. 이유는 비슷한 사람을 정의할 때 사용된 조건이 수명과 관련이 없기 때문입니다. 키나 출생지는 수명과 크게 관련되어 보이지 않습니다. 이런 문제를 '과적합 문제'라고 합니다. 조건을 너무 많이 사용하여 굉장히 비슷한 사람을 찾으면 정작 주 관심사인 수명은 비슷하지 않다는 것입니다. 조건을 줄여서 적당히 비슷한 사람 여러 명을 찾은 뒤 그들의 평균수명으로 의뢰자의 수명을 예측하는 것이 훨씬 정확할 수 있습니다. 단순히 주어진 데이터를 탐색해서 비슷한 조건의 사람을 찾는 과정보다 훨씬 복잡한 과정을 거쳐야 좋은 예측을 할 수 있고, 더욱더 정확한 예측을 위해서는 높은 수준의 데이터과학이 필수적입니다.

예측에서 데이터과학자의 역할은 '차원의 저주'와 '과적합 문제'를 해결하는 것입니다. 그리고 이를 해결하기 위해서 '비슷한 사람 찾기' 방법보다 훨씬 복잡하고 난해한 방법을 사용합니다. 통계학의 회귀분석이나 기계학습에서의 지도학습은 예측을 위한 방법론입니다. 인간의 뇌를 모방해서 만들어진 신경망 모형도 예측을 위한 지도학습 방법론 중 하나입니다. 인공지능 분야에서 최근 크게 각광을 받고 있는 딥러닝이 바로 신경망 모형입니다. 딥러닝은 예측에 대한 데이터과학의 오랜 연구의 산물이고 인공지능의 주인공입니다.

예측을 잘하는 방법

예측을 잘하려면 차원의 저주와 과적합을 피해야 합니다. 이를 위한 기본적인 방법은 비슷한 사람을 찾을 때 사용하는 조건을 신중하게 고르는 것입니다. 가령 수명과 관련된 예측에서는 적당한 수의 적절한 조건을 골라서 비슷한 사람을 찾아야 합니다. 여기서 중요한 것은 '적당한 수'라는 것입니다. 조건이 너무 적으면 찾은 사람이 의뢰자와 비슷하지 않을 수 있습니다. 반면에 조건이 너무 많으면 비슷한 사람이 아예 존재하지 않거나 존재하더라도 수명의 예측이 매우 부정확할 수 있습니다.

적절한 예측 모형을 만드는 데 도움이 되는 원리가 '오컴의 면도날'Ockham's Razor입니다. 오컴은 14세기 영국의 논리학자이며 프란체스코회 수사였습니다. 중세의 철학자와 수도사는 당시의 엘리트로서 현상에 대해 수많은 설명과 주장을 내세웠으나 대개 무의미하고 증명할 수 없었습니다. 새까맣게 그을린 나무를 보고 어떤 철학자는 나무가 벼락에 맞았기 때문이라고 설명합니다. 다른 철학자는 누군가 고의적으로 나무를 그을린 다음에 증거를 없앤 것이라고 설명합니다. 이 두 주장 모두 증명할 수 없습니다. 오컴은 이 경우 어떤 설명을 받아들여야 할지 고민했고 간단한 설명을 받아들이는 것이 합리적이라는 결론을 내립니다. 나무가 번개를 맞았다는 주장이 누군가가 고의로 그을렸다는 주장보다 단순하기 때문에 좋다는 원리가 오컴의 면도날입니다.

면도날이란 불필요한 논리를 잘라낸다는 의미로 사용됩니다. 최근에 코로나19 사태 이후의 사회 변화를 예견하는 다양한 의견이 표출되고 있습니다. 지금으로서는 어떤 주장이 더 설득력이 있는지 데이터로 확인할 수 없습니다. 데이터가 없기 때문입니다. 오컴의 면도날을 적용해야 할 것 같습니다.

데이터과학의 중요한 원리인 '검약의 원리'Parsimonious principle가 바로 오컴의 면도날의 또 다른 이름입니다. 미래를 예측할 때 가급적 간단한 논리를 사용하라는 것입니다. 이 원리에 따라 비슷한 사람을 찾을 때 수명과 직접적인 관련이 있는 소수의 조건만을 이용하면 예측력이 좋아집니다. 말이 많으면 신뢰가 떨어지듯이 조건이 많으면 예측의 정확도가 떨어집니다.

인생에서도 오컴의 면도날 원리를 적용할 수 있습니다. 회사를 찾을 때 안정적이고 월급도 많고 분위기도 좋고 복지도 좋고 상사도 좋고 등등 너무 많은 조건을 가지고 찾으면 잘못된 결정을 할 수 있습니다. 본인의 인생에서 중요하게 생각하는 소수의 조건을 정하고 이를 이용하면 훨씬 좋은 판단을 내릴 수 있습니다. 데이터과학을 통해서 배우는 인생의 진리입니다.

좀 더 나은 예측을 위해서

경제학에서 내년 경기를 예측하는 문제는 영원한 숙제입니다.

미국에서 1993년부터 2010년까지 18년 동안 경제전문가 서베이를 통해서 얻은 18번의 GDP성장률 예측은 6번이나 크게 빗나갔습니다. 전문가는 예측 정확성을 90퍼센트라고 자랑했기 때문에 2번 정도를 제외하고는 예측이 실제와 비슷해야 했지만 실제 결과는 처참했습니다. 예측 기간을 1968년까지 거슬러 올라가면 무려 50퍼센트나 빗나갑니다.[15]

전문가의 예측이 크게 빗나가는 이유는, 보통 전문가들은 지식은 많아도 다양한 사고를 하는 데에 어려움을 겪기 때문입니다. 비슷한 공부를 하고 비슷한 경험을 했기 때문에 비슷하게 사고합니다. 따라서 전문가들의 예측은 얼추 비슷해서 다이내믹하게 변하는 실제 경제 상황을 잘 고려하지 못합니다. 학식 높은 경제학자도 10년마다 1번씩 터지는 금융 위기는 전혀 예측하지 못하고 있습니다. 다양한 의견이 표현되는 사회가 예측도 잘합니다. 다양성의 확보가 예측을 잘하는 방법 중 하나입니다.

데이터과학에서는 다양성과 관련한 흥미로운 현상을 발견할 수 있습니다. 예측을 위한 방법론 중 앙상블이라는 방법이 있습니다. 앙상블이란 음악에서 여러 명의 연주자가 하는 합주 또는 합창을 의미하는데, 다양한 의견을 조화롭게 결합하는 방법을 의미하기도 합니다. 예측에서 말하는 앙상블이란 같은 데이터를 여러 가지 방법으로 분석하여 각자 지식을 습득한 후 이를 결합하여 예측하는 방법입니다. 20세기 말에 개발된 앙상블 방법은 예측력을 크게 향상시켰습니다.

앙상블 방법론에는 매우 흥미롭고 이해하기 어려운 과학적 현상이 숨어 있습니다. 앙상블의 예측 성능을 높이는 데에는 개별 예측 방법의 정확성보다 다양성이 훨씬 중요하다는 것입니다. 즉, 주어진 문제에 대해 모두 비슷한 답을 주는, 성능이 우수한 10개의 예측 방법보다 성능은 좀 떨어지지만 다양한 답을 제공하는 10개의 예측 방법이 앙상블에는 더 효과적이라는 것입니다. 이를 인간 사회에 적용하면 비슷한 생각을 하는 우수한 인재 10명보다 다양한 의견을 내는 평범한 10명의 의견이 훨씬 유용할 수 있다는 것입니다. 앙상블 방법은 사회의 발전에는 효율성보다 다양성이 더 중요하다는 것을 시사합니다. 문화계 블랙리스트, 이념 다툼과 같이 반대편의 의견을 억누르려 했던 과거의 잘못된 정책이 우리나라의 지속 가능한 발전에 도움이 안 되는 이유입니다. 다양한 의견을 표출하는 사람들의 존재는 인권 신장을 넘어서 국가의 성장에도 도움이 됩니다.[16]

데이터는 충분하지 않는다

미래는 가보지 않은 길입니다. 따라서 과거를 기록한 데이터를 가지고 미래를 예측한다는 것은 논리적 모순일 수 있습니다. 과거를 기반으로 미래를 아는 것이 불가능해 보일 수도 있습니다. 이러한 데이터 기반 예측에는 중요한 가정이 있는데 과거와 미래가 크게 다르지 않다는 것입니다. 이 가정이 성립하지 않으면 데이터의 활약을 기대하기 어렵습니다. 이 맥락에서 코로나19 사태 이후의 새로운 미래 예측에 과거 데이터를 사용하는 것은 적절해 보이지 않습니다. 이때에는 전문가의 직관을 더 중요하게 여겨야 합니다.

하지만 전문가와 비교해 데이터의 큰 장점은 흥분하지 않는다는 것입니다. 데이터를 이용하면 냉철하게 판단할 수 있습니다. 저는 2005년 말에 2006년 독일 월드컵을 예측하며 전문가도 얼마나 많이 분위기에 치우치는지 잘 경험했습니다. 2002년에 한국이 월드컵 4강에 진출했던 전적을 바탕으로 국민 대부분이 2006년 월드컵에서 16강 진출은 무난할 것이라고 생각했습니다. 2005년 말에 저는 과거 A매치 경기 결과와 국내 축구 전문가 30인의 의견을 종합하여 2006년 월드컵의 우리나라 결과를 예측하려고 했습니다. 그런데 놀랍게도 30인의 전문가는 모두 한국의 16강 진출을 예측한 반면에 데이터는 한국의 16강 진출 실패를 예측했습니다. 2006년 월드컵의 한국은 프랑스, 스위스, 토고와 같은 조였는데, 전문가들은 모두 한국이 스위스와 토고를 이기고 프랑스에 이어 2위로 16강 진출하리라 예측한 반면 데이터는 한국이 프랑스와 스위스에 이어 3위로 16강 진출에 실패할 것이라고 예측했습니다. 실제로 한국은 스위스와 조별 마지막 경기에서 2대 0으로 석패를 하고 16강 진출에 실패했습니다. 데이터가 전문가를 이긴 것입니다.

2006년 월드컵 예측의 결과는 인간이 분위기나 감정에 치우치지 않고 예측하는 것이 얼마나 어려운지 잘 보여주었습니다. 반면에 데이터는 사실만을 가지고 냉정하게 판단합니다. 2006년 월드컵에 적용한 데이터 분석 방법을 2002년 월드컵에 적용하면 우리나라의 16강 진출이 예측되는데, 축구는 홈경기의 이점이 매우 크다는 점을 반영했기 때문입니다. 2006년에는 스위스가 한국보다 경기가 펼쳐진 독일에 가까운 점이 스위스가 한국을 이긴 주요 요인이라고 데이터는 알려주었습니다.

인공지능이 인간을 넘어설지에 대하여 많은 논의가 진행되고 있습니다. 인공지능은 데이터를 바탕으로 지식을 추출하고 미래를 예측합니다. 따라서 경험해보지 않은 상황에서는 예측을 할 수 없습니다. 반면에 인간은 창의적인 사고로 인류가 경험하지 못한 상황에서도 적절한 판단이 가능할 것입니다. 이러한 면에서 인공지능은 인간을 넘어서기 어려워 보입니다. 단, 데이터는 감정이 없습니다. 모든 상황에서 객관적인 평가를 할 수 있습니다. 이와 반대로 인간은 감정에 치우치며 종종 일을 그르치곤 합니다. 인공지능과 공존하기 위해서 인간에게 필요한 것이 무엇인지 생각하게 됩니다.

13장

너의 마음을 보여줘

표본조사

바람직한 사회를 위해서 필요한 것

인간은 사회를 이루며 살아갑니다. 현재 겪고 있는 코로나19 사태는 건전한 사회의 중요성을 절실히 느끼게 해줍니다. 선진국으로 알려진 많은 국가가 공공의료 부분에서 매우 취약하고 비효율적인 사회였다는 매우 놀라운 사실을 알게 되었습니다. 이에 비해 우리가 사는 사회는 상당히 좋은 것 같습니다. 우리나라가 경제적 성장과 함께 사회적 성장도 잘 수행하고 있었던 것 같습니다.

건전하고 선진화된 사회를 만들기 위한 첫걸음은 우리 사회가 어떻게 구성되어 있고 어떻게 변화하는지를 아는 것입니다. 사회 구성원의 성별 비율, 나이 분포, 수명, 학력, 지역별 소득 등의 정보는 법률을 만들고 예산을 나누고 공공병원을 짓는 등의 정부가 수행하는 모든 정책에 기초가 됩니다. 올바른 정보를 바탕으로 하지 않은 정책은 사회적으로 많은 손실을 가져옵니다. 전두환 대통령 시절에 추진되었던 금강산댐 건설은 엄청난 예산을 투입하고도 결국 완공하지 못했고 지금은 역사적 교훈을 보여주는 유적으로 사용되고 있습니다. 엉터리 정보를 바탕으로 사업이 추진되었다가 실패한 대표적인 사례입니다.

나아가 우리가 무엇을 생각하고 무엇을 좋아하고 무엇을 원하는지를 아는 것도 바람직한 사회를 만드는 데 핵심적인 요소입니다. 사회 발전은 사회 구성원의 공감대 없이는 불가능하기 때문입니다. 부동산 정책, 공항 건설, 최저임금, 대학입시 등은 구성원 간의 갈등이 첨예한 사회적 이슈이고, 이러한 문제를 건설적이고 원만하게 해결하려면 관련 구성원의 생각을 듣고 이해하는 과정이 필수적입니다. 현재 한국에서는 20대 청년의 불만이 매우 높은 것 같습니다. 무엇 때문에 그들이 분노하고 좌절하는지 아는 일은 우리나라 백년대계를 위한 초석이 됩니다.

정부뿐 아니라 산업체에서도 사람들의 생각을 아는 것이 비즈니스 성공의 열쇠입니다. 사람들이 무엇을 갈망하는지 알아내고 이를 만들어 판매하면 큰 성공을 거둘 수 있습니다. 비즈니스에서 마케팅은 가장 중요한 분야입니다. 소비자의 선호도 파악을 잘못해서 실패한 상품이 많습니다. 토마토 케첩으로 유명한 세계적 식품 회사인 하인즈는 2000년 초에 초록색 케첩을 출시합니다. 혁신적이고 새로운 상품이었지만 소비자는 외면했습니다. 이유는 초록색을 보면 상한 음식이 연상되었기 때문입니다. IT 분야의 천재로 알려진 아이폰의 발명자 스티브 잡스Steve Jobs도 많은 시행착오를 겪었습니다. 2000년에 혁신적인 디자인 PC인 큐브를 개발했지만 가격이 높아서 시장에서 금방 퇴출당합니다. 고가임에도 시장에서 잘 팔리는 아이폰과 비교됩니다. PC와 휴대전화에 대한 소비자의 반응이 다른 것을 잡스도 그 당시에는 알지 못했습니다.

전수조사와 표본조사

우리 사회가 어떻게 구성되어 있고 어떻게 변화하는지 그리고 사회 구성원이 무엇을 생각하고 무엇을 좋아하는지 알려면 데이터를 모아야 합니다. 우리나라는 주민번호제도를 시행합니다. 모든 구성원은 태어나자마자 고유의 주민번호를 부여받으며, 생을 마감하는 순간까지 동일한 주민번호와 함께합니다. 나아가 정부에서 주민번호 데이터를 모으고 관리합니다. 따라서 우리 사회의 기본적인 정보인 남녀 비율, 출생률, 사망률, 나이 분포 등은 정부 데이터를 이용하면 쉽게 구할 수 있습니다. 우리나라가 데이터 강국인 이유에는 주민번호도 한몫하지 않을까 생각해 봅니다. 사생활 침해 문제로 선진국 중에는 잘 찾아보기 어렵거나, 있더라도 널리 사용되지 않은 주민번호 시스템을 우리나라는 매우 효율적으로 그러나 매우 강제적으로 사용하고 있습니다. 코로나19 사태에 이르러서는 실내 공간 이용 시 QR코드 등으로 인증하게 함으로써 전 국민의 동선을 파악하고 있습니다(정부가 데이터를 독점하는 것이 바람직한 것인가라는 생각은 잠시 접어두기로 하겠습니다).

알고 싶은 정보가 정부 데이터에 없거나 또는 사생활 침해나 안보 등의 이유로 사용할 수 없는 경우에는 따로 모아야 합니다. 가구별 소득, 학력 수준, 소비자물가지수, 농가별 쌀 생산량 등이 이러한 정보입니다. 이러한 데이터를 모으는 방법은 크게 전수조사와 표본조사로 나눌 수 있습니다. 전수조사는 모든 관련 데이터, 즉 모집단을 전부 조사해서 모으는 데 비하여, 표본조사는 모집단의 일부를 추출하여 데이터를 모으는 방법입니다.

대표적인 전수조사로는 우리나라에서 5년마다 실시하는 인구주택총조사가 있습니다. 통계청에서 실시하며, 인구조사에서는 혼인·경제활동 상태, 생존·사망 자녀 수 등을, 가구조사에서는 문화·화장실·목욕 시설 등과 월평균소득 등을 포함한 항목을, 주택조사에서는 거처의 종류와 주거시설 수, 대지면적 등을 조사합니다. 이렇게 총 56개 항목을 조사합니다. 매 조사마다 통계청에서 채용한 조사요원이 전체의 20% 가구를 대상으로 제반 사항을 조사합니다. 엄청난 예산이 투입되는 조사입니다.

많은 분야에서 전수조사는 시간과 비용의 제약으로 불가능합니다. 그래서 표본조사에 의존합니다. 그런데 신기하게도 적은 표본조사로 얻은 데이터를 통해 전수조사 데이터의 정보를 거의 복구할 수 있습니다. 지난 5번의 대통령 선거에 매번 2500만 명 이상이 투표에 참여했는데 1만 명 정도의 표본조사를 통해서 개표 결과를 거의 정확하게 맞출 수 있었습니다. 모든 국민이 표본조사의 정확성을 잘 경험하고 있습니다. 특별한 이유 없이 전수조사를 하는 것은 사회적 낭비일 것입니다.

데이터를 모으기 위한 표본조사는 거의 매일 수행됩니다. 그만큼 알고 싶은 정보가 많다는 것입니다. 청년의 의식 구조, 국민의 영양상태 조사, 중소기업 고용률 등 정부 정책 개발자가 알고 싶은 데이터는 무궁무진합니다. 음식에 대한 소비자 선호도, TV 광고효과 측정, 일별 자동차 주행 거리 등은 관련 기업이 알고 싶어 하는 데이터입니다. 이러한 데이터를 모으기 위한 표본조사를 수행하는 회사를 리서치 회사라고 하며 국내에도 수십 개의 리서치 회사가 활동하고 있습니다. 각종 선거 전에 진행되는 수많은 여론조사도 리서치 회사에서 수행합니다.

표본조사 이야기

역사적으로 국가는 조세나 국방을 위해서 데이터를 모았으며, 이는 대부분 전수조사 데이터였습니다. 유대민족의 통계를 기록한 구약성경의 〈민수기〉나 조선 영조 시대에 수행된 인구조사 등은 모두 전수조사 데이터입니다. 표본조사가 의사결정에 사용되기 시작한 때는 19세기 말입니다. 1824년에 미국 대통령 선거에서 처음으로 표본을 통한 여론조사를 실시하면서 우편으로 의견을 묻는 방식을 사용했는데, 1936년에 표본조사는 큰 전기를 맞이합니다. 대통령 선거 예측을 위해서 우편으로 수집한 표본조사의 결과가 완전히 틀렸기 때문입니다. 〈리터러리 다이제스트〉라는 잡지사는 독자와 잠재 독자 1000만 명에 조사표를 우송하여, 200만 통을 회수한 설문지에 근거하여 예측합니다. 앞선 5번의 선거에서 우승자를 정확히 예측했던 〈리터러리 다이제스트〉는 10월 31일 호에서 랜던Alfred Mossman Landon이 선거인단 370표를 획득해 승리할 것이라고 선언합니다. 하지만 결과는 루스벨트Franklin Delano Roosevelt의 압승이었습니다. 이 오류의 원인은 잘못된 표본에 있었습니다. 그 당시 〈리터러리 다이제스트〉의 독자는 공화당 지지자가 많았던 것입니다.

그런데 같은 해에 과학적인 조사를 시작한 광고 회사 임원 조지 갤럽Georgy Gallop이 5000명의 무작위 표본에 근거한 조사로 루스벨트의 당선을 예측했습니다. 갤럽의 정확한 예측은 표본조사에서 표본의 대표성이 얼마나 중요한지 인식하는 계기가 되었습니다. 1936년 선거 이후로 표본조사에서 대표성을 확보하기 위한 데이터과학자의 노력이 시작됩니다. 갤럽은 이후 본인의 이름 따서 '갤럽'이라는 리서치 회사를 설립하고 세계적 회사로 성장시킵니다.

표본조사가 대표성을 확보하기 위해서는 표본을 공정하게 뽑아야 합니다. 공정하게 뽑는다는 것의 의미는 표본이 모집단을 잘 반영해야 한다는 것입니다. 이는 생각보다 어려우며, 데이터 과학의 역할이 중요해지는 지점입니다. 공정하게 표본을 뽑는 첫 걸음은 모집단으로부터 무작위로 표본을 뽑는 것입니다. 즉, 조사자의 편이가 들어가지 않도록 뽑아야 합니다. 부동산 정책에 대한 조사에서 유주택자만을 대상으로 설문조사를 하면 그 결과를 믿기 어렵습니다. 유주택자와 무주택자 골고루 조사를 해야 합니다. 보통 전화조사를 하는 경우 휴대전화 번호를 무작위로 추출해서 조사를 합니다. 집 전화로 조사를 하면 공정한 표본을 얻을 수 없습니다. 대개 젊은 사람은 집 전화를 가지고 있지 않기 때문입니다.

2016년 20대 총선에서 종로구에는 민주당의 정세균 후보와 새누리당의 오세훈 후보가 격돌합니다. 여론조사에서는 오세훈 후보가 17퍼센트 이상 앞섰지만, 결과는 정세균 후보가 13퍼센트나 이겼습니다. 여론조사가 처참하게 틀렸던 것입니다. 당시 집 전화로 조사를 진행했기 때문에 표본의 대표성을 확보하지 못한 것이었습니다. 낮에 집에서 전화를 받을 수 있는 사람은 대개 나이가 많았고 주로 새누리당을 지지했기에 여론조사가 틀릴 수밖에 없었습니다. 표본의 대표성 확보가 얼마나 중요한지를 보여준 결과였습니다.

공정하게 데이터를 뽑을 때 어려운 점 또 하나는 무작위로 데이터를 추출해야 할 뿐 아니라 추출된 표본도 공정해야 한다는 것입니다. 이를테면 성인 100명을 뽑아서 부동산 정책에 대한 생각을 물어보려고 합니다. 무작위로 100명을 뽑아서 유주택자가 80퍼센트, 무주택자가 20퍼센트로 표본이 구성되었는데, 유주택자 40퍼센트, 무주택자 60퍼센트인 모집단의 비율과 너무 다르다면 곤란해집니다. 집단 간 의견이 첨예하게 갈리는 문제를 다룰 때에 단순히 무작위로 표본을 뽑으면 공정한 표본에서 벗어나는 경우가 많습니다. 이 문제를 해결하는 방법은 유주택자에서 40명, 무주택자에게서 60명을 각각 무작위로 뽑는 것입니다. 이러한 방법을 '층화추출' 방법이라고 부르는데 유주택자, 무주택자로 모집단을 층으로 나누고 각 층별로 무작위로 표본을 뽑는 방법입니다. 실제 복잡하게 얽힌 문제에 대한 공정한 표본을 위해서는 복잡한 층을 고려해야 합니다. 선거 여론조사에서 고려해야 하는 층으로는 지역, 나이, 성별 등이 있습니다. 각 리서치 회사마다 어떤 층을 써서 표본을 모으는지는 기업 비밀입니다. 층을 만들고 표본을 뽑고 분석을 하는 일련 과정에 데이터 과학자의 손길이 필요합니다.

표본조사의 성공을 위해서는 표본 추출의 과정이 공정해야 하고 결과가 투명해야 할 뿐 아니라 추출된 표본에 대한 조사도 솔직하게 이루어져야 합니다. 묻는 문항에 조사대상자는 솔직하게 대답해야 합니다. 이 부분이 표본조사에서 가장 어려운 부분입니다. 특히 조사대상자의 프라이버시에 해당되는 질문이면 거의 조사가 불가능합니다. 예를 들면, 소득에 대한 질문이나 질병에 대한 질문에는 솔직하게 대답을 안 하거나 대답을 거부할 확률이 높아집니다. 소득수준 표본조사에 대한 정확성 여부가 큰 정치적 문제로 비화된 적도 있습니다. 2018년 8월에 갑작스럽게 통계청장이 경질됩니다. 중위소득 통계에 대한 정부와의 의견 차이가 경질의 원인이었습니다. 중위소득 통계는 양극화 수준을 가늠하는 척도로 사용되는데, 조사가 매우 어렵습니다. 중위소득은 우리나라 가구의 50퍼센트에 해당하는 가구의 소득을 말하며, 이를 알기 위해서는 우리나라 가구의 소득을 모두 알아야 하지만 사실상 거의 불가능합니다. 비자금같이 통계에 잡히지 않는 소득도 있기 때문입니다.

중위소득과 비슷한 개념인 1인당 국민소득은 훨씬 쉽게 알 수 있습니다. GDP를 인구로 나누면 되기 때문이고, GDP는 한국은행에서 상시 조사하고 있습니다. 그러나 1인당 국민소득은 국가별 비교 외에는 그리 널리 사용되지 않습니다. 이상치에 영향을 많이 받기도 하거니와 양극화된 사회에서 1인당 국민소득은 큰 의미가 없기 때문입니다. 사회가 선진화될수록 양질의 통계를 요구하는 분야는 늘어납니다. 사회 발전과 데이터과학은 떼려야 뗄 수 없는 관계가 되고 있습니다.

성공적인 표본조사를 위한 데이터과학의 노력

표본조사의 역사는 거의 200년에 달하지만 지금도 그 성능을 높이기 위해서 데이터과학자들이 노력하고 있습니다. 2가지 예를 통해서 노력을 살펴보겠습니다.

민감한 사항에 대한 조사를 위해서 다양한 조사 방법이 개발되고 있습니다. 그중 '국소차등정보보호' Local differential privacy 방법을 간단히 소개하겠습니다. '과거에 성매매를 한 경험이 있는가?'라는 질문을 성인 남성 100명에게 조사한다고 하면, 이 질문에 대해서 대부분의 피조사자는 일단 불쾌하게 여기고 경험이 없다고 답할 것입니다. 범죄가 되는 경험을 직접적으로 물어보기 때문입니다.[17]

자, 그렇다면 국소차등정보보호 방법에서는 이 질문을 어떻게 물어볼까요? 먼저 아주 평범한 질문 하나를 준비합니다. '당신은 대학입시에서 정시 확대를 찬성하는가?'와 같은 질문이면 충분합니다. 조사자는 답변자에게 동전을 던지게 하여 앞면이면 성매매 관련 질문을, 뒷면이면 정시 확대 관련 문제를 답변하게 합니다. 단, 동전을 던진 결과는 조사자에게 알려주지 않습니다. 조사자는 답변자가 어떤 문제에 대답을 했는지 모릅니다. 예와 아니오 중 하나만 기록합니다. 이렇게 조사하면 답변자의 프라이버시는 완벽하게 보호됩니다. 나아가 정시 확대에 대한 찬성 비율을 알고 있으면(이건 다른 조사를 통하여 알 수 있습니다), 성매매 경험

비율을 어렵지 않게 추정할 수 있습니다. 성매매 확률을 p_s라 하고 정시 확대 찬성비율을 p_e라고 하면 피조사자가 '예'라고 대답할 확률은 $0.5p_s+0.5p_e$가 됩니다. 따라서 p_e를 알고 있으면 p_s를 알아낼 수 있습니다.

표본조사 중에서 또 다른 어려운 문제는 모집단의 크기를 알아내는 문제입니다. 선거 여론조사나 마케팅 선호도 조사는 모집단이 무엇이고 그 크기가 얼마인지 명확합니다. 그런데 '한강에 사는 잉어는 몇 마리인가?'라는 문제에서 모집단은 한강에 사는 잉어이지만 그 규모를 잘 모르고 조사를 통해 알아내는 것이 목적입니다. 한강의 모든 잉어를 잡아서 세는 것은 불가능합니다. 어떻게 해야 할까요? 이 문제를 위한 표본조사 방법은 다음과 같습니다. 먼저 잉어 100마리를 잡습니다. 그다음 각 잉어의 등에 물에 녹지 않는 빨간색 페인트를 칠합니다. 그러고 나서 한강에 잉어를 풀어주고, 며칠 뒤에 다시 100마리를 잡아서 이 중 빨간색이 칠해진 잉어가 몇 마리인지 셉니다. 수식 $100/N \approx n/100$을 통해서 한강에 사는 잉어의 수를 추정합니다. 여기서 N은 우리가 알고자 하는 한강에 사는 잉어의 수이고, n은 두 번째에 잡은 100마리 중 등에 빨간색이 칠해진 잉어의 수입니다. 이러한 표본조사 방법을 '포획-재포획'capture-recapture 방법이라고 하며, 모집단의 크기를 추정하는 문제에 널리 사용하고 있습니다. 여름 모기의 개체 수나 어떤 소프트웨어에 있는 버그의 수 등을 추정할 때 사용됩니다.[18]

이 외에도 세상에는 정말 다양한 문제가 데이터과학자를 기다리고 있습니다. 우리나라 에이즈AIDS 환자 수를 추정하려면 어떻게 표본조사를 해야 할까요? 매우 어려운 문제입니다.

미완의 표본조사

표본조사에 대한 우리 사회의 믿음은 매우 높습니다. 원자력발전소 폐쇄도 표본조사로 결정이 되었고, 국회의원 후보 결정도 표본조사로 합니다. 표본조사에 대한 신뢰는 데이터과학자가 노력한 덕분에 얻은 결실입니다. 문제는 표본조사의 정확성이 점점 좋아지는 게 아니라 점점 나빠지는 것 같다는 점입니다. 2016년 미국 대선이나 2020년 우리나라 국회의원 선거 출구조사 등은 완전히 틀렸습니다. 매우 많은 표본을 추출했고(보통 1000~1만 명을 추출하는데, 2020년 출구조사는 무려 5만여 명의 표본을 추출했습니다.) 가장 효율적인 표본조사 방법론을 동원해 유능하고 경험이 많은 데이터과학자가 분석을 했는데도 결과는 처참했습니다. 2016년 대선에서 트럼프의 압승을 아무도 예측하지 못했습니다. 현재 가장 효율적이라고 알려진 표본조사 방법론에 얼마나 많은 문제가 있는지를 잘 확인할 수 있었습니다.

선거조사의 문제가 무응답에 의한 편이인 점은 잘 알려져 있습니다. 특히 보수를 지지하는 사람들이 조사의 답변을 회피하는 경향이 높았습니다. 이런 무응답의 편이를 어떻게 보정해야 하는지에 대해서는 많은 연구가 진행되고 있지만 아직까지 뚜렷한 해결책은 나오고 있지 않습니다. 표본조사는 아직도 미완입니다. 성공적인 표본조사를 위해 데이터과학이 주시해야 할 곳은 결국 사람의 마음이며, 이 마음을 읽으려는 노력은 계속되고 있습니다.

14장

로또에 당첨되는 법

다중비교

운명적 사랑을 꿈꾸다

대부분의 사람은 인생의 어느 순간에 매우 놀라운 사건을 경험합니다. 도저히 일어날 것 같지 않은 일이 일어나는 것입니다. 여행지에서 우연히 만난 사람이 2년 전 잃어버린 내 책을 가지고 있다거나, 10년 전 헤어졌던 애인을 비 오는 베트남 다낭의 해변에서 만나는 운명적인 만남을 주위에서 종종 듣습니다. 소설이나 영화에서는 이러한 우연이 자주 등장하여 젊은이들을 판타지의 세계로 인도합니다. 영화 〈세렌디피티〉(2001)에서 우연히 만난 두 남녀가 5달러짜리 지폐에 연락처를 쓰고 솜사탕을 사 먹고 헤어지면서 여자가 "우리가 인연이면 이 돈을 다시 만날 것이다"라고 말합니다. 그 이후 우연히 남자가 이 돈을 발견하고 여자에게 연락하여 사랑이 이루어진다는 것이 이 영화의 줄거리입니다. 신이 맺어준 운명적이고 아름다운 사랑 이야기입니다.

인생에서 일어나지 않을 것 같은 우연을 경험하면 초자연적인 신의 섭리를 느끼고 종교나 미신에 빠지기 쉽습니다. 사이비 종교에 빠진 사람 대부분은 각자 특이한 경험을 가지고 있습니다. 암에 걸렸는데 기도로 완치가 되거나, 헌금을 많이 하니 어려운 사업에 큰 은인이 나타납니다. 모두 신의 섭리 같습니다. 이러한 우연이 정말 신의 섭리일까요?

로또의 행운의 숫자를 찾아서

우리나라에 로또가 도입된 것은 2002년 말입니다. 로또와 일반 복권의 차이는 숫자를 본인이 직접 고를 수 있다는 점입니다. 즉, 본인의 운명을 본인이 결정할 수 있는 거지요. 로또는 도입되자마자 선풍적인 인기를 끌었습니다. 2003년 4월에는 1등 상금이 400억 원을 넘었는데, 로또의 상금은 판매액에 비례하니 이 당시 로또가 얼마나 인기였는지 잘 보여줍니다. 2020년 현재 1등 평균 상금이 21억 원이니 2003년 로또의 인기는 현재와 비교할 수 없을 정도로 굉장했습니다.

로또는 1부터 45의 번호가 붙어 있는 45개의 공에서 임의로

6개를 뽑았을 때 6개 모든 숫자가 다 맞으면 1등입니다. 공을 무작위로 뽑는다는 가정하에서 1등이 될 확률은 대략 814만 분의 1입니다. 호사가들은 벼락을 2번 맞을 확률보다도 낮다고 합니다. 매우 낮은 확률입니다. 814만분의 1이라는 확률은 300명이 매주 5장의 복권을 산다고 했을 때 1명이 당첨될 때까지 100년 이상을 기다려야 합니다.

그러다 보니 로또에서 행운의 숫자를 고르는 다양한 비법이 있습니다. 무작위로 추출하기 때문에 이론적으로는 행운의 숫자가 존재할 수 없지만, 수많은 사람이 아직도 행운의 숫자를 찾기 위해서 노력합니다. 인터넷에 검색해보면 행운을 숫자를 알려주는 유료사이트가 매우 많습니다. 로또의 공 추출이 무작위가 아닐 수 있고, 신의 섭리가 작용할 수 있다는 믿음이 로또 시장에 팽배합니다.

미국의 로또 전문가인 게일 하워드Gail Howard는 두 권의 책을 출간합니다. 하나는《로또 마스터 1: 행운의 숫자 조합하기》이고 다른 한 권은《로또 마스터 2: 행운의 숫자 고르기》입니다. 두 권 모두 우리나라에 번역 출간되었습니다.《로또 마스터 1: 행운의 숫자 조합하기》에는 '6개의 번호의 합이 너무 작거나 너무 크게 고르지 말아라', '홀수와 짝수 한쪽으로 치우치지 않게 하라' 등의 법칙이 적혀 있습니다. 6개 숫자의 합이 106~170 사이에 있어야 한다는 규칙도 있습니다. 데이터과학으로 살펴보면 아주 훌륭한 법칙입니다. 단, 여러분의 1등 확률을 높여주는 데는 전혀 도움이 되지 않습니다. 사실 6개의 숫자의 합은 대부분 106~170 사이에 있습니다. 이유는 106이나 170이 행운의 숫자가 아니고 가능한 6개 숫자의 조합을 죽 나열해보면 대부분 합이 106과 170 사이에 있기 때문입니다. 가능한 조합이 많기 때문에 당첨될 확률은 전혀 올라가지 않습니다.

두 번째 책인《로또 마스터 2: 행운의 숫자 고르기》에서는 1등 확률을 높이기 위한 숫자 선택 방법이 적혀 있습니다. 그리고 놀랍게도 이 책에서 제안하는 방법은 데이터 분석을 통해서 찾은 것입니다. 저자인 게일 하워드는 기본적으로 공의 추첨이 완전히 무작위라고 믿지 않습니다. 세상에는 완전한 무작위란 존재하지 않으며, 공을 뽑는 기계에 어떤 패턴이 존재한다는 것입니다. 게일 하워드는 이러한 가설을 다양한 데이터 분석을 통해서 증명합니다. 생각보다 만만치 않은 상대입니다.

2003년에 저는 게일 하워드와 간접적으로 대화를 나눌 기회가 있었습니다. 게일 하워드는 한국의 로또 데이터를 보내주면 행운을 공을 찾아주겠다고 이야기했고, 저는 그 당시 1회차부터 9회차까지의 추첨 결과를 보냈습니다. 며칠 뒤 놀랍게도 '40'번 공이 행운의 공이라는 회신을 받았습니다. 더 놀라운 사실은 40번 공이 행운의 공이라는 사실이 통계적 가설검정을 통과했다는 것입니다.

40번 공이 행운의 공인지를 확인하기 위한 귀무가설은 '40번 공은 행운의 공이 아니다'이고 대립가설은 '40번 공은 행운의 공이다'가 됩니다. 귀무가설하에서는 40번 공이 1회 추첨에서 선택될 확률은 45분의 1이 되고, 따라서 40번 공이 9번의 추첨에서 5회 이상 당첨될 확률을 계산해보면 0.03보다 작게 나옵니다. 통계학에서 보통 이 확률이 0.05보다 작으면 귀무가설을 기각합니다. 이 결과에 따르면 정말로 40번 공이 행운의 공인 것 같습니다.(1부 6장 참조)

이러한 결과를 받아 들고 데이터과학자인 저는 매우 당황스러웠습니다. 로또 추첨이 무작위가 아니라는 것을 믿거나 아니면 통계적 가설검정 절차에 문제가 있다고 생각하거나 둘 중의 하나를 선택해야만 했습니다. 첫 번째를 선택하기에는 심정적으로 믿기 어려웠고 그렇다고 두 번째 가설을 받아들이기에는 통계학의 근간을 부정하는 자기모순에 빠지게 됩니다.

이 문제의 답은 의외로 간단했습니다. 게일 하워드의 분석은 자주 발생하는 '다중비교의 오류'였던 것입니다. 가설검정을 많이 하면 우연히 귀무가설이 기각되는 경우가 생깁니다. 게일 하워드는 1번 공부터 45번 공까지 차례로 45번의 통계적 가설검정을 하며 행운의 공이 무엇인지 확인했고 그 결과 40번 공이 행운의 공으로 나온 것입니다. 즉, 행운의 공이 나올 때까지 가설검정을 계속한 것입니다. 사실 올바른 데이터과학 방법론을 이용하여 로또 추첨이 완전 무작위라는 가정하에서 1회차부터 9회차까지의 데이터에서 적어도 하나의 공이 5번 이상 뽑힐 확률을 계산하면 무려 0.7보다도 높게 나옵니다. 행운의 공이란 없었습니다. 로또 확률을 높이는 유일한 방법은 여러 장을 구입하는 것입니다.

다중비교의 오류는 데이터를 분석하며 원하는 결과가 나올 때까지 계속해서 비교하다가 발생합니다. 데이터는 유한개이기 때문에 비교를 많이 하면 언젠가는 관련 있어 보이는 결과가 나옵니다. 주식가격과 관련이 있는 변수를 여기저기서 찾다가 아프리카코끼리 몸무게의 변화량에서 상당한 상관관계를 발견했다는 이야기는 다중비교 오류를 잘 보여줍니다.

생활 속의 다중비교의 오류

우리는 일상생활 속에서 다중비교의 오류에 종종 빠집니다. 말도 안 되는 것을 주장하는 사이비 종교 지도자에게도 충성심을 갖고 따르는 제자가 있습니다. 수년 전에 대선에 출마해서 우리에게 큰 웃음을 선사했던, 공중부양을 한다는 후보에게도 추종자가 있습니다. 이러한 현상을 다중비교로 이해할 수 있습니다.

가령 주식가격을 예측하는 사람이 있습니다. 1024(=2^{10})명의 고객에게 매일매일 내일 주식가격의 상승 또는 하락을 예측해 줍니다. 이 예측자의 전략은 다음과 같습니다. 첫날에는 512명의 사람에게는 상승으로 예측하고 나머지 512명에게는 하락으로 예측합니다. 그러면 최소한 512명에게는 옳은 예측이 됩니다. 둘째 날에는 첫날에 올바르게 예측한 512명을 다시 256명씩 2개 그룹으로 나누어서 각각 상승과 하락으로 예측합니다. 이렇게 둘째 날이 지나면 256명의 고객에게는 이틀 연속 주식가격을 맞추는 훌륭한 사람으로 인식이 됩니다. 이러한 과정을 10번 반복하면 결국 최종 1명의 고객에게는 예측자의 예측이 10번 연속 맞게 되고 결국 신과 같은 존재가 됩니다. 사이비 종교 교주에게도 추종자가 있는 이유입니다. 많은 사람에게 계속해서 예측을 하면 누군가는 여러분을 신으로 여길 수 있습니다. 다중비교의 오류입니다.

생일 문제라는 확률 문제가 있습니다. 매우 놀랍게도 학창 시절에 생일이 같은 학생이 같은 반에 있었던 경험이 있는 사람이 제법 있습니다. 두 사람의 생일이 같을 확률을 계산하면 (1÷365)×(1÷365)로 매우 작아 보입니다. 그러나 한 반에 생일이 같은 학생이 있을 확률은 훨씬 커집니다. 왜냐하면 한 반의 학생 수가 많기 때문입니다. 30명이 있는 반에서는 생일이 같은 2명의 학생이 있을 확률이 무려 70퍼센트가 넘습니다. 비교해야 할 쌍이 ${}_{30}C_2=435$(30명 중 2명을 택하는 조합)만큼 있기 때문입니다. 학생 수가 증가하면 우연히 2명의 생일이 같을 확률도 함께 커집니다. 많이 시도하면 언젠가는 원하는 결과가 나오는 것입니다. 내가 로또 1등이 되는 것은 매우 어렵지만, 매주 누군가는 1등이 됩니다. 많은 사람이 로또를 구매하기 때문입니다. 미국에서는 4개월간에 로또 1등에 2번 당첨된 경우도 있었습니다. 세상에는 놀라운 일이 생각보다 그렇게 많지 않습니다.

이제 좀 더 실제적인 문제에서 다중비교의 오류를 범하는 예를 살펴보겠습니다. 특정 주식의 등락 여부를 15번 연속으로 맞추는 것은 주식 전문가도 해내기 어려운 일입니다. 일반적으로 주식가격은 예측이 불가능하다고 알려져 있습니다. 이처럼 예측이 불가능하다고 알려진 주식가격의 등락을 15번 연속 맞췄다면 대단히 놀라운 사건일 것입니다. 뉴밀레니엄을 전후해 미국 월가에서 전설적인 실적을 기록한 펀드가 있었는데 레그 메이슨 밸류 트러스트 펀드였습니다. 빌 밀러라는 펀드매니저가 운영하며 1991~2005년 15년 연속으로 S&P500지수 대비 초과 수익률을 달성했습니다. 원래 주식의 예측 불가능 이론은 주가지수보다 높은 수익률을 얻을 수 없다는 것을 증명하지만 밀러의 놀라운 성과를 보면 주식시장이 예측 가능할 것도 같습니다. 아니면 밀러는 투자 분야에서 신의 경지에 들어선 것입니다.

하지만 밀러가 정말 '신의 경지'에 올랐다고 할 정도로 드문 투자 기량을 가졌는지는 따져 볼 필요가 있습니다. 여기에는 다중비교의 착시 효과가 낳은 함정이 숨어 있었습니다. 먼저 월스트리트에는 수많은 펀드매니저가 활동하고 있다는 사실에 주목해야 합니다. 또한 밀러는 40년 동안 펀드매니저로서 활동했습니다. 월스트리트에서 밀러처럼 40년간 펀드매니저로 활동한 사람이 1000명이라고 가정해보겠습니다. 그리고 주식가격은 예측 불가능하다고 하겠습니다. 즉, 펀드매니저 1000명의 투자 결과는 주가지수를 중심으로 무작위라고 가정합니다. 이러한 상황에서 적어도 1명의 펀드매니저가 연속해서 15년 동안 주가지수보다 많은 수익을 올릴 확률은 얼마일까요? 1000명의 사람들이 각자 40번씩 동전을 던질 때 적어도 1명이 15번 연속 앞면을 던지는 확률은 얼마일까요? 놀랍게도 이 확률은 거의 75퍼센트나 됩니다. 펀드매니저가 1000명이 아니고 1만 명이면 이 확률은 훨씬 커집니다. 빌 밀러라는 출중한 펀드매니저가 나온 이유는, 빌 밀러가 신의 경지에 오른 것이 아니고 월스트리트에 매우 많은 펀드매니저가 있었기 때문입니다. 오히려 수많은 다른 고액 연봉의 펀드매니저가 활동했음에도 불구하고 2003년까지 40년간 12년 연속으로 시장보다 초과 수익을 낸 펀드가 빌 밀러 외에는 없었다는 사실에 주목해야 합니다. 펀드매니저의 능력이 무작위로 투자하는 것보다 못한 것 같습니다. 원숭이 1만 마리가 펀드에 투자하면 어떤 결과가 나올지 궁금해집니다.[19]

다중비교의 오류에서 벗어나기

우리는 새롭고 가치 있는 정보를 얻기 위해서 데이터를 분석합니다. 데이터를 분석했는데 새로운 정보가 없으면 실망이 앞섭니다. 그래도 실망하지 않고 새롭고 가치 있는 정보가 나올 때까지 데이터를 계속 분석합니다. 주식가격을 예측하기 위해서 환율 데이터를 분석합니다. 그리고 환율과 주식가격은 그다지 관계가 없다는 것을 발견합니다. 이번에는 소비자물가지수와 주식가격의 관계를 조사합니다. 또 관계가 없습니다. 날씨와 주식가격도 조사하고 심지어는 아프리카코끼리 몸무게 변화량과 주식가격의 관계를 조사합니다. 맙소사, 아프리카 코끼리의 체중이 늘어나니 주식가격이 떨어지는 현상을 발견합니다. 이제 결론을 내립니다. 아프리카코끼리의 몸무게가 늘어나면 주식가격이 떨어진다고! 데이터 분석에 매몰되면 이런 말도 안 되는 결과를 얻을 수 있습니다. 따라서 데이터 분석에는 건전한 상식이 필수입니다.

데이터 분석에 매몰되지 않는 방법은 새롭게 찾은 정보가 상식과 부합하는지 조사하는 것입니다. 가장 효과적인 방법은 조심스럽게 분석에 사용되지 않은 새로운 데이터로 확인해보는 것입니다. 마트 구매 데이터를 분석했더니 '기저귀를 산 사람이 맥주도 사는 경향이 있다'라는 새로운 정보를 찾았다면, 분석 이후 향후 3개월 동안 기저귀와 맥주가 정말로 같이 팔리는지를 확인하는 것입니다. 이러한 분석을 '확인분석'confirmatory analysis이라고도 합니다. 흥분하지 말고 한번 더 확인하는 것이 다중비교의 오류를 피하는 가장 효과적인 방법입니다.

새로운 데이터를 모으고 다시 분석하기 위해서는 시간과 노력이 들어갑니다. 그래서 이 과정은 되도록이면 생략하려고 합니다. 또 여러 가지 이유로 새로운 데이터를 구하는 것이 불가능할 수도 있습니다. 심각한 부작용이 있다고 판단되는 약은 즉시에 시장에서 퇴출되어야 합니다. 확인을 위해 새로 분석하는 동안 새로운 피해자가 나오기 때문입니다. 새로운 데이터로 확인이 어려운 경우에는 건전한 상식을 바탕으로 결단을 해야 합니다. 다중비교의 오류를 범하지 않고 올바른 결정을 하기 위해서는 자신에게도 매우 엄격해야 합니다. 데이터에서 찾은 새로운 정보를 매우 비판적으로 바라봐야 하는 이유입니다. "가장 발생하기 어려운 사건이 가장 쉽게 눈에 띈다"는 아리스토텔레스의 말을 명심할 필요가 있습니다.

목표 없는 정보의 허무함

빅데이터와 세분화의 함정

모으는 데이터와 모이는 데이터

20세기까지의 데이터는 모으는 것이었습니다. 역사적으로 국가는 조세와 국방을 위해서 성인 남성의 데이터를 모았습니다. 1789년 프랑스대혁명 이후에 정부는 시민의 권리가 크게 향상되는 분위기 속에서 자살, 범죄, 빈곤, 공중보건 등의 사회문제 해결을 위해 데이터를 모으기 시작합니다. 현대에는 국가뿐 아니라 사회의 여러 분야에서 경쟁적으로 데이터를 모으고 있습니다. 소비자의 반응과 생각을 알기 위해서 기업은 데이터를 모으고, 각 정당은 여론의 추이를 알기 위하여 데이터를 모으고, 심지어 자동차를 만드는 회사도 원가계산을 위하여 무엇을 사고 무엇을 팔았는지에 대한 데이터를 모읍니다.

인터넷을 기반으로 한 정보화 혁명 시대인 21세기의 가장 중요한 변화는 데이터가 모이기 시작했다는 것입니다. 누구도 모으지 않았던 데이터가 어딘가에 모이기 시작했습니다. SNS에서 나누는 대화나 의견, 신문기사에 대한 독자의 댓글, GPS를 이용한 위치 정보, 각종 센서에서 측정되는 정보 등이 데이터베이스에 차곡차곡, 목적이 없이 쌓이고 있습니다. 그리고 오늘날 이러한 데이터가 빅데이터란 이름으로 크게 각광받고 있습니다. 이제 빅데이터를 21세기 석유라고 하며 국가적으로도 빅데이터 관련 산업을 진흥하기 위해서 노력 중입니다. 빅데이터를 분석하면 새로운 기회를 발견할 수 있기 때문입니다.

그런데 일반 사람에게 빅데이터가 석유라고 이야기하면 받아들이기 어려워합니다. 석유가 없으면 당장 자동차 등 교통이 어려워지고 생활이 곤란해집니다. 반면에 빅데이터는 어디에 쓰이는지 체감할 수 없습니다. 나아가 빅데이터와 전통적인 조사자료를 비교하면 빅데이터의 유용성에 물음표를 던집니다. 조사자료란 목적을 가지고 조사한 자료로 '모은 자료'의 대표주자입니다. 국가에서 시행하는 각종 조사나 마케팅을 위하여 모으는 소비자 선호도 자료가 대표적인 조사자료입니다. 조사자료는 조사대상자를 치우치지 않게 선택하고, 선택된 조사대상자에게 전화나 방문을 통하여 직접 의견이나 선호도를 확인하고 모읍니다. 치우치지 않은 조사대상자 선정을 위하여 매우 정교한 통계적 방법론이 사용되고 올바른 정보의 수집을 위하여 숙달된 조사원이 고용됩니다. 많은 비용과 시간을 투입하여 양질의 데이터를 모으는 것입니다.

여기에 비교하면 빅데이터는 질적으로 형편없는 자료입니다. SNS에는 특정 단체가 끊임없이 가짜뉴스를 퍼 나르고, 포털사이트 댓글에는 비방과 욕설이 난무합니다. 또한 SNS를 자주 이용하는 사람은 주로 젊은층이라서, SNS에서 형성되는 여론은 노년층의 의견이 잘 반영되지 않습니다. 전통적인 데이터과학에서는 "Garbage in, garbage out"이라는 격언이 있습니다. 데이터가 쓰레기이면 분석 결과도 쓰레기라는 뜻입니다. 빅데이터는 도무지 데이터과학과 어울리지 않아 보입니다.

새로운 가치를 찾아서

빅데이터라 하면 엄청난 양의 데이터와 이를 처리할 수 있는 IT 기술이 연상됩니다. 빅데이터의 정의도 "다양한 종류의 대규모 데이터로부터 저렴한 비용으로 가치를 추출하고 초고속 수집, 발굴, 분석을 지원하도록 고안된 차세대 기술 및 아키텍처"입니다. 그런데 이 정의에서 가장 중요한 단어는 '대규모 데이터'나 '아키텍처'가 아니고 '새로운 가치'입니다. 즉, 빅데이터는 새로운 가치를 창출하는 수단입니다. 21세기의 경쟁력은 지하자원이나 국방력이 아닙니다. 다른 사람이 모르는 새로운 가치를 창출하는 것입니다. 새로운 약, 새로운 디자인, 새로운 금융, 새로운 미디어, 새로운 쇼핑 등이 큰 활약을 하고 있습니다. 빅데이터가 중요한 이유는 이런 새로운 가치를 빠르고 싸게 창출할 수 있기 때문입니다.

어떻게 쓰레기 같은 빅데이터에서 새로운 가치를 창출할 수 있을까요? 그건 바로 빅데이터는 '모으는 자료'가 아니라 '모이는 자료'이기 때문입니다. 모으는 자료는 목표를 정한 후에 데이터를 모읍니다. 반면에 모이는 데이터는 목표가 없이 데이터가 모이고 이후에 데이터로부터 새로운 가치를 발견합니다. 모으는 자료와 모이는 자료의 차이를 잘 보여주는 사례가 있습니다. 수년 전에 모 커피프랜차이즈 회사에서 여름 신상품으로 '고급아이스아메리카노'를 출시했습니다. 일반 아이스아메리카노가 4500원에서 5000원인 반면에 고급아이스아메리카노는 가격이 무려 7000원이나 되었습니다. 가격이 비싸 보이는데 사실은 비싼 게 아닙니다. 아이스아메리카노는 만들기가 아주 쉽습니다. 에스프레소, 물, 얼음이면 끝입니다. 에스프레소에 물과 얼음을 넣으면 됩니다. 일반 아이스아메리카노는 물을 수돗물을 사용하는 반면에 고급아이스아메리카노는 3000원짜리 에비앙 물을 사용합니다. 우리나라 소비자가 수돗물에 대한 신뢰가 없는 것을 이용해서 만든 신상품이었습니다. 신상품 출시 전에 여러 차례의 고객 조사를 통해서 많은 준비를 했습니다. 특히 소비자 조사는 적절한 가격을 결정하는 데 큰 역할을 했습니다. '고급'이라는 단어가 부각되려면 너무 싸도 안됩니다. 그렇다고 너무 비싸도 소비자는 외면합니다. 적정한 가격 결정이 가장 까다로웠고 이 문제에 대해서 소비자 의견을 여러 번 조사했습니다. 준비는 완벽해 보였습니다. 드디어 5월에 신상품이 출시됩니다.

결과는 처참했습니다. 매출이 저조했고 결국 그해 9월에 고급아이스아메리카노는 메뉴에서 퇴출되었습니다. 같은 해 겨울에 고급아이스아메리카노의 실패 원인을 파악하기 위해서 SNS에 떠도는 고객 평을 수집합니다. 놀라운 사실을 발견하는데, 대부분의 평이 에비앙 물을 사용하는 데 매우 호의적이었습니다. 가격도 큰 문제가 아니었습니다. 고급아이스아메리카노가 안 팔린 이유는 다른 곳에 있었습니다. 바로 커피가 맛이 없었습니다. 많은 고객이 SNS에서 커피 맛에 대해서 지적을 많이 했습니다. 커피 맛은 쉽게 바꿀 수 있습니다. 원두만 바꾸면 됩니다. 만약 커피 맛에 대한 불평을 먼저 알았다면 원두를 바꿔서 고급아이스아메리카노는 히트 상품이 될 수도 있었을 것 같습니다. 안타까울 따름입니다.

그러면 왜 신상품 기획자는 맛이 없다는 사실을 몰랐을까요? 이유는 조사 데이터만을 분석했기 때문입니다. 조사 데이터와 빅데이터 사이에는 결정적인 차이가 있습니다. 소비자는 물어보지 않으면 답변을 안 합니다. 조사 데이터는 설문지를 작성하는 조사전문가의 지식을 넘어서는 정보는 나오지 않습니다. 새로운 정보가 나오는 것이 아니라 설문지를 작성한 전문가의 의견을 확인하는 것입니다. 커피 맛은 한번도 물어보지 않은 것입니다. 설문지 전문가가 커피 맛에 대해서는 의심을 하지 않았기 때문입니다. 반면에 SNS에서는 물어보지 않아도 자신의 의견을 올립니다. 새로운 정보가 넘쳐납니다. 모으는 데이터와 모이는 데이터의 결정적 차이가 여기에 있습니다.

빅데이터는 현재 4차 산업혁명의 최첨단 분야에서 엄청난 활약을 하고 있습니다. 전 세계 검색시장을 휩쓸고 있으며, 무인자동차를 시작했고, 유튜브로 미디어시장의 혁명을 이끌고 있는 기업인 구글은 빅데이터의 창시자이자 리더입니다. 검색 서비스와 유튜브 콘텐츠 추천은 빅데이터의 대표적인 결과물입니다. 특히 유튜브는 콘텐츠가 너무 많아서 추천 서비스 없이는 그 효용도가 급격하게 낮아집니다. 빅데이터 없이는 미디어혁명도 없습니다. 아마존의 유통혁명도 빅데이터 기반에서 이루어지고 있으며, 삼성전자의 차세대 반도체 개발도 빅데이터 없이는 불가능합니다. 가히 빅데이터 전성시대라 할 수 있습니다. 다양한 빅데이터 및 데이터과학의 활약상은 2부에서 다양하게 다루도록 하겠습니다.

빅데이터 함정

목표 없이 모은 빅데이터에서 새롭고 유용한 가치를 찾아내는 일은 매우 어렵고 힘든 작업입니다. 특히 많은 함정이 도사리고 있어서 데이터과학에 대한 높은 수준의 지식과 경험이 반드시 필요합니다.

비즈니스에서 성공 요인은 다른 사람이 모르는 유용한 정보를 아는 것입니다. 그리스의 선박왕이자 세계적 부호인 오나시스Aristotle Onassis가 한 말입니다. 빅데이터 분석의 궁극적인 목표는 남이 모르는 새롭고 유용한 지식이나 정보를 찾는 것입니다. 교육을 받거나 책을 읽으면 강사나 저자가 아는 지식을 배우는 것입니다. 남이 모르는 새로운 지식이 아닙니다. 반면에 빅데이터는 새로운 정보를 제공할 수 있습니다.

빅데이터에서 새 정보를 찾는 방법 중 하나는 데이터를 세분화하는 것입니다. 가령 프로야구 한국시리즈가 저녁 6시에 시작한다고 하면, '직장인의 30퍼센트 정도가 일찍 퇴근해 10시까지 경기를 시청했다'거나 '경기 중 피자집과 치킨집의 매출이 40퍼센트 정도 늘었다'는 정도의 정보는 기존 데이터 분석을 통해서도 쉽게 알 수 있습니다. 새로운 정보란 여기서 한발 더 나아가야 합니다. '경기 후 쇼핑몰 접속량이 평소보다 25퍼센트 증가했는데 매출의 40퍼센트가 야구용품이었다'거나 '쇼핑 고객 중 30대 남성의 20퍼센트는 다음 날 데이트 약속을 잡았고, 이 중 50퍼센트의 데이트 장소는 강남역 근처였다'라는 식입니다. 좀 더 세분화된 정보를 제공하는 것이 빅데이터의 핵심 역할입니다.

세상에는 양이 있으면 음이 있고 산이 있으면 골이 있듯이, 빅데이터의 출현으로 우리에게 주어진 세분화의 축복은 세분화의 함정이라는 새로운 문제를 야기하고 있습니다. 빅데이터에는 관측된 수치도 많고 관련 변수도 수없이 많습니다. 따라서 자료의 세분화를 통해 만들 수 있는 정보의 수는 무궁무진합니다. 원하는 정보는 모두 빅데이터에서 찾을 수 있습니다. 가짜 정보든 진짜 정보든 말입니다. 세분화의 함정입니다.

세분화의 함정은 우리의 주변에서도 쉽게 찾을 수 있습니다. 매일 아침 뉴스에 나오는 '오늘의 시황' 코너에서는 흔히 이렇게 설명합니다. "미국의 실업률이 예상보다 낮아 오늘 장은 상승 국면으로 출발하고 있습니다." 과연 미국의 실업률 때문에 주식가격이 상승하는 것인지 반문할 수밖에 없습니다. 만일 다음 달 미국의 실업률이 올랐는데도 주식가격이 오르면 어떻게 설명할지 궁금할 뿐입니다. 그때에는 유럽의 재정 위기가 완화되었기 때문이라고 하지 않을까 예상해봅니다.

전 세계에 다이어트 열풍이 불고 있습니다. 날씬해지려는 인간의 욕망은 끝이 없는 것 같습니다. 미국 인구 중 40퍼센트가 다이어트를 하고 연 400억 달러를 다이어트에 소비하고 있습니다. 코넬대학교의 완싱크Brian Wansink 교수는 다이어트 분야의 전문가였습니다. 《나는 왜 과식하는가》와 《슬림 디자인》이라는 책을 출판했는데 매우 인기가 좋았습니다. 25개국에 번역이 되었습니다. 완싱크 교수의 연구 중 유명한 것은 '먹는 것은 위를 채우는 것이 아니라 그릇을 비우는 것이다'라는 주장입니다. 54명의 실험 참가자를 2개 그룹으로 나누어서 첫째 그룹에서는 일반적인 그릇에 토마토 스프를 주고 둘째 그룹에는 특수한 그릇에 토마토 스프를 주었습니다. 이 특수한 그릇에는 보이지 않는 호스가 연결되어 있어서 실험자 모르게 계속해서 토마토 스프를 그릇에 채워 넣을 수 있었습니다. 이 실험 결과 특수한 그릇에 토마토 스프를 받은 실험자가 다른 그룹에 비해서 73퍼센트 정도 토마토 스프를 더 먹었습니다. 시각적 느낌이 음식 섭취와 밀접한 관련이 있어 보입니다.

완싱크 교수는 이탈리아식 뷔페 식당에서 고객의 음식 섭취 데이터를 모았고 이를 분석해서 흥미로운 새로운 정보를 많이 찾아냈습니다. 여성과 같이 식사한 남성이 피자를 97퍼센트나 더 먹었습니다. 연구 결과대로라면 다이어트를 위해서는 여자 친구를 멀리해야 할 것 같습니다. 하지만 2018년에 이러한 분석이 모두 엉터리로 판명되었고 완싱크 교수는 코넬대학에서 직위 해제되었습니다.

완싱크 교수의 잘못은 데이터를 너무나 세분화한 것이었습니다. 이탈리아식 식당의 고객을 매우 다양하게 나눕니다. 남성팀, 여성팀, 점심, 저녁, 혼자 온 사람, 2명이 식사하는 그룹, 2명 이상이 함께 식사하는 그룹, 맥주를 주문한 사람, 청량음료를 주문한 사람, 뷔페 테이블 근처에서 식사하는 사람 등 데이터를 엄청나게 세분화한 후, 각 그룹에서 피자 소비량을 측정합니다. 그리고 다른 그룹보다 많이 피자를 소비한 그룹을 찾아냈습니다. 하지만 앞서 설명했다시피 데이터는 아무리 많아봐야 유한개입니다. 데이터를 계속 나누다 보면 특이한 그룹이 항상 나오게 됩니다. 완싱크 교수는 이러한 세분화의 함정을 역으로 이용해서 새로운 정보를 찾다가 결국 연구진실성위원회에 발각이 됩니다.

완싱크 교수의 엉터리 연구는 발표 논문에서 결과가 서로 다르게 적혀 있는 것을 발견한 어느 외부 연구자가 논문의 공동저자인 대학원 학생에게 메일을 보내면서 만천하에 드러납니다. 대학원생이 완싱크 교수가 지시한 데이터 세분화 방법을 외부에 폭로한 것입니다. 다행히도 대학원생은 데이터과학에 대한 이해가 있었습니다. 만약 대학원생도 데이터과학에 대한 이해가 없었다면, 식당에서 남녀 커플을 보기 어려워졌을지도 모릅니다.

세분화의 함정하면 떠오르는 영화가 있습니다. 2002년에 나온 〈뷰티풀 마인드〉입니다. 정신착란증을 앓는 천재 수학자 존 내시John Forbes Nash, Jr.의 일생을 조명한 영화입니다. 배우 러셀 크로Russell Crowe가 맡은 주인공은 신문이나 잡지 기사로부터 소련에서 보내는 암호를 찾아내는 놀라운 '신기'를 보여줍니다. 물론 이것은 신기가 아닐뿐더러 다 엉터리이고 정신병에서 비롯된 증상이었습니다. 이처럼 데이터를 아주 세분화해서 보면 어디서든지 매우 유용한 것처럼 보이는 정보를 찾을 수 있습니다. 하지만 이런 정보는 사실 유용하지도 않고 분석자의 정신건강에도 그리 도움이 되지 않습니다.

원하는 대로 판단하기 쉬운 세분화의 함정과 연관지어 생각할 수 있는 것으로는 '출판 편이'publication bias가 있습니다. 빅데이터에 원하는 정보만 저장되는 현상입니다. 우리가 신문이나 논문으로 접하는 정보는 일정 부분 상당한 양의 편이를 갖고 있다는 것입니다. 관심이 집중되는 분야에 대해서는 세계 곳곳에서 다양한 연구가 진행됩니다. 하지만 다양한 연구 중에서 의미 있거나 흥미로운 결과만 세상에 알려집니다. 그 밖에 별 의미가 없는 수많은 연구는 그런 연구가 있었는지에 대한 정보조차 찾아볼 수 없습니다. 같은 주제에 대한 100개의 실험 중 하나만 결과가 의미 있게 나왔을 경우, 논문을 통해서는 의미가 있는 하나의 결과만 알 수 있을 뿐, 이름도 없이 사라져 간 99개의 실험에 대해서는 그 존재 여부도 알 수가 없다는 이야기입니다. 실제로는 의미 없는 결과가 정답인데도 말입니다. 모이는 빅데이터는 성공한 연구 결과만 기록합니다.

회사의 사회 공헌과 수익 창출 능력에 대해서 많은 연구 결과가 다양한 논문에 발표되었습니다. 대부분의 연구가 굉장히 높은 양의 상관관계를 발견했습니다. 사회 공헌을 잘하는 회사가 높은 수익을 올리는 것인지, 높은 수익을 올리는 회사가 사회 공헌을 잘하는 것인지는 알 수 없지만, 사회 공헌과 회사의 수익과는 밀접한 관련이 있어 보입니다. 그런데 2011년에 미국의 한 연구자가 발표된 논문의 결과를 다시 확인하는 작업을 했습니다. 논문에 발표된 결과가 서로 부합하는지 확인하는 분석을 합니다. 메타분석이라는 방법인데, 분석 결과를 다시 분석하는 묘한 방법론입니다. 메타분석을 통해서 알아낸 사실은 논문에 발표된 상관계수 값의 절반 정도는 출판 편이에 의한 것이었습니다. 상관계수가 낮은 연구 결과는 발표나 저널 게재가 안 되었기 때문에 생기는 현상입니다. 의학저널에 암 치료제에 대한 연구가 자주 등장하지만 아직 암 치료제는 요원하기만 한 것도 출판 편이 때문인 것 같습니다.

2001년에 출시된 우울증 치료제인 레복시틴Reboxetine은 유럽의 여러 나라에서 진행된 임상시험 결과 우울증 치료에 매우 효과적이라고 판명되었습니다. 하지만 2010년에 2001년 임상시험 결과가 제약 회사의 출판 편이에 의해 과장됐다는 사실이 밝혀졌습니다. 즉, 레복시틴을 만든 제약 회사인 화이자가 약의 판매에 유리한 결과만 발표한 것입니다. 이 사건을 통해 얻을 수 있는 교훈은 주어진 정보에 대한 진위 여부를 알기 위해서는 결과 자체뿐 아니라 결과를 얻는 과정까지 살펴봐야 한다는 것입니다. 데이터 자체가 문제일 수 있습니다.

빅데이터는 우리에게 큰 기회를 제공합니다. 하지만 빅데이터 자체가 전부가 아니라는 점을 명심해야 합니다. 빅데이터로부터 찾아내는 새롭고 유용한 지식이 빅데이터의 가치를 결정합니다. 여기서 '새로운' 정보와 '유용한' 정보는 서로 대립하는 개념입니다. 대체로 새로운 정보는 유용성이 떨어지고 유용한 정보인 경우 이미 알려진 정보인 경우가 많습니다. 빅데이터가 제공하는 수많은 새로운 정보 중 실제로 유용한 정보를 찾아내기란 쉽지 않으며, 매의 눈으로 판단할 수 있는 데이터과학자가 필요합니다. 또한 데이터를 맹신하지 않고 건전한 상식과 합리적인 사고를 바탕으로 판단할 수 있는 경험이 있다면 더할 나위 없을 것입니다.

벤포드의 법칙

우리는 일상생활에서 항상 숫자와 함께 살아갑니다. 전화번호도 숫자이고 주민등록번호도 숫자이고, 통장의 잔고도 숫자입니다. 1938년에 물리학자 벤포드Frank Benford는 생활 속 숫자들의 확률분포를 조사합니다. 각 숫자의 첫 번째 자리에 어떤 수가 오는지 조사했습니다. 우리가 숫자를 무작위로 사용한다면 1에서 9까지 같은 확률로 첫 번째 자리에 출현해야 하는데, 벤포드는 이 확률이 같지 않는다는 것을 발견합니다. 확률이 같지 않을 뿐 아니라 특정한 법칙을 가지고 있는 것처럼 보이는데, 첫 번째 자리에 1이 나올 확률이 제일 크고 숫자가 커질수록 첫 번째 자리에 출현할 확률이 줄어듭니다. 심지어 확률이 특정한 패턴을 가지고 줄어드는 것처럼 보이기까지 합니다. 벤포드 법칙에 의하면 첫 번째 자리 숫자가 d일 확률이 대충 $\log(1+1/d)$이라고 합니다. 벤포드 법칙은 그 이유를 알 수 없는 현상이고 항상 성립하는 것도 아닙니다.

그런데 우리 주위에서 벤포드의 법칙이 자주 발견됩니다. 전 세계 12만 개 마을의 높이를 측정해서 첫 번째 자릿수의 분포를 구하면 벤포드 법칙을 따르고, 1, 1, 2, 3, 5, 8…로 구성되는 피보나치수열(직전 2개의 수의 합으로 만들어지는 수열)의 첫 번째 자릿수의 분포도 벤포드 법칙을 따릅니다. 회계장부 조작을 탐지하는 데 벤포드 법칙이 사용될 수 있습니다. 정상적인 회계장부라면 금액의 첫 번째 자릿수의 분포는 벤포드 법칙을 따를 것이기 때문입니다. 회계장부 숫자들이 벤포드 법칙을 따르지 않으면 조작을 의심해볼 수 있습니다. 실제 미국 정부에서 이러한 방법을 사용한다고 알려져 있습니다. 벤포드 법칙이 왜 성립하는가에 대한 다양한 설명이 있지만 아직 명확하게 규명되지는 않았습니다. 종 모양의 히스토그램에서 정규분포가 나왔듯이, 여전히 우리가 아직 모르는 데이터의 신비가 자기를 발견해주길 기다리고 있는 것 같아 마음이 설렙니다.

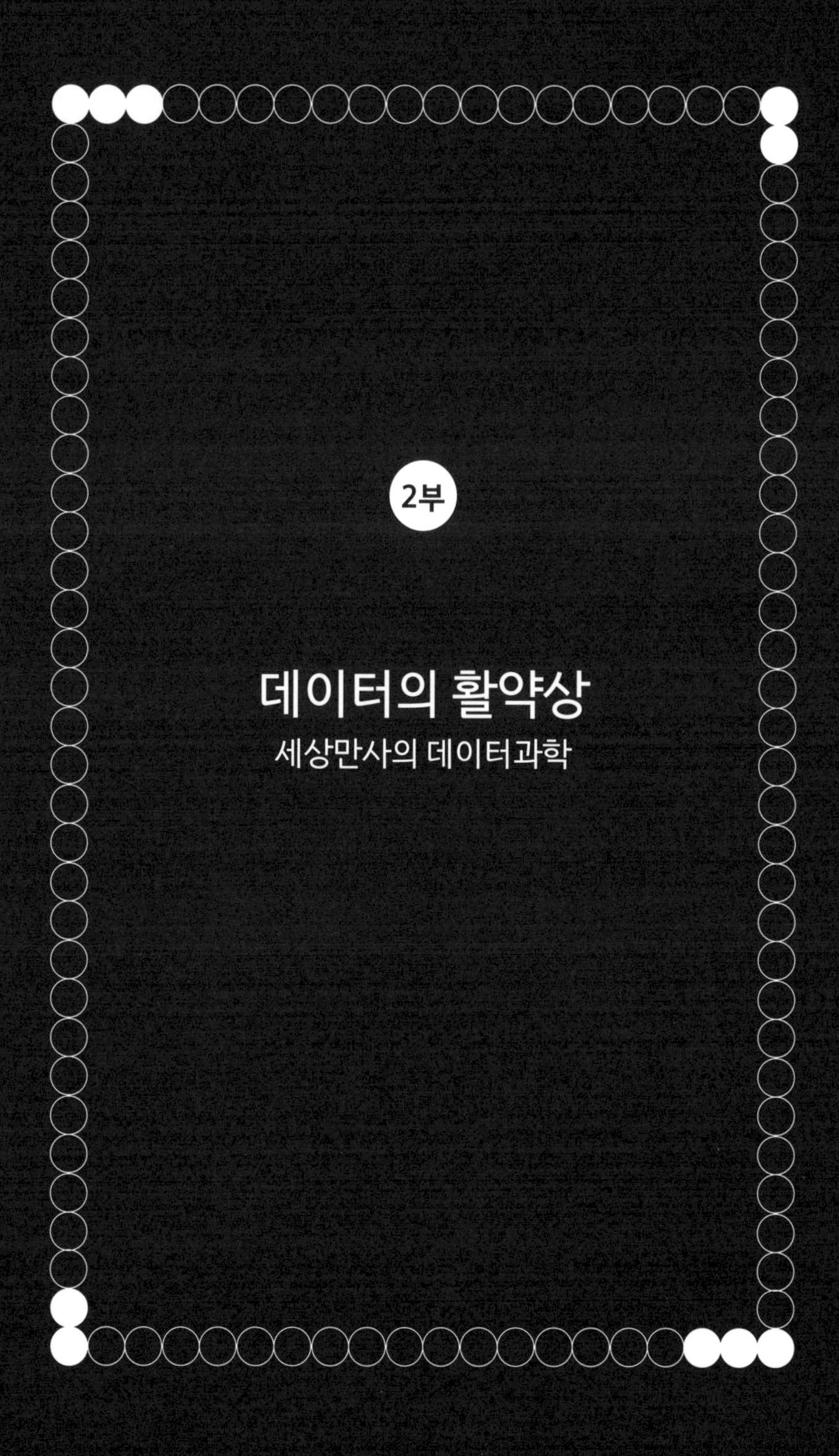

2부

데이터의 활약상

세상만사의 데이터과학

1장

데이터의 발자취

인구조사에서 빅데이터 시대까지

데이터의 등장

인류 역사에서 데이터는 국가의 등장과 같이 합니다. 국가는 통치를 위하여 데이터를 모았습니다. 고대의 대표적 데이터의 예로는 구약 성경의 〈민수기〉 1장에 나오는 이스라엘 백성의 인구조사에서 찾아볼 수 있습니다. 이 인구조사는 기원전 1440년경에 실시된 것으로, 이집트를 탈출한 이스라엘 백성 중에서 20세 이상 전쟁에 나갈 수 있는 남성의 수를 조사했는데, 총 60만 3550명이라는 기록이 있습니다. 이 외에 기원전 3000년경에 바빌로니아, 중국과 이집트에서 세금을 거두기 위하여 인구조사가 이루어졌다는 문헌이 있습니다. 인구조사로 사용되는 영어

'센서스'census는 그 어원이 라틴어 'censere'로, 이는 세금 매기기taxation의 뜻이 있다고 합니다.

국가라는 개념이 발전하면서 인구조사뿐 아니라 한 나라의 면적, 자원, 소득 수준 등을 조사한 자료가 등장했고, 이를 통계라고 명명했습니다. 통계를 뜻하는 영어 'statistics'는 국가라는 의미의 'state'와 이탈리아어로 장인을 나타내는 '-ista'(예: violinista는 바이올린 장인)의 합성어인 이탈리아어 'statista'가 어원이라고 알려져 있습니다. 한 국가의 특징은 통계에서 나옵니다. 인구가 몇 명이고 면적이 얼마이며, 소득은 얼마나 되는지 등의 정보를 이용해서 국가를 이해합니다. 일본이 조선을 합병한 후 제일 먼저 행한 것도 통계조사였습니다. 지리·자원·인구에 대한 통계조사 등은 국가를 통치하기 위한 필수적 요소이기 때문입니다.

17세기에 와서는 데이터가 국가뿐 아니라 민간 분야에서도 중요하게 여겨졌습니다. 이 당시에는 영국의 철학자 베이컨Francis Bacon에 의해 귀납적 사고의 중요성이 강조되었습니다. 귀납적 사고란 관찰을 통해 새로운 법칙을 발견할 수 있다는 생각이며, 많은 데이터를 모으고 분류하고 정리해서 새로운 지식을 얻고자 하는 과학적 방법에 철학적 근간을 제공했습니다. 프랑스 곤충학자 파브르Jean-Henri Fabre의 저서 《파브르곤충기》는 대표적인 귀납적 연구의 결과물입니다.

귀납적 사고에 대한 철학적 배경하에서 민간에서도 데이터가 수집되기 시작합니다. 1661년 런던의 상인 존 그란트John Graunt

는 사망표를 만들어 교회의 주보에 발표합니다. 애드먼드 헬리Edmond Halley가 이를 토대로 출생과 혼인 데이터를 담은 생명표를 만듭니다. 생명표와 사망표를 바탕으로 1765년에 최초의 민간 보험회사가 탄생했는데 데이터를 기반으로 하는 최초의 민간 회사로 여겨집니다.

18세기에는 천문학에서 데이터가 중요하게 사용됩니다. 선박이 해상에서 자기 위치를 제대로 알지 못해 엉뚱한 곳에서 난파당하는 경우가 많아 이를 해결하기 위해 국가적인 사업으로 천문학을 연구했습니다. 특히 달의 운동을 관측해서 미래의 달의 위치를 예측하는 것은 상업적·군사적으로 매우 중요한 문제였습니다. 독일의 천문학자였던 토비아스 마이어Tobias Mayer는 1750년 위대한 수학자 오일러가 주창한 방법을 달을 측정한 데이터에 적용하여 달의 위치를 예측하는 방법을 개발합니다. 그리고 이 방법은 영국의 유명한 탐험가 제임스 쿡James Cook의 성공에 크게 기여합니다.

사회학에서도 데이터가 등장합니다. 이 분야를 개척한 사람은 벨기에 과학자 케틀레입니다[1부 5장 내용 참고]. 1835년에 발표된 〈인간과 능력 개발에 대하여〉라는 논문을 통해서 무질서해 보이는 다양한 사회현상에도 법칙이 존재한다는 것을 데이터를 분석하여 증명합니다. 특히 시간, 지역, 기온, 음주 여부, 자살률 등의 변수를 넣어 데이터를 분석한 결과 출생률과 사망률 사이의 특정한 법칙을 찾아냅니다. 그리고, 신장이나 몸무게 등의 인간의 특질을 나타내는 측정값이 정규분포를 따른다는 사실에 기반하여 평균인간이라는 개념을 도입하기도 했습니다. 나아가 범죄현상에도 일정한 법칙이 있음을 밝혀내서 범죄통계학의 기초를 닦습니다. 케틀레에 의해서 자연과학을 위한 통계학이 사회현상에도 적용 가능하다는 것이 밝혀지면서 사회학이 사회과학으로 거듭났습니다.[20]

유전학에서도 데이터가 사용됩니다. 앞에서 등장했던 영국의 과학자 골턴은 우생학의 창시자입니다. 우생학이란 인간의 우수성은 환경이 아니라 유전에 의해 결정된다는 이론입니다. 골턴은 우생학을 증명하기 위해서 데이터를 분석합니다. 즉, 우수한 부모에서 우수한 자식이 나온다는 주장입니다. 그리고 이를 증명하기 위해서 아버지의 키와 아들 키의 관계를 분석하고 그 유명한 '평균으로의 회귀'[1부 8장 내용 참고]를 발견합니다. 골턴은 평균으로의 회귀 현상을 유전학으로 설명하기 위해서 '복귀 유전자'라는 개념도 도입했고, 조상 유전자의 영향으로도 설명하려고 노력했습니다. 물론 이런 노력은 과학적으로 틀린 것으로 판명되었습니다. 그리고 골턴의 우생학은 히틀러에 이르러 크게 오용되었다가 제2차 세계대전 이후로는 과학계에서 사라집니다. 하지만 평균으로의 회귀 현상은 살아남아 21세기 데이터과학의 핵심으로 활약하고 있습니다.[21]

통계학의 발전

19세기와 20세기를 거치는 동안 통계학이 데이터 분석을 위한 과학으로 정립됩니다. 특히 발전된 확률 이론을 데이터 분석에 적용하여 다양한 통계학 이론이 정립됩니다. 데이터 분석에 사용되는 대표적인 확률 이론은 바로 가우스가 증명한 '중심극한 정리'입니다. 이 정리는 왜 많은 데이터의 히스토그램이 종 모양으로 나오는지에 대한 이론적 근거를 제공합니다. 이러한 확률 이론을 바탕으로 통계학의 핵심인 실험방법론, 추정 및 가설 검정 방법론, 회귀분석 등이 정립됩니다. 영국 과학자 로널드 피셔R. A. Fisher는 1925년에 《연구자를 위한 통계적 방법》, 1934년에 《실험계획법》이라는 저서를 펴내 과학에서 어떻게 데이터가 수집되고 분석되어야 하는지 집대성하여 통계학을 비약적으로 발전시켰습니다. 이러한 공적 덕분에 피셔는 현대통계학의 아버지로 여겨집니다.

피셔의 이론 중 가장 핵심은 '임의화(랜덤화)'입니다. 임의화를 통해서 데이터를 얻으면 인과관계를 알 수 있다는 이론입니다. 데이터로는 인과관계를 알 수 없다는 이전의 믿음을 뒤집은 놀라운 발견이었습니다. 20세기 초에는 식량 증산이 인류의 가장 큰 숙제였습니다. 특히 식량 증산을 위한 새로운 비료의 개발이 크게 관심을 받았습니다. 문제는 새로운 비료의 효과를 측정하는 방법이었습니다. 작물의 성장에 영향을 미치는 요인은 비료 이외에도 토양, 날씨 등 다양한 요인이 존재합니다. 그 당시 과학적 질문은 관측된 작물 수확량에서 비료의 효과만을 따로 분리해 낼 수 있는가였고, 피셔 이전에는 효과의 분리가 불가능하다고 여겨졌습니다. 피셔는 비료 이외의 모든 조건을 랜덤하게 정한다면 비료의 효과 추정이 가능하다는 것을 밝혀냅니다. 이러한 임의화 이론은 현재 모든 과학적 실험에 적용되는 만유의 방법으로 자리매김하고 있습니다.

데이터 광산의 출현

20세기 중반을 넘어서면서 컴퓨터의 발달과 함께 IT기술이 혁신적으로 발달합니다. 이와 더불어 민간 영역, 즉 금융·유통·마케팅·제조 등 다양한 분야에서 엄청난 양의 데이터가 모입니다. 바로 고객의 데이터입니다. 그리고 이러한 데이터를 분석하면 새로운 정보를 찾을 수 있다는 것이 밝혀집니다. 새로운 정보를 포함하고 있는 데이터 광산이 출현한 것이고, 이곳에서 정보를 캐는 것을 데이터마이닝Data Mining이라고 부릅니다. 그리고 데이터 광산에서 새로운 정보를 채굴하는 사람을 데이터 광부Data Miner라고 부릅니다.

1980년대 후반 미국 유통업체 월마트의 판매자료를 IBM에서 분석한 것이 데이터마이닝의 시작으로 여겨집니다. 월마트는 미국에서 제일 큰 유통업체로 우리나라의 롯데마트나 이마트 같은 회사입니다. 월마트에서 고객이 구매한 물건 정보가 계산대에서 바코드 스캐닝을 통해서 모이고 있었습니다. IBM은 이 고객 구매 데이터를 분석하여 판매되는 품목들 사이에 재미있는 결과를 발견합니다. 기저귀를 구매한 고객이 자주 같이 구매하는 상품이 분유나 장난감과 같은 육아를 위한 상품이 아니고 맥주라는 사실을 말입니다. 그것도 목요일에 오후에 이런 현상이 두드러지게 나타났습니다. 나중에 알고 보니 기저귀를 구매한 고객은 육아를 담당하는 엄마가 아니라 직장에서 귀가하는 아빠였습니다. 엄마는 육아로 쇼핑할 시간이 없었겠지요. 아빠가 기저귀를 구매하면서 덤으로 맥주를 구매한 것입니다. 목요일이면 한 주의 끝이고, 지친 심신을 맥주로 달래려고 하는 것 같다는 추정이 가능합니다. 월마트는 이러한 정보를 바탕으로 매장에서 기저귀와 맥주를 가까운 곳에 배치하여 매출을 크게 향상시킬 수 있었습니다.

기저귀와 맥주의 관계 발견 이후 데이터마이닝은 전 산업 분야에 적용되기 시작합니다. 고객의 금융거래 정보를 이용한 신용평가, 상품 구매 정보를 이용한 최적의 마케팅 기법 선택 및 효과 측정, 공정 데이터 분석을 통한 불량 원인 탐색 및 불량률 감소 등 데이터마이닝은 크게 활약하고 있습니다. 모든 기업은 이윤 극대화를 위해 노력하며 그 일환으로 고객이 무엇을 원하는지 알기 위해서 데이터마이닝을 사용하고 있습니다. 여러분이 문자나 이메일을 통해서 수시로 받아 보는 새로운 상품 정보나 특별 할인쿠폰 등은 데이터마이닝의 산물입니다.

빅데이터 시대로 진입

21세기에는 데이터의 새로운 패러다임이 등장하는데 바로 '빅데이터'입니다. 빅데이터는 데이터마이닝의 연장선입니다. 단, 양과 질 측면에서 엄청난 변화가 일어납니다. 먼저 양적 변화 측면에서 데이터마이닝 시대에는 정형화된 데이터(예: 고객별 구매 상품, 공정 온도 등)를 주로 분석했다면, 빅데이터에는 음성·문서·이미지 등의 비정형 데이터까지 포함됩니다. 이렇게 데이터의 범위가 넓어진 배경에는 데이터를 수집하고 저장하는 기술의 발달이 있습니다. 이 기술 덕분에 비정형 자료의 수집 및 저장에 대한 비용이 급속하게 낮아졌습니다. 여러분이 인터넷 쇼핑 회사의 콜센터에 전화를 하면 통화 내역이 녹음되어 데이터로 저장되고 분석됩니다. 나아가 스마트폰의 다양한 센서를 통해 여러분의 이동 경로도 쉽게 수집할 수 있게 되었습니다.

데이터마이닝에 비하여 빅데이터에 질적인 변화가 발생한 데에는 데이터를 수집하는 이유와 관련 있습니다. 데이터마이닝에서 분석하는 데이터는 대부분 기업의 영업 활동에 필수적인 데이터였습니다. 은행은 고지서를 보내기 위해서 고객의 주소를 모으고, 슈퍼는 재고관리를 위해서 판매 상품에 대한 데이터를 모으고, 제조업에서는 원가 및 세금 계산을 위해서 데이터를 저장합니다. 반면에 빅데이터는 영업과는 무관한 데이터를 포함합니다. 콜센터 통화 내역, 위치 정보, 공정 자료 등은 특별히 기업의 영업 활동에는 필요하지 않습니다. 이러한 불필요한 데이터를 모으는 이유는, 이 데이터를 분석하면 새로운 가치를 찾을 수 있기 때문입니다. 기업이 영업을 위해서 데이터를 모으는 것이 아니라 새로운 가치를 찾기 위한 목적으로 모으는 데이터가 바로 빅데이터입니다.

기업의 영업 활동을 위해서 모으는 데이터에는 결점이 있으면 안 됩니다. 여러분이 신용카드로 1000원을 썼는데 고지서에 1만원으로 나오면 매우 화가 날 것입니다. 그래서 기업의 영업 활동에 필요한 데이터는 매우 비싼 IT 시스템을 사용하여 결점 없이 모읍니다. IT 시스템이 매우 비싸기 때문에 되도록 이면 데이터를 모으지 않으려고 합니다. 즉, 기업 영업 활동에 꼭 필요하지 않은 데이터는 모으지 않습니다. 반면에 빅데이터는 기업 활동과 무관한 데이터를 모으기 때문에 어느 정도의 오류가 허용됩니다. 그 대신 싸고 많은 데이터를 모아야 합니다. 이와 관련한 IT 기술을 처음으로 개발한 회사가 구글이며 빅데이터의 시초라고 평가받고 있습니다.

구글은 인터넷에 떠다니는 엄청난 데이터를 모아서 검색 서비스를 시작했습니다. 특히 엄청난 양의 데이터를 매우 저렴하게 저장하고 정리하고 찾을 수 있는 기술을 개발합니다. '구글 파일 시스템'이라는 기술은 2004년에 학회를 통해서 일반에게 공개되었으며 빅데이터 기술이 전 세계로 뻗어나가는 계기가 되었습니다.

사실 빅데이터를 모은다고 항상 새로운 가치를 찾을 수 있는 것은 아닙니다. 100번 분석하면 1번 정도 새로운 가치를 찾습니다. 따라서 회사의 최고결정권자는 빅데이터 수집 및 분석을 위하여 많은 비용을 선뜻 지불하기를 꺼립니다. 데이터마이닝 시대와 대비됩니다. 데이터마이닝 시대의 데이터는 기업 영업 활동에 필수적이기 때문에 많은 비용을 지불하여 데이터를 관리했지만, 빅데이터는 상황이 다릅니다. 빅데이터가 없어도 회사 영업에는 당장 지장이 없기 때문에 빅데이터의 투자에는 항상 신중을 기합니다.

이러한 빅데이터의 장벽은 구글 파일 시스템 덕분에 쉽게 해결할 수 있었습니다. 큰 비용을 들이지 않고 빅데이터를 모을 수 있는 구글의 기술로 많은 기업이 빅데이터를 모으고 분석하기 시작했고, 현재 엄청난 효과를 보고 있습니다. 유튜브의 콘텐츠 추천, 페이스북의 광고 추천, 아마존의 물류 최적화, 우리나라 반도체 제조 회사의 초격차 반도체 생산 등은 빅데이터가 만들어낸 새로운 기회입니다. 그리고 이들 분야가 현재 세계시장을 선도하고 있습니다.

데이터과학의 융성

데이터는 계속해서 발전하고 있습니다. 국가 통치를 위한 데이터에서 과학을 위한 데이터로, 나아가 기업 경쟁력 제고를 위한 데이터, 그리고 현재는 각 분야에서 새로운 가치를 창출하기 위한 데이터로 그 역할 및 영역을 계속 확장하고 있습니다. 그러나 데이터 자체로는 그 힘을 발휘하지 못합니다. "구슬도 꿰어야 보배"라는 속담처럼 데이터도 잘 분석해야 그 가치를 발휘합니다. 데이터에서 잡음을 제거하고 정보만을 찾아야 합니다. 이를 위한 데이터 분석의 핵심에 데이터과학이 있습니다.

오늘날 빅데이터와 인공지능으로 대표되는 4차 산업혁명의 핵심요소로서 데이터과학에 대한 관심이 매우 높아지고 있습니다. 21세기 대부분의 첨단 과학기술 분야에 데이터과학이 심장처럼 작동하고 있습니다. 2012년 미국 하버드대학교에서 발행하는 〈하버드 비즈니스 리뷰〉에서 데이터과학자를 21세기의 '가장 매력적인 직업'sexiest job이라고 평가했습니다.

현재 국가와 기업의 경쟁력은 유능한 데이터과학자를 얼마나 많이 그리고 빨리 확보하느냐에 달려 있습니다. FANG(Facebook, Amazon, Netflix, Google) 등의 글로벌 IT 선도 기업에서 데이터과학자에 대한 수요가 폭증하고 있습니다. 고액 연봉을 제시하며 전 세계의 유능한 데이터과학자를 유치 중입니다. 미국과 함께 BIG2인 중국도 데이터과학에 국가의 운명을 걸고 있습니다. 알리바바, 텐센트, 바이두 등의 중국 IT 선도 기업도 인력 확보에 엄청난 노력을 기울이고 있습니다. 국내에서도 네이버와 카카오 등의 데이터과학 선두 기업이 앞다퉈 데이터과학 혁신 인재를 채용 중입니다. 나아가 대표적인 반도체 제조 회사인 삼성전자와 SK하이닉스도 초격차 반도체 생산을 위한 데이터과학에 많이 투자하고 있습니다. 정부도 이에 발맞춰 2020년 국정과제로 '디지털 뉴딜' 정책을 발표했는데 그 핵심에 '데이터 댐'이 있습니다. 바야흐로 데이터과학의 전성시대가 활짝 열리고 있습니다. 데이터과학은 22세기에도 가장 매력적인 직업이 될 것 같습니다.

네 번째 과학

꿈의 촬영에서 중력파 검출까지

제4의 물결: 데이터

21세기 과학에서도 데이터가 맹활약하고 있습니다. 마이크로소프트에서 2009년에 출간된《네 번째 패러다임》에서는 이러한 학문적 흐름을 잘 보여줍니다. 이 책은 과학의 발전 단계를 (1) 실험과학, (2) 이론과학, (3) 계산과학, (4) 데이터과학의 4단계로 구분하며 [그림 1]과 같이 도식화할 수 있습니다.

실험과학은 실험을 통하여 새로운 과학적 사실을 파악하는 방법으로 그 역사가 수천 년에 이릅니다. 이론과학은 과학적 사실에 대한 이론을 개발하는 방법으로 뉴턴의 만유인력이나 아인슈타인의 상대성이론 등을 지칭하며 수백 년의 역사를 가지고 있

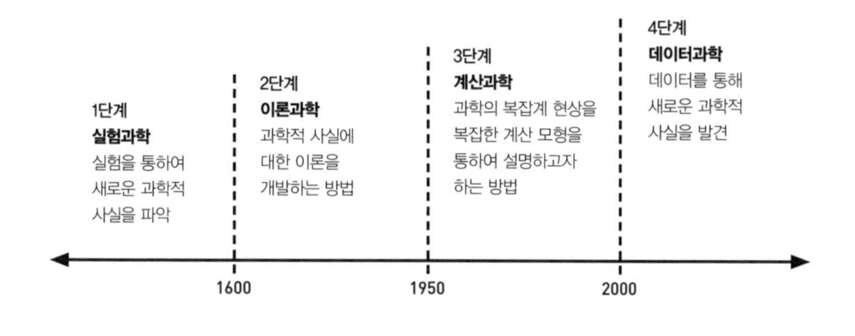

그림 1 과학의 발전 단계

습니다. 계산과학은 과학의 복잡계 현상을 복잡한 계산 모형을 통하여 설명하고자 하는 방법으로서, 기상예보, 해류 모형화 등이 대표적인 예이며 20세기에 태동한 분야입니다. 데이터과학은 데이터를 통해 새로운 과학적 사실을 발견하고자 하는 학문을 지칭하는 것으로서 그 역사는 20년 미만으로 가장 최신의 학문 조류입니다.

다른 3개의 과학적 접근법에 비해 데이터과학은 매우 복잡한 문제를 가장 효율적으로 해결할 수 있는 방법으로 인식되고 있으며, 앞으로의 과학에서 중추적인 역할을 할 것입니다. 데이터과학 시대에는 규모가 크고 복잡할 뿐 아니라 형태도 다양한 데이터를 수집하고 분석하는 것이 과학의 새로운 추세입니다.

이 장에서는 과학에서 데이터의 역할을 살펴보겠습니다. 뇌과학, 물리학, 기후학 분야에서 데이터가 어떻게 사용되는지를 알아보겠습니다. 그리고 데이터를 이용한 과학자의 활약에 대해서도 살펴보겠습니다.

꿈을 촬영하다

모든 인간은 잠을 자는 사이에 꿈을 꿉니다. 그러나 꿈에 대한 해석, 기능, 의미는 제각각 다릅니다. 장자莊子는《장자》〈제물론편齊物論篇〉에서 "언젠가 내가 꿈에 나비가 되었다. 훨훨 나는 나비였다. 내 스스로 아주 기분이 좋아 내가 사람이었다는 것을 모르고 있었다. 이윽고 잠을 깨니 틀림없는 인간 나였다. 도대체 인간인 내가 꿈에 나비가 된 것일까, 아니면 나비가 꿈에 이 인간인 나로 변해 있는 것일까"라고 말했는데, 장자는 꿈을 다른 세상으로 여행의 경험으로 인식하고 있는 듯합니다.

꿈을 과학적으로 해석하려는 최초의 접근법은 프로이트로부터 시작되었습니다. 프로이트는 1900년에 출간한 책《꿈의 해석》에서 꿈은 무의식으로 가는 통로이며, 무의식 속에 존재하는 인간의 욕망이나 불안의 투영이라고 보았습니다. 프로이트 이후 꿈에 대한 다양한 과학적 설명이 제안되었습니다. 낮 동안 축적된 정보 중 더 이상 필요 없는 정보를 정리하는 작업이 필요하고 이것이 주관적 꿈 경험으로 나타난다고 생각하는 이론, 우리 생존에 중요성을 갖는 여러 정보, 즉 걱정·염려·욕구·불확실성을 꿈으로 다시 고려하고 처리한다는 이론, 대뇌 뇌간의 신경전달 물질의 변화로 신경흥분이 발생하고 이것들이 뇌를 자극하여 그럴듯한 시나리오를 구성한다는 이론 등이 존재합니다.

하지만 꿈을 연구하는 다양한 과학적 접근법에는 한계가 있는데, 그중 가장 어려운 부분은 바로 우리가 꾸는 꿈에 대한 객관적인 자료를 얻기 힘들다는 것입니다. 인터뷰를 통한 사례분석은 인터뷰를 하는 사람의 기억에 전적으로 의존하여 객관성이 떨어지며, 생리심리학적 접근법은 수면과 꿈에 대한 물리적·화학적 관계의 규명에 유용할 수 있으나, 꿈의 내용이 가지는 의미와 해석 등에 대해서는 정보를 제공하지 못합니다.

꿈을 객관적인 자료로 변환하려는 시도가 아주 조심스럽게 진행되고 있습니다. 2011년 〈이코노미스트〉에서는 미국 버클리대학교 연구진이 빅데이터를 이용하여 개발한, 아주 작지만 의미 있는 방법론을 소개했습니다. 연구진은 영상 정보와 시각 반응 정보의 관계를 모형화하고, 이 모형을 통해 대뇌피질에서 얻은 반응만 이용해 시각 정보를 재구성하고자 했습니다. 이 기술을 통해 꿈이나 마음속에서만 그려지는 영상을 다른 사람이 볼 수 있는 실제 영상 정보로 복원하는 일이 가능해진다는 것입니다. 이와 유사한 기존 연구가 정적인 대상에 대한 시각 정보의 처리에 국한되었다면, 이 연구는 동적인 영상을 처리하는 대뇌 신호와 실제 영상 정보의 관계를 모형화한 첫 번째 시도로 주목을 받았습니다.

이 연구팀은 여러 사람에게 다양한 영상을 몇 시간 동안 보여주면서 대뇌에서 일어나는 변화를 fMRI를 통해 수집합니다. fMRI는 MRI의 동영상 버전이라고 생각하면 됩니다. MRI는 CT와 함께 뇌의 단층을 촬영하는 대표적인 기술인데, 이 기술은 뇌의 정적인 상태만을 보여줍니다. 즉, 사진기와 같은 역할을 합니다. 이에 비해 뇌의 활동을 동영상을 촬영하듯이 볼 수 있는 방법이 fMRI입니다. 우리가 어떤 자극을 받으면 뇌의 여러 부분이 반응하고 이러한 뇌의 반응의 변화를 실시간 3차원으로 얻을 수 있는 장치입니다. fMRI는 현재 뇌과학 발전의 원동력이 되는 핵심 실험장치로 사용되고 있습니다. fMRI를 이용하여 자폐증 환자와 정상인의 차이가 뇌의 구조가 아니라 뇌가 특정 자극에 반응하는 방식의 차이라는 것이 밝혀지기도 했습니다.[22]

버클리대학교 연구팀은 연구에 지원한 피실험자를 대상으로 영상을 보여주고 fMRI 데이터를 모았습니다. 그리고 놀랍게도 fMRI 데이터를 입력으로, 영상을 출력으로 하는 예측 모형을 만들었습니다. 이제는 fMRI 데이터만 있으면 머릿속 영상을 재현할 수 있습니다. 여러분이 fMRI 기계 안에서 잠을 자면 여러분의 꿈을 촬영할 수 있습니다. 휴대용 fMRI도 곧 나올 예정이니, 스마트폰으로 사진을 찍듯이 꿈을 찍을 날도 멀지 않았습니다.

fMRI 정보를 이용하여 꿈을 재생하려는 노력은 이전에도 있었습니다. 단, 이전에는 fMRI 정보와 꿈 정보의 관계를 복잡한 수식으로 알아내려고 노력했지만 번번이 실패했습니다. fMRI 정보와 꿈 정보가 너무 복잡해서 인간이 이해하는 수식으로 나타내는 것이 거의 불가능했기 때문입니다.

버클리대학교 연구팀은 예측 모형 구축을 위해 유튜브에 있는 동영상 빅데이터를 이용했습니다. 유튜브는 동영상 공유 사이트로, 사용자가 영상 클립을 업로드하거나 보거나 공유할 수 있습니다. 2005년 2월에 페이팔 직원이었던 채드 헐리Chad Meredith Hurley, 스티브 천Steve Shih Chen, 자베드 카림Jawed Karim이 공동으로 창립했습니다. 2006년 10월에 구글이 주식 교환을 통해 유튜브를 16억 5000만 달러에 인수한 후 현재 유튜브는 엄청난 미디어 혁명을 이끌고 있습니다. 유튜버라는 새로운 직업이 크게 각광받으며 일부 유명 유튜버는 고수익을 올리고 있습니다. 반면에 TV 시청률은 계속 떨어지고 광고효과도 급감하고 있습니다. 1979년에 그룹 버글스The Buggles는 〈Video killed the radio star〉라는 노래를 통해서 영상매체가 라디오를 망하게 할 것이라고 주장했는데, 현재는 'Youtube kills the TV star'로 고쳐야 할 것 같습니다.

유튜브의 동영상을 이용하여 꿈을 찍는 기술을 간략하게 설명하면 다음과 같습니다(그림 2 참고). 유튜브에 있는 다양한 동영상을 수많은 피실험자에게 보여주고 fMRI 정보를 얻은 후(그림 A), 이를 데이터베이스화합니다(그림 B). 그리고 새로운 fMRI 정보가 입력되면 이 정보와 가장 유사한 fMRI 정보를 데이터베이스에서 찾은 후(그림 C), 관련 유튜브 동영상을 결합하여 해답으로 보

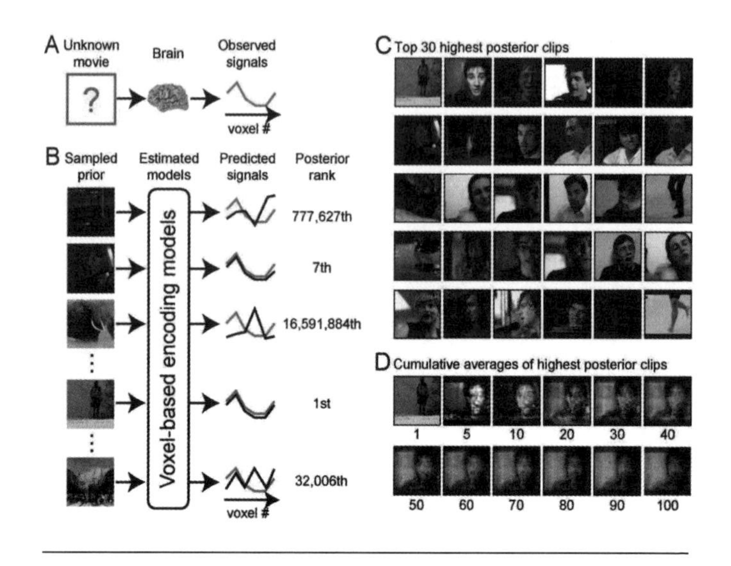

그림 2 꿈을 찍는 방법(출처: *Current biology*, 21, 1641–1646, 2011)

여줍니다(그림 D). 실험 결과 최소한 보고 있는 영상이 사람인지 아닌지, 정지 상태인지 아니면 움직이고 있는지에 대한 여부는 어느 정도 알아낼 수 있었습니다.

꿈을 이해할 수 있으면 꿈을 주입할 수도 있을 것입니다. 꿈이 주입되는 상상의 세상을 소재로 전 세계적으로 큰 인기를 끈 영화로 〈매트릭스〉(1999)와 〈인셉션〉(2010)이 있습니다. 이 두 영화의 인기를 보면 인간의 무의식에 대한 우리의 관심이 얼마나 큰지 잘 보여줍니다. 버클리대학교 연구진이 개발한 꿈을 찍는 기술은 현재 꿈을 주입하는 단계로 발전하고 있습니다. 자고 있는 사람의 뇌의 특정한 부분을 자극하면 특정한 꿈을 꾸게 할 수도 있습니다. 현재 인류는 무의식을 향한 여정을 시작했습니다. 그리고 이 여정은 유튜브의 동영상 데이터 없이는 불가능했을 것입니다. 빅데이터가 새로운 세계를 열고 있는 것입니다. 앞으로 빅데이터가 어떤 새롭고 놀라운 기술을 파생시킬지 궁금해집니다.

우주 근원으로의 여행

인간은 외부 정보의 대부분을 눈으로 얻습니다. 이를 관찰한다고 표현합니다. 그리고 눈은 빛을 감지하는 기관입니다. 즉, 인간은 외부 상황에 대한 대부분의 정보를 빛으로 변환하여 눈으로 탐지합니다. 앞에 있는 사람이 적인지 아군인지도 빛으로 확인하고 창밖에 비가 오는지 눈이 오는지도 빛으로 확인합니다.

우주를 연구할 때도 비슷합니다. 우주에 있는 별에서 나오는 빛을 탐지하고 이 정보를 이용하여 우주가 언제 태어났고 어떻게 자랐고 현재는 어떤 상태이며 앞으로는 어떻게 커갈지를 알아냅니다. 지구는 태양계의 한 행성이라는 것, 별들은 은하에 모여 있으며 맑은 하늘에 눈으로 관측할 수 있는 별이 사실은 은하라는 것을 알아냈습니다. 나아가 우주는 계속 팽창하고 있다는 사실도 알아냈습니다.

빛으로 우주를 관측하는 일은 시간을 거슬러 올라가는 매우 흥미로운 작업입니다. 3만 광년 떨어진 별의 폭발을 지구에서 오늘 관측했다면, 이 폭발은 오늘 일어난 것이 아니고 오늘로부터 3만 년 전에 일어난 사건입니다. 망원경을 통해 지구에서 오늘 관측하는 수많은 사건이 사실은 모두 다른 과거에서 일어난 사건입니다. 이 시간의 흐름을 잘 정리하면 계속 성장 중인 우주의 성장 과정을 살펴볼 수 있습니다. 특히 우주의 시작인 빅뱅이 어떠했는지도 알아낼 수 있을 것입니다. 엄청난 자금을 투자하여 허블망원경이나 거대 전파망원경 등을 만드는 이유는 우주의 근원을 알고 싶은 인간의 호기심 때문입니다.

그러나 이론에 의하면 빅뱅 초기에는 빛이 없었습니다. 모든 우주의 물질이 한 점에 모여 있어서 질량이 너무 컸고, 질량이 너무 큰 경우에는 빛이 나오지 않는다고 합니다. 블랙홀을 생각해보면 됩니다. 블랙홀이란 질량이 엄청나게 큰 별로 빛이 나오지 않아서 망원경으로는 관측이 되지 않는 천체입니다. 보이지 않으므로 어디인지 알 수 없고, 시초를 알지 못하니 우주에 대한 근원적인 해답을 찾는 것은 불가능해 보입니다.

그러나 다행히도 아인슈타인은 초기 우주를 알 수 있는 힌트를 우리에게 남겼습니다. 아인슈타인이 증명한 일반상대성이론에 의하면 초기 우주에는 빛은 나오지 않지만 중력파라는 참 이해하기 어려운 존재가 나온다고 합니다. 중력파를 이해하는 것은 매우 난해하지만 여기서는 그냥 바다의 파도 같은 파동이라고 이해하겠습니다. 단 망원경으로는 관측이 되지 않는 파동입니다. 빛이 아닙니다.

과학자들은 이론상 존재하는 중력파를 실제로 관측하려고 시도합니다. 그리고 2015년 9월 14일, 드디어 중력파를 직접 관측하는 데 성공합니다. 아인슈타인의 일반상대성이론이 1916년에 나왔으니 실로 100년 만의 쾌거입니다. 중력파 관측에 성공한 3명의 물리학자는 2017년에 노벨물리학상을 수상했습니다. 2015년에 중력파 관측이 가능했던 데에는 정밀한 측정기의 발전과 더불어 데이터가 핵심 역할을 합니다. 이전의 중력파 관측에서는 시도되지 않았던 데이터 기반 방법론이 사용되었습니다.

중력파 관측 방법은 의외로 간단(?)합니다. 이론적인 중력파의 파동을 슈퍼컴퓨터로 계산합니다. 그리고 중력파 관측소LIGO에서 관측되는 파장 중 이론적인 파장과 유사한 파장을 찾으면 됩니다. 물론 정합성 검증을 위해서 관측소 1곳이 아니고 여러 곳에서 측정하고 관측된 여러 개의 파장이 모두 이론에 부합되는지 확인하면 됩니다.

방법은 이렇게 단순해도 풀기 어려운 문제가 있습니다. LIGO에서 관측되는 파장에는 중력파 이외에 수많은 파장이 다 섞여 있었던 것입니다. 가장 가까이에서는 교류전류의 60헤르츠 신호가 항상 전자기 잡음으로 기록되고, 주변 사람의 움직임과 인근 도로의 자동차, 심지어는 기차의 통행에서 라디오 신호에 이르기까지 모두 잡음으로 LIGO의 관측에 영향을 미칩니다. 즉, LIGO가 관측하는 파장은 중력파와 함께 수많은 잡음이 섞여 있었습니다. 잡음을 제거해야 하는데, 문제는 잡음을 일으키는 요소가 너무 많다는 것입니다. 우리 주위의 모든 행동이 잡음으로 기록되기 때문입니다.

2015년 연구에서는 관측된 파장에서 잡음을 제거하는 작업에 데이터과학을 사용했습니다. 특정한 요인(예: 교류전류)으로 생기는 파장의 모양을 안다면, LIGO 관측 파장에서 이 잡음 파장을 쉽게 제거할 수 있습니다. 불순물의 종류를 알면 정수기에서 쉽게 걸러낼 수 있는 원리와 비슷합니다. 정수기에서 필터를 사용하여 불순물을 거르듯이 관측된 파장에서 알고 있는 특정한 잡음을 제거하는 방법도 필터라고 부릅니다. 물론 서로 다른 잡음에는 서로 다른 필터를 사용해야 합니다.

그런데 모든 잡음에 대한 파장을 실험으로 알아내는 것은 거의 불가능해 보입니다. 발생할 수 있는 잡음이 너무 많아서 대응되는 파장도 너무 다양하기 때문입니다. 이 장면에서 데이터과학이 등장합니다. 바로 '클라우드 소싱'cloud sourcing이라는 아주 특별한 데이터과학 방법론이 사용됩니다. 클라우드 소싱이란 기계학습이나 인공지능에 필요한 데이터를 일반인의 참여로 모으는 방법입니다. 개와 고양이를 구별하는 인공지능 알고리즘을 개발하려면 개와 고양이 사진 수백만 장을 보유해야 합니다. 사진은 인터넷에서 가지고 오면 되지만 사진 속의 동물이 개인지 고양이인지 아니면 이도 저도 아닌지를 알려면 사람이 직접 사진을 보아야 합니다. 이러한 작업에 일반인이 참여하는 것이 크라우드 소싱입니다. 대중crowd으로부터 노동력을 얻는다sourcing는 뜻의 합성어입니다. 크라우드 소싱에 참여하는 사람은 무료 또는 유료로 일을 합니다. 2020년 우리나라 국정과제 중 하나인 '데이터 댐'의 핵심 사업 중 하나 역시 유료 크라우드 소싱입니다.

다시 중력파로 돌아와서, 중력파 검출을 위해서 먼저 다양한 잡음을 LIGO에서 관측하게 합니다. 그리고 자원한 수많은 과학 꿈나무는 저장된 잡음들을 보고 비슷한 것끼리 묶은 다음, 묶은 잡음이 기존에 알려진 잡음인지 아니면 새로운 잡음인지를 알아냅니다. 이러한 작업을 많이 반복하면 다양한 종류의 잡음에 대한 파장을 얻을 수 있고 나아가 제거할 수 있는 필터도 만들 수 있습니다. 2015년의 중력파는 이렇게 만들어진 잡음제거 필터들을 사용하여 관측되었습니다. '그래비티 사이'Gravity Psy라는 이름의 이 프로젝트는 현재도 홈페이지(https://www.zooniverse.org/projects/zooniverse/gravity-spy)에 접속하여 누구나 참여할 수 있습니다. 아직도 정체를 알 수 없는 수많은 잡음이 우리 주위에 존재하기 때문에 그래비티 사이 프로젝트는 계속되어야 합니다.[23]

LIGO 검출기의 검출 기술이 발달할수록 잡음을 기록할 능력도 증가합니다. 그리고 잡음 제거 기술 없이는 관측된 파장이 중력파인지 알 수 있는 방법은 없습니다. 기존의 수많은 실험이 실패한 이유는 잡음을 데이터가 아니라 논리로 제거하려고 했기 때문입니다. 이제 중력파 관측의 핵심에 데이터가 있고, 인류 근원을 향한 탐구에 데이터과학이 함께하고 있습니다.

지구온난화

21세기 인류가 직면한 큰 문제 중 하나는 이상기후일 것입니다. 2020년 여름에 한국에서는 무려 50일 이상 장마가 이어졌는데, 기후 관측이 시작된 이후 가장 긴 장마였습니다. 이 동안 발생한 기록적인 집중호우로 수십 명의 사상자가 발생했습니다. 이웃 중국에서는 집중호우로 지상 최대 댐인 샨샤댐이 붕괴될 것이라는 괴담이 돌기도 했습니다. 시뮬레이션에 따르면 샨샤댐이 붕괴할 경우 3억 명 이상의 인명 피해가 발생한다고 하니 기상이변이 한 나라의 붕괴로 이어질 수도 있을 것 같습니다.

이러한 기상이변은 우리나라만의 문제는 아니고, 전 지구촌의 문제입니다. 하와이에 눈이 오고, 네바다주의 사막에 폭우가 내리고, 사하라사막에 눈이 내리는 믿기지 않은 일도 목격됩니다. 가뭄과 폭염도 우리를 괴롭힙니다. 인도의 여섯 번째 대도시인 첸나이 지방에서는 2019년에 무려 196일 동안 비가 내리지 않는 극심한 가뭄을 겪었습니다. 프랑스의 가르주에서는 7월 평균 온도가 45.9도로 관측사상 최고를 기록했으며, 프랑스뿐 아니라 인근 대부분의 국가에서 비슷한 일을 경험했습니다.

기상이변의 원인으로 대부분의 과학자는 지구온난화를 꼽습니다. 지구가 급격하게 더워지고 있다는 것입니다. 지구의 기온은 지난 100여 년 동안 0.85도 정도 상승했습니다. 과학자들은 1.5도 이상 더워지면 지구 생태계에 큰 문제가 생길 것이라고 예상하는데 현재의 추세로 보면 그 시점이 얼마 남지 않은 것 같습니다. 그리고 이러한 지구온난화의 주범으로 이산화탄소를 포함한 온실가스가 지목되고 있습니다.

대부분의 이산화탄소는 인간이 사용하는 화석연료에서 나옵니다. 이산화탄소 배출량이 1960년대에는 연간 0.6피피엠ppm 정도에 불과했지만, 1970년대에는 연간 2.3피피엠까지 4배가량 치솟았다고 합니다. 산업혁명 이후 인간을 풍요롭게 했던 많은 기술이 지구를 괴롭혔던 것입니다. 그리고 조용히 참았던 지구가 더 이상 아픔을 참지 못하고 인간에게 지구온난화를 멈춰달라고 호소하고 있습니다.

인류도 이러한 지구의 몸짓에 대답했습니다. 2015년에 파리에서 채택된 국제조약이 이듬해인 2016년에 유엔에서 가입국 195개 국가의 만장일치로 채택됩니다. 지구 평균온도 상승 폭을 산업화 이전 대비 2도 이하로 유지하고, 더 나아가 온도 상승 폭을 1.5도 이하로 제한하기 위해 함께 노력하기 위한 협약입니다. 각국은 온실가스 감축 목표를 스스로 정해 국제사회에 약속하고 이 목표를 실천해야 하며, 국제사회는 그 이행을 공동으로 검증하게 됩니다. 세계 7위의 온실가스 배출국가인 한국은 2030년까지 전망치 대비 37퍼센트의 온실가스 감축을 목표로 동참하고 있습니다.

이렇듯 모든 국가와 모든 사람들이 동의하는 것 같은 지구온난화에 대해서도 여러 가지 다른 목소리가 있다는 것은 놀랍습니다. 미국 트럼프 대통령은 재임 기간 동안 기후변화가 인간의 화석연료 사용에 기인하는 온실가스 배출과 무관한 자연현상이라는 입장을 취해왔으며, 급기야 2017년 6월 2일 파리기후변화협정 탈퇴를 공식 선언했습니다. 트럼프 대통령이 기후변화협정을 탈퇴한 이유는 이 협정이 미국 경제에 악영향을 미치기 때문입니다. 기후변화협정의 핵심은 온실가스 감축인데, 보통 제조업이 발달한 선진국이 온실가스를 많이 배출하므로 이를 줄일 경우 선진국의 경제 피해가 개발도상국에 비해서 더 큽니다. 이 부분을 트럼프 대통령은 좋아하지 않았습니다.

언뜻 보면 트럼프 대통령이 이상해 보입니다. 모든 국가와 모든 과학자가 동의하는 온실가스의 폐해를 인정하지 않는 것이 세계 최강국의 대통령이 취할 수 있는 자세는 아닌 것 같습니다. 하지만 트럼프 대통령의 결정을 옹호하는 다양한 과학적 이론이 있습니다. 이러한 이론들은 한결같이 지구온난화의 원인이 온실가스가 아니라고 주장합니다. 빙하기를 통해 알 수 있듯이 지구는 원래 주기적으로 더워지고 추워진다는 이론도 있습니다. 이 이론에 따라 현재는 그냥 주기적으로 지구가 더워지는 시기라는 것입니다.

지구온난화가 태양의 활동 때문이라는 이론도 있습니다. 과거 지구가 더워지는 기간 동안 태양의 흑점 수가 꾸준히 증가해왔으며, 이 데이터는 태양 활동이 지구의 기후에 영향을 주어 지구 온난화를 일으킨다는 것을 보여준다고 주장합니다. 나아가 지구 온난화가 꼭 나쁜 것만은 아니라는 주장도 있습니다. 과거의 빙하기 시대에 비하면 작금의 온난화 시대가 인간이 살기에 더 좋다는 것입니다.

온실가스와 지구온난화에 대한 다양한 과학적 반론이 있음에도 불구하고 미국을 제외한 어떠한 나라도 기후변화협정에서 탈퇴하지 않았습니다. 미국이 세계 최강대국인 것을 감안하면 상당히 놀라운 사건입니다. 반대로 미국의 기후변화협정 탈퇴는 국제적으로 거센 반발에 직면하고 있습니다. 프랑스, 독일, 영국, 캐나다 등 세계 선진국의 지도자들은 일제히 미국의 탈퇴 결정을 아주 강한 어조로 비판했으며, 심지어는 미국 위주로 구축된 세계질서의 변화까지도 언급했습니다. 미국 내에서의 반발도 만만치 않았습니다.

미국의 기후변화협정 탈퇴 소식에서 과학과 정치의 충돌을 목격할 수 있습니다. 미국 NASA가 발표한, 지구의 표면온도를 관측하기 시작한 1880년 이후로 2015년의 온도가 가장 높았다는 통계는 기후변화의 심각성을 잘 보여줍니다. 하지만 이러한 통계가 기후변화에 대한 확실한 증거인지, 나아가 기후변화가 인간의 화석연료 사용 때문인지에 대해서는 좀 더 논의가 필요해 보입니다. 130년 정도 쌓인 관측 자료로 45억 살 된 지구의 변화를 이야기하는 것은 논리적 비약일 수 있습니다. 지구는 오랫동안 여러 번의 빙하기를 포함하여 다양한 기후변화를 경험했기 때문에 현재의 지구온난화가 자연스러운 지구의 변화일 수 있다는 이론도 있습니다.

하지만 대부분의 과학자는 기후변화는 일시적인 현상이 아닌 인류가 만들어낸 재앙이라는 데 동의하고 있으며, 각국은 기후변화로 나타나는 재앙을 막기 위한 다양한 행동에 참여하고 있습니다. 파리기후변화협정의 놀라운 점은 195개국의 국가가 기후변화라는 과학적 사실을 동시에 인정했다는 것입니다. 미국에 의해서 국제적 문제국가로 낙인찍히고 있는 중국도 파리 협정 체결 이후 2020년까지 재생에너지 생산에 360억 달러를 투자하겠다고 발표했습니다. 세상을 바꾸는 과학의 힘을 엿볼 수 있습니다. 사실 1990년대 이전에 지구온난화에 대한 연구는 요즘처럼 크게 각광을 받지 못했습니다. 하지만 이름 없는 과학자들이 호기심과 사명감으로 지구온난화를 연구해왔으며, 이러한 노력의 결실이 파리기후변화협정으로 나타났습니다.

대부분의 국가가 온실가스와 관련된 이론을 받아들이고 희생을 각오하는 이유는 이를 뒷받침할 수 있는 데이터가 있기 때문입니다. 45억 살 지구의 변화를 이야기하려면 최소한 10만 년 정도 규모의 데이터가 있어야 합니다. NASA나 기상청이 가진 데이터는 고작해야 수백 년밖에 안 됩니다. 최근의 급격한 기온 상승과 온실가스의 증가가 지구가 경험하지 못한 특별한 사건인지를 알려면 10만 년 전부터 지구의 온도와 온실가스의 양이 어떻게 변화했는지를 살펴봐야 합니다. 그런데 10만 년 전에는 인간도 살지 않았던 터라 기록이 남아 있을 리 없습니다. 지구온난화에 대한 과학적 논의는 불가능해 보입니다.

하지만 수십만 년 전 지구의 대기 상태를 알 수 있는 방법이 있습니다! 바로 빙하입니다. 수십만 년 된 빙하에 있는 기포를 분석하면 그 당시 지구 대기에 대한 데이터를 얻을 수 있습니다. 지구온난화와 관련하여 세계적인 과학자인 미국의 로니 톰슨Lonnie Thompson은 1990년대 말에 호기심과 사명감으로 과학자의 역할을 훌륭히 수행했습니다. 톰슨의 전공 분야는 빙하를 채취하고, 빙하에 존재하는 기포를 분석하여 무려 6만 5천 년 전의 지구 대기를 복원하는 작업이었습니다. 이를 통하여 과거 6만 5천 년 전부터 현재까지의 온실가스 양을 측정할 수 있었고, 현재 경험하는 지구온난화가 결코 지구의 자연스러운 변화가 아니라는 것을 과학적으로 증명할 수 있게 되었습니다. 미국을 제외한 모든 국가가 온실가스 감축을 위해서 노력하는 이유는 톰슨이 빙하에서 얻은 데이터의 연구 결과 덕분이었습니다.

톰슨은 젊은 시절에 크게 각광 받지 못했습니다. 근무했던 대학교에서 꽤 긴 시간을 연구교수로 남아 있었으며, 많은 연구자가 북극이나 남극의 빙하에 대하여 연구할 때 톰슨은 관심이 상대적으로 적었던 에베레스트산이나 킬리만자로산 등에 있는 적도 지방의 만년설을 연구했습니다. 그러다가 21세기 초에 적도 지방의 정보가 기후변화 연구에 핵심이 된다는 것이 밝혀지면서 톰슨은 이 분야의 최고의 권위자로 부상했습니다. 역설적으로 적도 지방의 만년설이 급격히 사라져서 톰슨의 냉장고에 남아 있는 적도 지방의 빙하가 기후변화 연구의 핵심 소재로 사용되고 있습니다.

인류에게 대부분의 비극은 문제를 해결하지 못한 것이 아니라 문제를 인지하지 못한 데에서 시작합니다. 기후변화에 대한 전 세계의 의견 일치는 과학자의 역할이 무엇인지 잘 보여줍니다. 묵묵히 데이터를 모으고 이를 분석하여 연구를 수행하고 종래엔 문제를 인지할 수 있도록 하는, 이름 없는 과학자들의 노고에 경의를 표합니다.

3장

건강한 사회를 위하여

질병과의 전쟁

질병도 데이터로 물리친다

의학은 인간을 질병으로부터 구하고 건강을 모색하는 학문입니다. 의학의 3가지 분야는 환자의 아픈 이유를 알아내는 진단, 환자의 병을 고치는 치료, 그리고 아프지 않는 방법을 연구하는 예방입니다. 의학은 근대과학 출현 이전에는 주로 경험을 바탕으로 발전했습니다. 기원전 280년경 고대 그리스에서 편찬된 히포크라테스의 《히포크라테스 선서》, 중국의 춘추·전국 시대에 완성된 《황제내경》, 조선의 허준이 집대성한 《동의보감》 등은 그 당시 의사의 경험을 정리한 의학 서적입니다.

뉴턴의 만유인력 이후 근대과학의 출현과 함께 의학도 근대과학의 한 분야로 자리매김합니다. 물리학·화학·생물학 등의 지식을 인간에게 적용하여 병을 고치는 방법을 연구하기 시작했고 성과도 대단했습니다. 항생제가 개발되어서 균에 의한 사망을 획기적으로 줄였습니다. 중세 시대의 공포의 대상이었던 페스트도 이제는 소설에서나 찾아볼 수 있습니다. 마취제가 개발되어서 외과 수술이 가능해졌고 치료 범위가 획기적으로 넓어졌습니다. X-ray, CT, MRI 등 진단기기의 발전으로 많은 병의 원인을 눈으로 확인하여 정확하게 알아낼 수 있게 되었고, 백신의 발전은 전염병으로부터 우리를 해방시켰습니다. 현재 신종코로나바이러스로 고통받고 있지만 이미 백신과 치료제가 나오기 시작했습니다.

21세기 과학에서 데이터의 중요성이 증대되는 것과 같이 의학에서도 데이터가 핵심으로 자리 잡기 시작했습니다. 최근의 새로운 의학의 조류는 근거기반의료Evidence based medicine와 맞춤의료입니다. 근거기반의료는 의사 개인의 의학적 지식과 경험이 아닌, 과학적으로 설계되고 잘 수행된 연구에서 얻은 데이터를 기반으로 의사결정을 하는 의학을 지칭합니다. 20세기 미국의 유명한 소아과 의사였던 스폭Benjamin Spock은 경험과 직관을 바탕으로 아기를 엎드려 재우면 구토로 기도를 막는 사고를 예방할 수 있다고 주장했으며, 그의 책은 베스트셀러가 되었습니다. 그러나 이후 영아돌연사증후군이 급증했고, 역학조사 결과 엎드려 재울 경우 사망 위험이 뚜렷하게 증가한다는 사실이 확인되어 엎드려 재우라는 권고는 폐지됩니다. 과학적 데이터에 기반하지 않을 경우 발생할 수 있는 위험입니다.

맞춤의료에 대한 관심도 급증하고 있습니다. 예전에는 폐에 악성종양이 있으면 모두 동일한 폐암으로 진단하고 동일한 약이나 수술로 처방했다면, 지금은 성별, 나이, 생활 습관, 나아가 유전자 정보 등을 이용하여 환자마다 다른 약과 다른 수술 방법을 처방하여 병을 치료합니다. 맞춤의료에서 가장 중요한 것은 데이터입니다. 우선 아주 세부적인 환자의 데이터가 있어야 맞춤의료가 가능합니다. 환자의 기초 정보(성별, 나이, 소득 수준 등), 생활 습관, 기존 병력, 유전자 정보 등이 데이터로 준비되어 있어야 합니다. 그리고 나서 이 환자 데이터와 질병을 연결하여 환자의 어떤 요인이 질병과 관련 있는지 찾습니다. 마지막으로 환자 맞춤형 치료 방법을 개발하는 것이 맞춤의료의 일반적 방법론입니다. 폐에 악성종양이 있는 폐암 환자 중에서 'EGFR'이라는 유전자가 변이된 환자는 '이레사'라는 특별한 표적항암치료약을 사용하면 치료 효과를 크게 높일 수 있습니다. EGFR이라는 유전자와 이레사 항암제의 관계는 데이터를 분석해서 알아낸 과학적 발견입니다. 이제 데이터는 우리의 생명을 지키고 있습니다.

모유의 효과를 측정하라

모유가 분유보다 좋다는 것은 거의 상식입니다. 대부분의 산모가 아기에게 모유를 수유하고자 합니다. 그런데 이러한 상식이 과학적으로 증명된 것은 그리 오래되지 않았습니다. 모유의 효과를 측정하려면 다음과 같이 실험을 해야 합니다. 산모 100명을 모아서 무작위로 50명씩 2개 그룹으로 나눈 후 한 그룹은 모유만을 수유하고, 다른 그룹은 분유만을 수유하게 합니다. 그리고 아기의 건강을 측정합니다. 하지만 이러한 임의화 실험은 불가능합니다. 어떤 산모도 이러한 실험에 참여하지 않을 것입니다.

이 경우 관측을 통해서 모유의 효과를 알아볼 수 있습니다. 모유를 수유한 아기와 분유를 수유한 아기의 건강 상태를 조사하면 됩니다. 이때의 문제는 아기의 건강에 영향을 미치는 요인이 모유 말고도 여러 가지가 있다는 것입니다. 가정환경이 좋은 아기가 그렇지 않은 아기보다 더욱 건강할 것입니다. 엄마가 건강하면 아기가 건강할 것입니다. 그런데 가정환경이 좋고 튼튼한 산모는 아기에게 모유를 수유할 확률이 높아집니다. 아기가 모유 때문에 건강한지 아니면 가정환경과 산모의 건강성 때문에 건강한지 구별할 수 없습니다.

얼핏 생각해봐도 분유보다는 모유가 아기에게 좋아 보입니다. 엄마와의 정서적 교류 또한 아기의 건강에 중요한 요인이기 때문입니다. 과학적 근거는 없어도 되도록 모유를 수유하는 게 분유를 수유하는 것보다 자연스럽고 좋아 보입니다.

그런데 1990년대 중반에 모유 수유의 유용성을 의심하는 그룹이 있었습니다. 놀랍게도 여성 그룹이었습니다. 이 그룹의 주장은 모유 수유를 강요하면 피치 못하게 모유 수유를 못한 산모는 죄책감을 느끼고 또 사회적으로도 피해를 본다는 것입니다. 이를테면 이혼 재판을 할 때 판사는 모유 수유를 하지 않은 산모는 아이를 사랑하는 마음이 작다고 생각할 수 있습니다.

그 당시 이미 분유의 질도 많이 좋아져서 분유를 수유한 아기의 건강에 특별히 문제가 있다고 이야기할 수 없었습니다. 과연 모유가 아기 건강에 특별한 도움이 될까요? 모유 수유가 정서적 교류에 좋다거나 자연스러운 방법이라는 등의 논리는 과학적인 근거와 거리가 멉니다. 해답은 데이터에 있고, 이를 위한 근거가 필요했습니다.

1990년 초에 유엔에서 저개발국가의 유아 건강 증진을 위한 대대적인 연구를 수행합니다. 저개발국가에서 유아 사망 원인 중 가장 많은 것은 설사병입니다. 각종 설사 바이러스에 노출되어 아기가 죽어갑니다. 백신을 맞아야 하는데 가격이 너무 비쌉니다. 유엔에서는 백신 이외에 저개발국가 아기의 건강을 증진시킬 수 있는 다른 방법을 연구합니다. 상수도를 설치하고 산모를 교육하는 것(물을 끓여 먹이고 우유병은 소독하며 염소젖은 먹이지 않는 등의 기초 상식에 대한 교육)이 백신보다 더 효과적일 수 있다는 가설을 검증하기 위해서 대대적인 데이터를 수집합니다. 이집트의 여러 마을을 선택해서 무작위로 2개 그룹으로 나눈 후 한 그룹에는 상수도를 설치하고 산모를 교육합니다. 다른 그룹은 이전대로 그대로 살아갑니다. 이후 이들 그룹의 아기의 건강을 비교합니다.

연구에 참여한 마을은 대략 200개였고 각 마을에는 1000명 정도의 아기가 있었습니다. 총 20만 명의 아기를 5년 동안 추적 조사를 했습니다. 모든 아기를 매주 방문하여 건강 상태를 확인하고 산모의 모유 수유 여부도 조사합니다. 엄청난 예산이 투입되었습니다. 이 연구를 통해서 모유 수유와 아기의 건강에 대한 과학적 연구가 가능했습니다. 대부분의 산모가 비슷한 환경에 노출되었기 때문입니다. 차이점이라면 상수도 설치와 교육 여부였습니다. 이 데이터를 분석하여 2가지 과학적 사실이 밝혀집니다. 먼저 상수도를 설치하고 산모를 교육하는 것이 비싼 백신을 놓는 것보다 효과적이고, 둘째로는 모유 수유가 아기의 건강에 도움이 된다는 것입니다. 단, 출산 후 3일간의 모유만 효과가 있었습니다.

20만 명을 5년 동안 추적해서 얻은 결과로는 초라해 보이기도 합니다. 그러나 결코 그렇지 않습니다. 너무나 당연해 보이는 상식일수록 과학적으로 입증하는 것은 매우 어렵습니다. 이 연구는 모유의 효과를 실증적으로 보인 첫 번째 연구로 평가 받습니다. 여성단체도 더 이상 모유의 효과를 의심하지 않게 되었습니다.

발병 전에 진단하다

톰 크루즈Tom Cruise가 주연한 영화 〈마이너리티 리포트〉는 미래가 예측 가능한 사회를 배경으로 합니다. 미래의 범죄를 미리 예측해서 범죄가 발생하기 전에 범죄자를 체포한다는 설정은 매우 흥미로웠습니다. 과학적으로 가능한지의 여부를 떠나서 철학적으로 범죄를 저지르지 않은 사람을 미래에 범죄를 저지를 것이라는 예측만으로 인신을 구속하는 것이 정당한 것인지에 대한 논쟁도 큰 관심을 끌었습니다.

의학에서도 비슷한 현상이 나타나고 있습니다. 아직 병이 없지만 미래에 걸릴 병이 예측되면 병이 발생하기 전에 미리 조치를 취하는 것입니다. 미국 영화배우 안젤리나 졸리Angelina Jolie는 2013년 유방 절제 및 재건 수술을 받은 데 이어 2015년에는 난소와 나팔관 제거 수술을 받았습니다. 물론 유방암이나 난소암 등의 질환이 있지 않았습니다. 졸리가 이런 수술을 받은 이유는 어머니는 물론 외조모와 이모들까지 모두 젊은 나이에 암으로 사망한 데다, 자신 역시 암 발병률을 높이는 특정 유전자 브라카1 BRCA1을 가지고 있었기 때문이었습니다. 유방암 발병률 87퍼센트, 난소암 발병률 50퍼센트에 달한다는 진단을 받은 안젤리나 졸리는 발생 가능 부위를 미리 잘라내는 '예방적 절제술'을 받았습니다. 영화에서처럼 데이터로부터 미래의 질병을 예측하여 질병을 예방하는 방법이 실제 적용되고 있는 것입니다. 이 역시 데이터과학의 성과입니다.

인간을 데이터로 이해할 수 있는 방법의 핵심에는 유전자가 있습니다. 유전자 정보는 우리 몸 안 DNA에 있습니다. DNA 정보는 A, T, G, C 4개의 글자 30억 개 정도가 쭉 나열된 데이터입니다. 그리고 이 30억 개 글자의 순열에 개별 인간의 생로병사에 대한 대부분의 정보가 있습니다. 우리 인체의 신진대사는 주로 단백질을 합성해서 진행됩니다. 키가 크는 것도 단백질로 만들어지는 것이고, 근육도 단백질로 만듭니다. DNA에는 어떤 단백질을 우리 몸에서 만들지에 대한 명령어가 모두 들어 있습니다. DNA에 없는 단백질은 몸에서 만들지 않습니다. 일례로 다운증후군이라는 병은 반드시 있어야 할 단백질을 만들라는 명령이 DNA에 누락되어서 생깁니다. DNA가 잘못 만들어진 것입니다.

DNA는 개인별로 다릅니다. DNA 데이터를 분석하면 개인 건강의 차이와 DNA가 어떻게 연관되어 있는지 알 수 있습니다. 주어진 DNA로 만들 수 있는 단백질을 모두 알아내고, 각 단백질이 우리의 신체 특징과 어떻게 연관이 되어 있는지 알기만 하면 인체의 신비는 풀립니다. 신생아의 DNA 정보만 있으면 아이가 성인이 되었을 때의 키뿐 아니라 지능지수, 그리고 언제 어떤 병으로 죽을지도 예측할 수 있습니다. DNA는 우리 몸의 설계도 같은 것입니다.

DNA의 정보가 우리의 건강과 어떤 관계가 있는지 알아내는 방법에 데이터과학이 핵심적인 역할을 합니다. 사실 DNA에 있는 30억 개 글자의 순열 중에서 어느 부분이 과연 특정 암과 관련되는지 알아내는 작업은 상상하기 힘들 만큼 매우 어려운 작업입니다. 졸리의 유방암 유전자를 예로 설명해보겠습니다. 특정 유전자(DNA 순열 중 특정 부위를 유전자라고 부릅니다)가 유방암을 유발한다는 것을 알기 위해서는 먼저 50명의 유방암 환자와 50명의 정상인을 모집합니다. 그리고 이 100명에게서 각자 30억 개의 DNA 순열을 알아냅니다. 그다음에 데이터 분석을 통해서 DNA의 어느 부분이 차이가 나는지를 찾아야 합니다.

이러한 방법은 큰 문제가 있습니다. 실험대상자는 100명밖에 안 되지만 비교 대상인 유전자는 무한대에 가깝습니다. 30억 개의 DNA 순열에서 만들 수 있는 유전자는 거의 무한개입니다. 글자 하나로 이루어진 유전자는 30억 개가 있을 수 있고, 2개의 글자로 만들 수 있는 유전자는 30억 개의 공에서 2개를 뽑는 가짓수만큼 있습니다. 일반적인 데이터 분석 방법을 사용하면 유방암과 관련이 있으리라 판단되는 유전자가 수천 개에서 수만 개가 나옵니다. 이 중에서 실제로 유방암과 관련되어 있다고 보이는 소수의 유전자를 뽑아서 동물시험 또는 새로운 표본조사 등 다음 단계의 연구를 진행합니다. 이때 소수의 후보 유전자를 뽑는 작업은 데이터과학자가 해야 할 중요한 임무입니다. 데이터에서 잡음을 지우고 정보만 뽑아내야 합니다.

브라카1 유전자의 발견은 큰 행운이 따른 것입니다. 아직도 우리는 많은 질병에 관련된 유전자를 찾지 못하고 있습니다. 이러한 병에 관련된 유전자가 밝혀지면 의학적으로 많은 것을 할 수 있기 때문에 끊임없이 유전자 데이터를 분석하고 있습니다. 관련 유전자를 몰라서 치료제가 없는 대표적인 병은 패혈증입니다. 패혈증은 혈액이 균에 감염되어 신체 전체에 균이 퍼지는 병입니다. 경과가 급격하게 나빠지고 사망에 이르는 경우도 종종 있습니다. 2017년 전 세계 패혈증 환자는 4890만 명이 보고됐고 그 가운데 1100만 명이 숨진 것으로 나타났습니다. 발병률도 낮지 않지만 치명률이 20퍼센트가 넘습니다.

보통 패혈증에 걸리면 응급실로 당장 가야 할 정도로 분초를 다투는 질병입니다. 패혈증 환자에게는 감염 원인이 되는 균에 대응하는 항생제를 투약해야 합니다. 그런데 패혈증 환자가 어떤 균에 감염되었는지를 알려면 피검사를 해야 하는데 피검사 결과가 나오기까지 수일 정도 걸립니다. 많은 환자가 그 전에 사망합니다. 응급실 의사의 경험에 의해서 판단하는 것이 현재의 최선입니다.

만약 환자의 유전자 정보와 패혈증을 일으키는 균의 관계를 알 수 있다면, 그리고 환자의 유전 정보를 빠르게 알 수 있다면, 응급실에서 유전자 정보를 이용해서 최적의 항생제를 선택할 수 있을 것입니다. 현재 패혈증에 대한 우리의 이해는 초창기의 암과 비슷한 것 같습니다. 현재는 암에 대한 치료 방법은 발생 부위별로 다르고 유전자 변이에 따라서도 다릅니다. 패혈증도 종류가 다양한 만큼 다양한 치료법이 있을 것으로 예상되나 치료에 대한 세분화 작업은 거의 진행이 되지 않고 있는 실정입니다. 이 질병이야말로 데이터과학을 절실히 기다리고 있습니다.

백혈병을 감기처럼

한때 백혈병 환자와 비극적 사랑을 그린 영화나 드라마를 우리는 쉽게 볼 수 있었습니다. 1970년에 개봉한 미국 영화 〈러브스토리〉는 "사랑은 미안하단 말을 하지 않는 거야"라는 명대사를 남기면서 여자 주인공이 백혈병으로 죽습니다. 2000년에 우리나라에서도 비극적인 남녀 간의 사랑을 그린 드라마 〈가을동화〉가 방영되어 40퍼센트의 시청률을 올리며 큰 인기를 끕니다. 배우 원빈이 "얼마면 돼?"라는 대사로 이름을 알리게 된 드라마로도 유명합니다. 이 드라마에서 여자 주인공도 결국 백혈병에 걸려서 남자 주인공과 사랑을 이루지 못하고 비극적으로 결별합니다.

그런데 요즘은 백혈병에 의한 비극적 사랑이 영화나 드라마에서 잘 보이지 않습니다. 이제 백혈병은 감기처럼 약을 먹으면 나을 수 있기 때문입니다. 여러 백혈병 중 만성 골수성 백혈병이 있습니다. 백혈병의 일반적인 유형 중 하나로 혈액 내 비정상적인 백혈구 세포가 지나치게 많이 증식하는 악성종양입니다. '만성'이라는 의미에서 알 수 있듯 질환이 오랫동안 느린 속도로 진행되는 암을 의미합니다. 질환이 천천히 진행되지만 치료하지 않고 내버려두면 점차 진행되어 급성백혈병으로 진행됩니다.

전 세계적으로 매년 인구 10만명 당 1~2명 정도로 발병하고 있고, 우리나라에서도 매년 500명 정도가 새로운 환자로 등록되고 있을 정도로 만성 골수성 백혈병은 우리의 생명을 위협하는 무서운 질병입니다. 이 병의 특징은 소아에서 발병하는 급성 백혈병에 비해서 발병 시기가 매우 늦습니다. 비극적인 사랑을 소재로 한 영화나 드라마에 나오는 백혈병은 만성 골수성 백혈병이라고 생각하면 됩니다.

만성 골수성 백혈병의 치료는 전통적으로는 항암치료나 골수이식을 통해서 이루어졌습니다. 그러나 항암치료는 환자의 삶을 매우 피폐하게 만들며, 평균생존율이 3~4년밖에 되지 않은 매우 비효율적인 방법이었습니다. 골수이식은 성공하면 큰 효과를 보기는 하지만, 이식 조건이 매우 까다롭고 이식에 따른 부작용으로 인한 사망률도 높았습니다. 조기 진단도 어려웠는데, 대부분이 건강검진에서 우연히 발견되는 경우가 많아서 치료 시기를 놓치기 일쑤였습니다.

2001년에 스위스의 다국적 제약회사인 노바티스에서 '글리벡'이라는 약을 출시합니다. 만성 골수성 백혈병 환자의 유전자 데이터를 분석해서 암세포를 생성하는 단백질을 발견하고 이 단백질의 생성을 차단하는 약을 개발한 것입니다. 약의 효과는 마술 같았습니다. 약을 복용한 환자의 생존율이 90퍼센트나 되었습니다. 90퍼센트는 고혈압이나 당뇨 등 평생 관리를 해야 하는 만성

질환의 생존율보다도 높은 수치입니다. 글리벡의 도입으로 만성 골수성 백혈병을 당뇨, 고혈압 등 만성질환처럼 관리하는 시대가 열린 것입니다. 현재에도 전 세계 20만여 명, 국내 3000여 명이 글리벡으로 삶을 영위하고 있습니다.

글리벡은 만성 골수성 백혈병의 악성종양을 만드는 단백질을 만드는 유전자의 명령을 차단합니다. 그래서 인체 내에서 단백질이 생성되지 않아 악성종양이 자라지 않는 것입니다. 아쉽게도 글리벡은 유전자를 없애지 못합니다. 단지 유전자가 활동을 못 하게 할 뿐입니다. 평생 약을 먹으면서 관리를 해야 하지만 앞으로 유전자를 근본적으로 제거하는 방법의 개발을 기대해볼 수 있습니다. 의학의 끊임없는 발전에 데이터가 함께하고 있습니다.

4장

백신을 위한 과학

임상시험과 데이터

백신 개발을 위해 필요한 것

2020년 전 세계를 강타한 신종코로나바이러스는 전 인류의 삶 전체를 송두리째 바꾸고 있습니다. 모든 사회활동이 중단되었습니다. 경제는 처참하게 후진했습니다. IMF는 2020년도 세계 경제성장률을 -3퍼센트로 전망했습니다. 언제 코로나19 사태가 끝날지 몰라 모두들 우울해합니다. 중세 시대에 페스트가 유행했을 때 "이랬겠구나" 싶을 정도입니다.

우울한 시대의 한줄기 빛은 백신의 개발입니다. 선진국들은 백신 개발을 위해서 전력을 쏟고 있습니다. 백신의 개발에서 가장 어려운 부분은 개발된 백신의 안정성 및 효과를 인간을 대상으로 한 실험으로 입증하는 것입니다. 즉, 임상시험이 가장 어렵고 지난한 과정입니다. 2020년 8월에 세계 최초로 러시아에서 백신 개발에 성공합니다. 1957년 세계 최초로 소련이 쏘아 올린 인공위성 이름을 따서 이 백신을 '스푸트니크V'로 명명했습니다. 세계 최초 백신을 러시아가 개발한 것을 기념하기 위해서입니다. 하지만 임상시험 관련 데이터의 부재로 다른 선진국으로부터 철저히 외면당하고 있습니다. 심지어 미국 트럼프 대통령은 "원숭이도 맞지 않을 백신"이라고 노골적으로 러시아 백신을 폄하했습니다. 믿을 만한 데이터가 없으면 신뢰도 받을 수 없습니다.

신약 개발의 핵심은 임상시험임을 이번 코로나19 백신 경쟁은 잘 보여주고 있습니다. 철저한 임상시험 없이 신약을 출시했다가 큰 낭패를 본 사례가 과거에도 있습니다. 1950년대 유럽에서 발생한 탈리도마이드 사건입니다. 1956년 서독의 한 제약 회사는 새로운 진정제를 개발했고 간단한 동물시험을 통해서 안정성을 입증한 후 이듬해에 바로 시판했습니다. 특히 입덧에 효과가 좋다고 알려져서 많은 임산부가 이 약을 복용했습니다. 지금의 타이레놀같이 의사의 처방 없이도 약국에서 살 수 있는 약이었습니다. 하지만 결과는 참혹했습니다. 5년간 이 약의 부작용으로 무려 2만여 명의 기형아가 출산되었기 때문입니다. 특히 태아의 양쪽 팔이 자라지 않는 단지증이 주로 발견되었습니다. 이 약은 독일뿐 아니라 영국에서도 판매되어 국제 문제로 확대되었습니다.

그런데 미국에서 보고된 기형아는 17명뿐이었습니다. 당시 미국 FDA Food and Drug Administration의 약물심사위원이었던 켈시Frances Kelsey가 임상시험 데이터의 미비 등을 이유로 다국적 제약 회사 등 각종 외부 압력에 굴복하지 않고 약의 승인을 허가하지 않았기 때문입니다. 사람에게는 수면제로 작용하는 약이 동물에서는 아무런 작용도 하지 않는 것을 수상히 여긴 덕분입니다. 동물시험 결과를 인간에게 그대로 적용할 수 없다는 확신이 재앙을 막았습니다. 켈시는 이 공로로 케네디 대통령의 표창을 받았습니다. 나아가 FDA는 그녀의 이름을 따서 켈시상을 수여하고 있습니다. 이 사건 이후로 신약 개발에 매우 엄격한 임상시험을 요구하기 시작했습니다. 동물시험뿐 아니라 인간을 대상으로 한 안전성 및 효과 검증 시험을 반드시 요구하고 있습니다. 러시아 백신에 대한 국제사회의 우려에는 이런 역사적 배경이 있습니다.

1977년 미국은 H1N1바이러스 관련 백신 소동을 경험합니다. 1976년 1월에 미군 이등병 1명이 H1N1바이러스에 감염되어 폐렴으로 사망합니다. H1NI바이러스는 1900년대 초에 스페인독감을 일으킨 바이러스입니다. 1918~1920년에 유행한 스페인독감은 전 세계 인구의 3분의 1을 감염시키고 5000만 명 이상의 목숨을 앗아갑니다. 미국에서도 스페인독감으로 67만여 명이 사망하는데, 이때 처음 발병한 사람도 군인이었습니다. 현재 유행하는 신종코로나바이러스도 H1NI바이러스의 변종입니다.

1976년 어느 이등병의 죽음은 H1N1바이러스의 대유행을 예고하는 것 같았습니다. 긴장한 미국 정부는 전 국민을 대상으로 백신을 접종시키고자 백신 개발에 발 빠르게 움직입니다. 무려 1억 8000만 달러라는 엄청난 정부예산을 들였습니다.[24]

문제는 백신이 이렇게 빨리 개발되지 않는다는 것입니다. 안정성과 효용성을 입증하는 데 많은 시간이 걸립니다. 하지만 미국 정부는 모든 것을 무시했습니다. 1년 만에 개발된 백신을 1977년부터 접종하기 시작했습니다. 결과는 참담했습니다. 백신 접종의 후유증이 속출했습니다. 백신 접종자 중에서 500여 명이 희귀한 신경계통 질병의 증상을 보인 것입니다. 평상시보다 10배쯤 높은 확률로 질병이 발생했습니다. 결국 1977년 12월에 백신 접종은 중단됩니다. 다행히 H1N1바이러스는 유행하지 않았고 백신 후유증 이외에는 큰 문제 없이 지나갔습니다. 더더욱 놀라운 점은, 제약 회사는 정부와 계약하며 불량 백신에 대한 책임을 지지 않았다는 것입니다. 제약 회사는 급하게 백신을 만드는 것이 어렵다는 것을 잘 알고 있었습니다. 임상시험에 대한 정부의 이해가 부족했던 것입니다. 현재 코로나19 백신 개발에서 임상시험에 신중에 신중을 기하는 것도 이러한 경험이 바탕에 있습니다.

제약 산업과 임상시험

약은 우리의 인생에 필수불가결합니다. 염증에는 항생제를 먹어야 하고, 전염병 예방을 위해서는 백신을 맞아야 하며, 암에는 표적치료제가 필요합니다. 최근에는 병을 고치는 약을 넘어서서 우리의 행복을 증진시키는 약이 속속 개발되고 있습니다. '제니칼'이라는 약은 식사 때 같이 먹으면 지방의 흡수를 원천 차단하여 대변으로 배출하게 합니다. 최초의 공인된 비만치료제인 것입니다.

전 세계 제약 산업의 규모는 1200조 원 정도로, 반도체 산업 400조 원, 자동차 산업 900조 원과 비교해봐도 엄청나게 크다는 것을 알 수 있습니다. 성장률도 가팔라서 2005년 이후에는 연평균 6퍼센트 이상의 성장률을 보이고 있습니다. 전 세계 제약 시장의 45퍼센트 정도를 미국에서 차지하고 있으며, 그 뒤를 유럽, 일본 등이 따르고 있습니다. 우리나라는 2퍼센트 미만을 차지하고 있습니다. 아직 규모는 미미하지만 반도체를 잇는 차세대 먹거리로 인식되면서 현재 많은 투자가 이루어지고 있고 좋은 결과도 많이 나오고 있습니다.

우리나라의 신약 개발의 역사는 길지 않지만 지난 20년간 신약 개발 시장이 급격히 커졌으며, 현재 다양한 신약이 국제적으로 활약하고 있습니다. 1999년 SK케미칼에서 개발한 위암 항암제 '선플라'를 시작으로 2018년 8월까지 30개의 신약이 국내에서 승인되었습니다. 국내의 여러 제약회사가 신약 개발을 통해 글로벌 기업으로 성장하면서, 현재 다양한 신약에 대해서 임상시험을 진행 중입니다. 신약은 아니지만 특허가 만료된 약을 복제해서 만드는 바이오시밀러 시장에서도 여러 회사가 크게 활약하고 있습니다. 국내에서 개발된 '램시마'라는 류마티스관절염약은 2013년부터 유럽 시장에 진출했는데, 시장 점유율이 무려 50퍼센트를 상회하고 있습니다. 셀트리온이나 삼성바이오로직스 같은 제약회사는 현재 우리나라 주식시장에서 시가 총액 상위 종목으로 활약하고 있습니다.

제약 산업의 핵심인 신약 개발 과정은 크게 약물의 발견Drug discovery과 약물 개발Drug development 2단계로 구성됩니다. 약물의 발견 단계에서는 목표 질병에 효과적인 새로운 물질을 찾는 것입니다. 이 단계는 주로 관련 전문가가 실험실에서 진행합니다. 둘째 단계인 약물 개발 단계는 발견된 새로운 물질이 부작용 없이 안전하며 동시에 목표 질병에 효과적인지를 인간을 통한 시험으로 알아내는 과정입니다. 환자에게 얼마나 많은 양을 얼마나 자주 투여해야 하는지도 이 단계에서 결정됩니다. 약물 개발 단계는 인간을 대상으로 시험하기 때문에 매우 조심스럽게 진행되어야 합니다. 매우 복잡한 과정을 거치는데, 각 과정마다 시험 데이터를 분석해서 안정성 및 효과성을 조사합니다. 약물 개발 전 과정을 임상시험이라고 하며 데이터과학자가 핵심적으로 활동하는 분야입니다. 보통 신약 하나를 개발하는 데 10년 이상의 시간과 3조 원 정도의 비용이 필요하며, 이 중 60퍼센트 이상이 약물의 개발, 즉 임상시험 단계에 사용됩니다.

임상시험과 데이터과학

임상시험에 많은 시간과 비용이 소모되는 이유는 인간을 대상으로 시험하기 때문입니다. 기존에 없던 약을 인간을 대상으로 사용하는 것이기 때문에 매우 조심스럽게 진행됩니다. 이 때문에 임상시험을 3단계로 나누어서 진행합니다. 또한 의사결정에 제약 회사 등 이익집단의 영향을 최소화하기 위한 다양한 장치가 필요합니다. 신약과 기존의 약을 무작위로 환자에게 처방해야 하며, 어떤 약이 처방되었는지는 환자뿐 아니라 약을 처방하는 의사나 약사도 몰라야 합니다. 모든 데이터가 코드화되어 모이며 최종 분석에 이르러서야 코드의 정체가 알려집니다. 매우 복잡한 데이터과학이 임상시험에 사용됩니다. 이러한 모든 과정은 관련 부처(미국은 FDA, 한국은 식약처)에서 엄격하게 심사되고 승인됩니다. 평균적으로 10퍼센트 미만의 후보 물질만이 임상시험 단계를 거쳐서 시판이 허락됩니다.

임상시험은 크게 3단계로 나뉩니다. 먼저 임상시험 전에 새로 개발된 물질을 동물에게 투여하여 안전성을 평가합니다. 동물에서 안전성이 평가된 신약 대상으로 임상시험이 본격적으로 진행됩니다. 1상 임상시험에서는 안전하게 투약할 용량을 결정하는데, 보통 10명에서 50명 내외의 건강한 지원자를 대상으로 다양한 용량을 투여하며 안전성을 평가합니다. 용량이 너무 적으면 효과가 없을 것이고 반대로 용량이 너무 많으면 약 부작용이 발생할 것입니다.

1상 임상시험에서 안전하다고 평가된 약을 대상으로 2상 임상시험이 진행됩니다. 100명에서 200명 정도의 환자를 모아서 약의 효과 및 안전성을 검증합니다. 1상 임상시험과의 차이점은 1상은 건강한 사람을 대상으로 시험하는 데 비하여 2상에서는 약이 적용될 질병 환자를 대상으로 시험합니다. 그리고 임의화 과정을 이용하여 환자를 여러 개의 그룹으로 나눕니다. 1개의 그룹에는 가짜 약을 주고(플라시보 그룹), 나머지 그룹에는 서로 다른 용량의 신약을 처방합니다. 각 그룹의 안전성 및 효과를 측정하고, 3상 임상시험에 사용할 용량을 최종적으로 결정합니다.

2상 임상시험까지 통과한 약을 대상으로 3상 임상시험을 진행합니다. 임상시험에서 가장 규모가 크고 어려운 단계입니다. 전체 임상시험에 들어가는 비용의 70퍼센트 정도가 3상에서 사용됩니다. 1상과 2상을 통해서 안전성과 유효성이 어느 정도 확보된 신약을 대규모의 환자에게 장기간 투약하여 효과 및 안전성을 최종적으로 평가합니다. 최소 수백 명에서 수천 명의 환자가 투입되고 기간도 보통 3~5년 정도 걸립니다. 3상 임상시험에서 실패하면 제약 회사는 큰 타격을 입습니다. 많은 비용과 시간을 손해 보기 때문입니다.

3상 임상시험은 기본적으로 대조-처리 비교를 이용합니다. 즉, 환자를 2개 그룹으로 나누어서 한 그룹에는 가짜 약을 주고 다른 그룹에는 신약을 줍니다. 이때 모든 환자는 신약을 복용한다고 전달받습니다. 또한 약을 처방하는 의사도 어떤 환자에게 어떤 약을 처방했는지 알지 못합니다. 환자와 의사 모두가 약을 구분하지 못하도록 디자인하는데, 이를 양맹디자인double blind design이라고 합니다. 이렇게 하는 이유는 신약에 대한 의사의 편견을 없애기 위해서입니다.

양맹디자인을 하기 때문에 약의 유통이 매우 어렵습니다. 가짜약이나 신약이나 모두 똑같은 포장지에 들어 있어야 합니다. 약의 크기와 색깔도 같아야 합니다. 어느 것이 신약인지 알려면 포장지에 있는 바코드를 해석해야 하는데, 이 바코드는 암호화되어 있습니다. 암호화된 바코드의 해석에는 열쇠가 필요하며 이 열쇠는 임상시험을 시작할 때 생성한 후 아주 비밀스럽게 보관합니다. 누구도 이 열쇠를 절대 열어볼 수 없게 합니다. 만약 누군가가 이 열쇠를 몰래 빼내면 그 임상시험은 바로 중단이 되고 실패로 결론이 납니다. 수천 명의 환자에게 서로 다른 종류의 약을 환자와 의사 모르게 처방하기 위해서는 매우 효율적인 물류 시스템 및 관련 IT 시스템이 필요합니다. 3상 임상시험을 복합적인 종합예술이라고 부르는 이유입니다.

필요한 환자들이 다 임상시험에 참여하고 큰 문제없이 임상시험이 완료되면 데이터를 분석하여 신약의 효과를 분석합니다. 임상시험 중에 생길 수 있는 문제의 예로는, 외부적인 문제로 필요한 수의 환자가 참여하지 못한 채 중단되는 경우가 있습니다. 2015년에 우리나라 제약 회사가 아토피 치료제 임상시험을 위해서 180명의 환자에게 시험하려고 했는데, 2016년 메르스 사태로 130명의 환자만을 참여시킨 채 임상시험이 중단된 적이 있습니다. 이런 경우에 원칙적으로는 데이터 분석 없이 임상시험을 실패했다고 결론 내지만, 메르스라는 특수한 상황을 감안하여 130명의 환자만을 대상으로 데이터 분석을 수행하여 약의 효능을 검증했습니다. 물론 매우 특별한 분석이 필요했고 고급 데이터과학자의 손길이 필요했습니다.

3상 임상시험 이후 데이터를 분석할 때도 다양한 문제가 발생합니다. 이 중 분석가를 가장 당혹하게 하는 것은 임상시험에 참여한 환자가 중간에 참여를 포기하는 상황입니다. 다른 곳으로 이사를 가거나, 다른 병으로 더 이상 임상시험에 참여를 못 하는 등의 상황이 항상 발생합니다. 보통 전체 환자의 30퍼센트 정도가 중도에 포기합니다. 이를 중도절단이라고 합니다. 데이터의 중도절단은 데이터 분석을 매우 어렵게 만듭니다. 간단한 예로 살펴보겠습니다. 감기를 예방하는 새로운 백신이 있고 임상시험을 하려고 합니다. 1만 명의 건강한 사람을 뽑아서 5000명에게는 새로운 백신을, 다른 5000명에게는 가짜 백신을 처방한 후 1년 동안 감기가 몇 명이나 걸리는지 확인합니다. 백신을 처방받은 그룹에서 감기가 걸리는 환자가 적게 나오면 새로운 백신은 효과가 있는 것입니다. 어려울 것이 하나도 없습니다. 그런데 중도절단이 생기면서 문제가 꼬이기 시작합니다. 임상시험에 참여한 어떤 사람이 6개월 동안 건강하게 지내다가 갑자기 임상시험을 떠납니다. 최종 데이터 분석에서 이 사람을 어떻게 처리해야 할지 매우 난감해집니다. 감기에 걸리지 않은 건강한 사람이라고 처리하면 신약의 효과가 과장됩니다. 왜냐하면 이 사람이 나머지 6개월 사이에 감기가 걸릴 수도 있기 때문입니다.

이 때문에 중도절단 데이터를 분석하는 분야가 따로 있습니다. '생존분석'이라는 통계학 분야인데 중도절단 자료를 분석하는 방법을 다룹니다. 중도절단 데이터에서는 평균을 구하는 것도 상당히 어렵습니다. 1958년에 캐플런Edward Kaplan과 마이어Paul Meier가 중도절단 데이터에서 평균을 구하는 방법을 제안하는 논문을 발표합니다. 통계학 분야에서 가장 언급이 많이 되는 논문입니다. 실제 3상 임상시험에서는 다양한 중단 상황이 발생합니다. 임상시험 도중에 새롭게 임상시험에 참여하는 사람도 있습니다. 이렇게 완벽하게 관측하지 못하는 데이터를 분석하는 방법인 생존분석은 데이터과학에서 이론적으로 가장 어려운 분야로 알려져 있는데, 3상 임상시험의 데이터 분석을 위해서는 필수적으로 알아야 합니다.[25]

이 외에도 3상 임상시험에서는 다양하고 특별한 문제가 자주 발생합니다. 신약의 효과가 매우 좋은 경우에는 임상시험을 계획보다 빨리 끝내고 바로 모든 환자에게 처방해야 합니다. 그렇지 않으면 가짜 약을 처방받은 환자는 신약이 주는 효능에서 제외되는 도덕적 문제가 발생하기 때문입니다. 이러한 상황에서 신약의 효과가 매우 좋다는 것을 통계적으로 정의하는 것이 매우 어렵습니다. 임상시험이 끝나기 전에 데이터를 분석해야 하는데, 데이터를 여러 번 분석하다 보면 다중비교의 오류를 범할 확률이 높아지기 때문입니다. 고도로 훈련된 데이터 전문가 없이는 3상 임상시험의 성공이 불가능합니다. 그래서 제약 회사에서는 뛰어난 데이터과학자를 찾습니다.

데이터과학으로 제약 산업 강국으로

2019년에 국내 제약 산업에서 좋지 않은 뉴스가 있었습니다. 코오롱생명과학이 개발한 세계 최초의 유전자 세포 치료제 '인보사'에 잘못된 세포를 사용한 것이 발견되어서 허가가 취소되었습니다. 신라젠이 개발한 항암제가 미국에서 3상 임상시험에 실패했고 한미약품에서 다국적 제약회사 얀센과 계약한 기술 이전이 취소되었습니다. 코오롱생명과학의 인보사 사태는 우리나라 데이터과학의 현주소를 잘 보여줍니다. 국내에서는 승인된 약의 문제점이 미국에서 임상시험 중에 발견되었습니다. '세계 최초'라는 수식어에 취해서 제출된 자료를 꼼꼼하게 챙기지 못한 것인지, 아니면 제출된 자료를 공정하게 평가하지 못한 것인지 알 수 없지만, 신약 개발에서 임상시험, 즉 신약의 데이터과학적 평가의 중요성에 대한 인식이 높지 않은 것은 사실인 것 같습니다. 새로운 약을 만들어서 엄청난 부를 가져오는 것에 취해 있었던 것은 아닐까 생각해봅니다. '데이터 기술'이 아니고 '데이터과학'이라고 불리는 이유를 곱씹어 볼 필요가 있습니다.

5장

공동체를 위하여

신뢰받는 통계의 중요성

데이터를 통한 삶의 질 향상

데이터의 기원은 국가였습니다. 세금을 걷고 전쟁을 위해서 데이터가 필요했습니다. 국민 소득을 알아야 세금을 계산할 수 있었고, 젊은 남성이 몇 명인지 알아야 군인의 수를 알 수 있었습니다. 데이터는 국가를 위한 것이지 국민을 위한 것은 아니었습니다.

세월이 지나고 민주주의가 실현되면서 국민을 위하고 보호하는 것이 국가의 가장 중요한 임무가 되었습니다. 21세기에도 여전히 국가는 세금이나 국방을 위해서 데이터를 모읍니다. 그러나 이것 외에도 경제·보건·복지·교육 등등 국민의 삶과 관련된 모든 분야에서 데이터를 모으고 분석해서 삶의 질 향상을 위해 노력하고 있습니다. 공공분야에서 데이터가 점점 더 중요해지고 있습니다.

구글은 2008년에 검색 기록 중 독감과 연관된 단어의 빈도를 분석하여 독감 유행을 실시간으로 알아낼 수 있었습니다. 보통 독감 유행을 탐지하는 방법은 개별 병원에서 내원하는 독감 환자의 수를 질병관리청에 전달하고, 질병관리청에서 데이터를 취합해서 독감 유행 여부 및 정도를 발표합니다. 이러한 전통적인 방법의 문제는 질병관리청의 발표가 실제 상황보다 조금씩 늦어진다는 것입니다. 데이터를 취합해서 분석하는 시간이 걸리기 때문이겠지요. 보통 1~2주 정도 늦어진다고 합니다. 독감 유행을 빠르게 탐지하는 것은 국민의 건강과 직결됩니다. 코로나19 발생 초기에 중국이나 WHO의 미진한 대응이 많은 문제를 야기한 것을 우리는 똑똑히 목격했습니다.

구글 독감 예측 시스템은 현재 서비스를 하지 않습니다. 서비스 이후에 예측의 정확도가 많이 나빠졌기 때문입니다. 서비스 전과 서비스 후의 검색 패턴이 많이 달라진 것이 그 이유인데, 데이터 분석이 생각보다 쉽지 않습니다. 구글 독감 예측 시스템은 미완으로 남았지만 삶의 질 향상을 위한 데이터의 가능성을 충분히 잘 보여주었습니다.

국가통계 엿보기

우리나라에서 데이터를 다루는 큰 2개의 국가기관은 한국은행과 통계청입니다. 한국은행은 주로 경제와 관련한 데이터를 다루고, 통계청은 경제뿐 아니라 사회 분야의 데이터도 다룹니다. 출생률, 이혼율 등은 통계청에서 작성합니다. 한국은행에서는 GDP, 물가지수, 통화량 등을 발표합니다. 국가기관의 통계 작성은 데이터의 수집, 정제, 집계로 이루어집니다. 일반인이 보기에는 크게 어려울 것 없는 단순 작업처럼 보이지만 실상 이러한 국가통계 작성은 상당히 어렵습니다. 물가지수 산출 사례를 통해서 국가통계의 어려움을 살펴보겠습니다.

물가지수는 한 나라의 경제정책을 결정할 때 가장 중요하게 참고하는 통계입니다. 물가가 오르는 인플레이션이 오면 이자율을 올려서 통화량을 줄이고, 물가가 떨어지는 경우에는 이자율을 낮추고 적자예산을 편성해서 통화량을 늘립니다. 물가지수에 연동한 적절한 경제정책을 선택하지 못하는 경우 국가경제는 파국으로 갈 수 있습니다. 일본은 1980년대에 거품경제로 부동산 값이 천정부지로 올랐습니다. 일본 정부는 이러한 부동산 가격을 진정시키기 위해서 이자율을 급격하게 올립니다. 2퍼센트대 이자율을 하루아침에 6퍼센트로 올립니다. 이자율이 올라가면 부동산에 투자하려고 했던 자금이 은행으로 올 것이고, 따라서 집값이 떨어질 것으로 예상했던 것입니다. 예상은 잘 맞았습니다. 집값은 꺾였고 부동산 가격은 하락하기 시작했습니다. 단, 이자율을 너무 올리는 바람에 경제가 침체되기 시작했습니다. 고가의 부동산을 가지고 있었던 많은 사람은 부자가 된 기분으로 마구 소비를 했습니다. 그러다가 집값이 하락하자 자신이 부자가 아닌 것을 깨닫고 지갑을 닫기 시작합니다. 일본 경제에서 잃어버린 30년의 시작입니다. 일본 경제는 아직도 디플레이션에서 벗어나지 못하고 있습니다. 1990년대에 부동산을 고가로 구매한 사람들은 아직도 경제적으로 어려운 삶을 살아가고 있습니다. 현재 우리나라 정부의 오락가락 부동산 정책도 일본의 전철을 밟지 않으려는 노력으로 이해할 수 있습니다. 정부의 올바른 경제정책의 선택은 우리의 삶과 직결됩니다.

물가지수의 정의는 간단합니다. 같은 물건이 작년에 비해서 얼마나 달라졌는지를 측정하면 됩니다. 라면을 예로 들겠습니다. 먼저 기준년도를 선택합니다. 우리나라는 현재 2015년을 기준으로 합니다. 라면 1봉지가 2015년에 700원이었는데 2020년에 750원이 되었으면 라면 가격의 상승률은 $(50 \div 700) \times 100 = 7.14$(퍼센트)로 계산합니다. 한국은행은 라면의 물가지수가 5년 동안 7.14퍼센트 상승했다라고 발표합니다.

그런데 문제는 라면의 종류가 여러 가지이고 가격이 다 다르다는 것입니다. 예를 들어, A와 B사의 2가지 라면이 있고, 둘 다 2015년에 700원이었는데 2020년에 A사 라면은 750원, B사 라면은 770원입니다. 이 경우 라면 물가지수는 어떻게 산출하는 것이 합리적일까요? A사 라면의 가격 상승률은 7.14퍼센트이고 B사의 라면의 가격상승률은 10퍼센트이기 때문에 이 둘의 평균인 8.57퍼센트로 할 수 있습니다. 그런데 여기에도 문제가 있습니다. 판매량을 고려하지 않은 것입니다. 만약 모든 국민이 A라면만 먹었다면, B라면 가격이 아무리 올라도 국민경제에는 영향을 주지 않습니다. 좀 더 합리적인 라면 물가지수 산출 방법은 두 회사의 가격상승률을 판매량으로 가중치를 주어서 평균을 구하는 것입니다. 전체 라면 판매 중 A라면이 60퍼센트를 차지하고 B라면이 40퍼센트를 차지하면 물가지수는 $(0.6 \times 7.14)+(0.4 \times 10.00)=8.24$가 됩니다. 물가지수 산출을 위해서는 판매 가격과 함께 판매량도 알아야 한다는 것입니다.

실제 상황은 훨씬 더 복잡합니다. 라면이 1봉지는 750원인데 5봉지를 한번에 사면 2880원에 살 수 있습니다. 마트마다 가격도 다릅니다. 라면의 종류도 너무 많습니다. 라면인지 과자인지 분간이 안 되는 상품도 있습니다. 라면 물가지수 하나를 산출하는 데 고려해야 할 사항이 너무 많습니다. 전체 물가지수를 산출하기 위해 국가는 엄청난 예산을 투입하고 박사급 데이터과학자 여러 명이 공동으로 작업합니다.

선진국으로 가는 중요한 대목은 국가통계의 선진화입니다. 세계 여러 나라 중에서 국가가 발표하는 통계가 신뢰를 받는 나라는 놀랍게도 그리 많지 않습니다. 선진국 몇 나라 외에는 국가통계를 그리 신뢰하기 힘듭니다. 가까이는 중국의 국가통계를 신뢰하기 어렵습니다. 국가통계의 신뢰는 국민의 수준 및 투자하는 예산과 관련이 되어 있습니다. 국민의 수준이 낮으면 많은 예산을 통계 산출에 쓰는 것을 국민이 이해하지 못하기 때문입니다. 다행히 우리나라는 상당히 높은 수준의 국가통계를 생산하고 있습니다. 코로나19 사태에서 투명하고 빠르게 통계를 집계하고 발표할 수 있는 능력은 세계에서도 으뜸이었습니다.

빅데이터로 국가통계를

과거에는 규모가 방대하여 국가에서 국가통계를 독점했지만 빅데이터 시대에는 민간에서도 산출할 수 있는 경우가 생기고 있습니다. 2008년에 MIT와 하버드대학교 연구진이 공동으로 빅데이터를 이용하여 국가통계, 특히 물가지수를 산출하는 아주 재미있는 프로젝트를 성공적으로 진행했습니다. BPP Billion Prices Project라는 이름의 프로젝트로, 기본 아이디어는 인터넷 쇼핑몰에 있는 가격을 실시간으로 모으고, 이를 바탕으로 물가지수를 계산하는 방법입니다.

BPP는 5단계로 진행되었습니다. 1단계는 빅데이터를 모으는 작업으로 인터넷 쇼핑몰을 다니면서 가격에 대한 정보를 수집합니다. 70여 개국에서 900여 개의 인터넷 쇼핑몰을 대상으로 조사했는데, 대부분의 나라에는 인터넷 가격비교 사이트가 있어

그림 3 BPP 가격지수 산출 지역

서 이 단계는 비교적 쉽게 수행할 수 있었습니다. 2단계는 이러한 정보를 매일매일 관리하는 것이며, 3단계에서는 핵심적인 제품군을 분류하는 것입니다. 4단계는 각 범주별로 가격지수를 선정하고 5단계에서는 각 나라별로 가격지수를 산정합니다. BPP에서 가격지수를 산출하고 있는 나라는 [그림 3]과 같으며, 우리나라를 포함하여 매우 다양한 나라의 가격지수를 산정하고 있습니다.

지수 산정에서 가장 어려운 것은 핵심 제품군의 분류인데, 특히 공식 물가지수 산정에는 포함되지만 인터넷에서 가격을 찾기 어려운 제품군에 대한 정보를 얻는 것이 이 프로젝트의 핵심 기술입니다. 공식 물가지수 산정에 포함되는 제품군 중에서 음식,

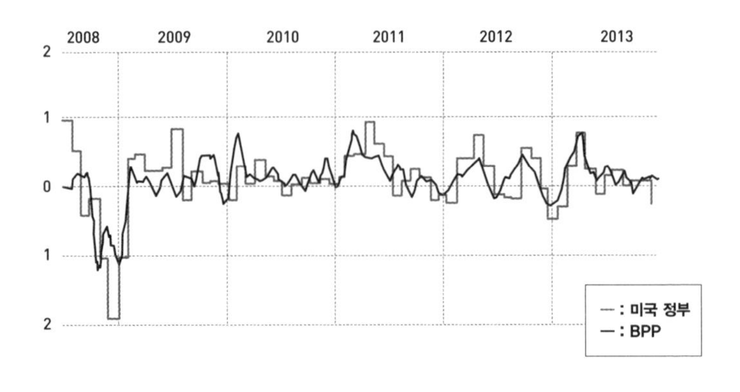

그림 4 BPP 물가지수와 미국 정부 물가지수

음료, 의복, 신발, 건강, 에너지 등 전체 60퍼센트 이상을 차지하는 품목군에 대한 정보는 인터넷에서 쉽게 얻을 수 있었으며, 서비스 등 인터넷으로는 전혀 얻기 힘든 가격에 대해서는 여러 가지 부가 정보를 이용하여 추정했습니다.

BPP 물가지수와 미국 정부에서 발표하는 물가지수의 비교를 [그림 4]에서 볼 수 있습니다. 약간의 차이는 있지만 전반적인 방향은 매우 비슷하게 움직이는 것을 확인할 수 있습니다. 미국 정부 발표 물가지수는 계단형인데 BPP 물가지수는 연속적으로 변하는 이유는, 미국 정부는 매월 물가지수를 발표하는 반면 BPP 물가지수는 매일 발표되기 때문입니다. BPP 물가지수는 정부 발표 물가지수보다 빠르게 시장의 변화를 감지할 수 있습니다. 아르헨티나의 경우 정부 발표 물가지수와 BPP 물가지수가 상당한 차이가 있는데, 〈이코노미스트〉는 아르헨티나의 물가지수를 발표할 때 BPP 물가지수를 보조 자료로 제공할 정도로 BPP 물가지수에 대한 신뢰도는 높습니다. 서방 국가에서는 오히려 아르헨티나 정부의 물가지수 발표를 신뢰하지 않습니다.

물가지수는 금융 상품에 투자할 때 매우 중요한 지표로 사용됩니다. 특히 이론적으로 물가지수는 국채 가격과 밀접한 관련이 있습니다. 따라서 물가지수에 대한 빠르고 정확한 예측은 국채 투자를 통한 수익의 창출로도 이어질 수 있습니다. 현재 BPP 프로젝트를 바탕으로 프라이스스태츠PriceStats라는 회사가 운영되는데, 각종 펀드를 운영하는 금융회사가 이 회사의 주요 고객이고, 월스트리트의 투자회사 중 60퍼센트 이상이 이 회사의 고객입니다.

통계는 통치의 학문이라고도 합니다. 건실한 국가통계를 바탕으로 국민 모두가 동의할 수 있는 정책을 펴는 것이 국가 발전의 초석입니다. 현재 대부분의 나라에서 국가통계의 생산, 분석 및 발표를 국가가 독점하고 있는 상황이며, 여러 가지 장치에도 불구하고 그 공정성에 많은 의문이 제기되고 있는 실정입니다. 특히 정치적 상황에 따라 국가통계를 왜곡하기도 합니다. BPP는 빅데이터가 국가통계의 중심을 국가에서 국민으로 옮기는 출발점이 되며 이를 통하여 민주주의의 성숙에도 크게 기여할 수 있을 것입니다.

찾아가는 복지 서비스

우리나라의 여러 문제 중 가장 시급하게 해결해야 할 문제는 경제적 양극화일 것입니다. 부자는 점점 더 부자가 되고 가난한 사람은 점점 가난해집니다. 부자가 나쁜 마음을 먹고 가난한 사람을 수탈해서 양극화가 발생하는 것이 아니고, 산업구조 자체가 양극화의 원인입니다. 자동화로 인한 노동 인력의 감소는 원가절감 등으로 자본가에게는 큰 이익을 주지만 서민에게는 실직 등으로 고통이 늘어납니다. 미국의 차량공유서비스 업체 우버Uber가 2019년 상장하려고 할 때 우버 기사들은 파업을 선언했습니다. 상장은 투자자에게는 큰 이익을 가져다주지만 우버 기사의 생활에는 도움이 안 되기 때문입니다. 운전자가 노력해서 번 돈을 투자자들이 가져가는 양상입니다. 우리나라에서도 요즘 유행하는 플랫폼 노동자는 양극화의 상처를 더욱 깊게 만드는 것은 아닌지 걱정이 됩니다. 인공지능으로 인한 사회문제로 양극화가 거론되는 것도 같은 맥락일 것입니다.

양극화의 해결책으로는 국가의 복지정책이 있습니다. 자본가의 막대한 이익을 세금 등을 통해서 국가가 환수한 후 이를 서민을 위해서 사용하는 것입니다. 우리나라는 최근에 복지예산을 크게 증액하고 있습니다. 2020년도 복지예산은 83조 원으로 지난해보다 무려 14.7퍼센트나 크게 증가했습니다. 다양한 사회복지제도를 만들어서 경제적으로 어려운 사람에게 해택을 주고 있습니다. 기초생활보장제도, 노인연금, 에너지 바우처 제도 등 다양한 프로그램을 운영하는 데 막대한 예산을 사용하고 있습니다. 인간의 최소한의 존엄을 지킬 수 있는 경제적 지원을 국가가 책임지고 있습니다.

그러나 불행하게도 아직도 많은 사람이 이러한 복지 프로그램의 사각지대에 놓여 있습니다. 경제적으로는 매우 어렵지만 부양가족이 있다는 등의 이유로 복지 혜택을 못 받고 있거나 복지제도를 몰라서 혜택을 못 받는 경우가 있습니다. 2014년에 발생했던 송파 세 모녀 사건은 복지 사각지대의 심각성을 잘 보여줬습니다. 송파구에 어머니와 성인이 된 두 딸이 살고 있었습니다. 어머니는 인근 식당에서 일을 했고 큰딸은 지병을 앓고 있었고 작은딸은 만화지망생으로 아르바이트를 하며 생활을 이어가고 있었습니다. 주 수입원은 어머니의 식당 일이었습니다. 이렇게 근근이 살아가던 세 모녀에게 시련이 찾아옵니다. 어머니가 사고로 다치면서 수입이 없어진 것입니다. 결국 생계를 비관한 세 모녀는 마지막 남은 70만 원을 공과금과 밀린 집세에 써달라는 유서를 남기고 자살합니다. 생을 마감하기 3년 전에 기초생활보장제도에 지원하려고 했으나 둘째 딸이 일할 수 있다는 이유로 거부당합니다. 그리고 그 이후로는 국가복지제도를 이용하려고 하지 않았습니다. 복지제도를 필요로 하는 사람들에게 문턱이 너무나 높았던 것입니다. 이 사건은 탁상행정의 전형을 보여주면서 사회적으로 큰 충격을 주었습니다.

이 사건 이후로 국가적 차원에서 찾아가는 복지행정이 시작됩니다. 과거에는 국가복지 혜택이 필요한 사람이 관공서를 찾아가서 신청하는 것이 일반적이었습니다. 복지 혜택 수급을 창피해하거나 몇 번 거절을 당한 후 실망하거나 또는 국가복지제도를 몰라서 찾아가지 못하는 경우가 많았습니다. 이런 복지 사각지대 해소를 위해서 데이터과학이 사용됩니다. 우리나라에는 국민에 대한 자료를 가지고 있는 정보원이 3개가 있습니다. 국가정보원, 신용정보원, 사회보장정보원입니다. 국가정보원은 국가 안보를 위한 정보, 신용정보원은 금융 정보, 사회보장정보원은 국가복지와 관련한 데이터를 보유하고 있습니다. 한번이라도 국가복지 혜택을 받으면 사회보장정보원에 데이터가 남습니다. 국가장학금이나 국가에서 지원하는 건강검진 등도 포함됩니다. 우리나라 국민 대부분의 정보를 사회보장정보원에서 보유하고 있습니다. 이 데이터를 분석하여 복지 혜택이 필요한 사람을 발굴하는 복지 사각지대 발굴 프로그램이 개발되었고 현재 아주 유용하게 운영되고 있습니다.

복지 사각지대 발굴 방법은 다음과 같습니다. 가구별 또는 개인별 각종 경제활동 정보를 바탕으로 가구 또는 개인의 경제적 상태를 예측하고, 경제적 상태가 일정 수준 밑에 있으면서 복지 혜택을 못 받는 사람들을 관련 공무원이 찾아가서 상황을 직접 파악하는 것입니다. 각종 경제활동 정보로는 공과금 납부 내역, 단전·단수 여부, 건강보험료 납부 내역, 세금 납부 내역 등을 사용합니다. 이러한 정보를 모으기 위해서는 유관 기관의 긴밀한 협조가 필요합니다. 단전 정보는 한국전력이, 단수 정보는 수자원공사가, 건강보험료 납부 여부는 건강보험공단이 데이터를 가지고 있어서 복지 담당 관공서에 데이터를 보내주어야 합니다. 이와 같이 데이터로 국가를 경영하기 위해서는 여러 기관의 유기적인 협조가 필요합니다. 국가의 데이터 컨트롤타워가 있어야 하는 이유입니다.

전체적인 방법론은 쉬워 보이지만 실제 데이터를 모으고 분석하는 일은 매우 지난하고 어렵습니다. 먼저 유관 기관의 협조를 받는 것이 매우 어렵습니다. 데이터를 제공하려는 기관은 개인정보보호법에 저촉되는지 고민하면서 그리 협조적이지 않습니다. 두 번째로는 부정확한 데이터가 많습니다. 특히 주소 정보는 같은 주소라도 다르게 표현이 되어 있어서 분석에 큰 어려움이 있습니다. 사람들은 보통 '서울시'라고 쓰기도 하고 '서울특별시'라고 쓰기도 하는데 컴퓨터는 이 두 값을 다르게 처리합니다. 텍스트마이닝 등의 특별한 방법을 사용해야 합니다. '서울시'와 '서울특별시'가 같다는 것을 컴퓨터가 자동으로 이해하게 만들어야 합니다. 또 다른 문제로는 정부가 보유한 많은 데이터가 실제 값과 같지 않습니다. 이를테면 실제 거주 주소와 행정 시스템의 주소가 다른 경우가 너무 많습니다. 특히 서울에서 대학을 다니는 지방 출신 학생에게서 많이 발견됩니다. 휴대전화 사용 패턴 등으로 거주지를 확인하는 작업이 필요합니다. 이런 점 때문에 데이터의 수집 및 정제는 매우 지난한 작업이고 데이터과학자의 도움이 필요합니다.

코로나19 사태에서 경기 침체를 막기 위한 재난지원금이 지급되었습니다. 경제적으로 어려운 사람에게만 지급하자는 주장도 많았지만, 결국 모든 사람을 대상으로 지급이 되었습니다. 부자나 가난한 사람이나 같은 액수의 금액을 받은 것입니다. 정의롭지 않은 것처럼 보입니다. 이렇게 전국 대상 재난지원금을 지급한 이유는 다양하지만 기술적인 이유로는 경제적으로 어려운 사람을 찾아내는 작업이 매우 어렵고 시간도 오래 걸리며 많은 비용이 들기 때문입니다. 예를 하나 들어보겠습니다. 소득 하위 70퍼센트까지의 노인만 노인연금을 받을 수 있습니다. 그런데 소득이 하위 70퍼센트라는 것을 알아내기 위해서는 관련 데이터가 있어야 합니다. 자식에게 고가의 집을 증여하고 계속 살고 있는 부자 할아버지라면 노인연금을 받지 않아야 합니다. 하지만 개인의 소득을 알아내는 일은 생각보다 어렵습니다. 노인연금은 매년 계속해서 지급되기 때문에 정확한 소득 추정을 위해서 많은 인력과 비용을 투자하고 있습니다. 반면에 코로나19로 인한 일시적인 재난지원금 지급에 수급 자격을 정하고 확인하는 것은 배보다 배꼽이 큰 우를 범하는 것입니다.

이런 사례에서 보듯이 삶의 질 향상을 위해서 국가는 질 좋은 데이터를 최대한 많이 보유하고 있어야 합니다. 공공을 위한 데이터 활용은 많은 투자가 필요한 국가인프라 사업입니다.

6장

민주주의와 선거

유권자의 마음을 읽어라

대한민국은 민주 공화국이다

"대한민국은 민주공화국이다. 대한민국의 주권은 국민에게 있고, 모든 권력은 국민으로부터 나온다." 대한민국헌법 제1조입니다. 우리나라의 주인이 모든 국민이라는 것입니다. 부자나 특권층이 주인이 아니라 모든 국민이 주인입니다. 나라를 운영하면서 필요한 모든 결정을 국민이 해야 합니다. 댐을 짓고 고속도로를 건설하고 대학입시제도를 바꾸는 등, 국가의 모든 결정은 국민이 해야 한다는 것입니다. 2016년의 촛불혁명은 헌법 1조를 국민이 직접 구현하는 엄청난 사건이었습니다.

그런데 5000만 명이나 되는 국민이 국가가 해야 할 일을 일일이 결정하는 것은 물리적으로 불가능합니다. 그래서 대부분의 민주공화국은 선거라는 제도를 통해서 간접적으로 국민이 국가의 결정에 참여합니다. 선거를 통해서 대리인을 뽑고 이 대리인들이 국가를 운영하는 것입니다. 대통령 선거, 국회의원 선거, 지방자치단체장 선거, 지방의회 선거, 교육감 선거 등 수많은 선거가 치러집니다. 민주공화국에서 가장 중요한 행사는 결국 선거입니다. 모든 국민이 나라의 주인으로서 뭔가를 결정하는 유일한 행사이기 때문입니다. 필요한 예산도 많고 부작용도 많지만 우리나라 선거제도는 점점 발전하고 확대되고 있습니다. 1948년 정부 수립 직후에는 대통령과 국회의원 선거만 있었습니다. 그 이후 지방자치제도가 도입되면서 지방자치단체장과 지방의회를 위한 선거가 생겼고 교육의 중요성을 고려하여 교육감 선거도 생겼습니다. 우리나라에서 교육이 국가의 운영에 얼마나 중요한지 잘 보여줍니다. 더 나아가 미국에서는 각 주의 검찰총장을 선거로 뽑습니다. 요즘같이 검찰 조직이 분열될 때는 우리나라도 검찰총장을 선거로 뽑을 필요가 있을 것 같습니다. 선거로 선출된 검찰총장은 국민이 권리를 위임해주었기 때문에 정치에 휘둘리지 않고 중립적으로 직무를 수행할 수 있습니다. 우리나라는 현재 검찰총장은 대통령이 임명합니다. 국가의 중요한 일을 결정하는 자리일수록 선거로 뽑습니다. 국가의 주인인 국민의 의견을 직접 묻는 것입니다.

선거에서 이기기 위해서는 국민의 목소리를 항상 경청해야 합니다. 그것도 모든 국민의 목소리를 편향 없이 들어야 합니다. 정치인은 주위에 있는 사람의 말만 들으면 선거에서 지기 십상입니다. 2020년 국회의원 선거에서 보수 성향의 정당이 참패한 이유도 국민 전체의 목소리가 아니라 보수 지지자들의 목소리만 들었기 때문입니다. 편향 없이 객관적으로 국민의 소리를 듣는 것은 매우 어렵습니다. 확증 편향으로 사람은 항상 듣고 싶은 것만 듣기 때문입니다. 제2차 세계대전에서 수많은 전조가 있었음에도 미국은 일본의 진주만 공격을 예상하지 못했는데, 확증 편향으로 주어진 데이터를 객관적으로 분석하지 못했기 때문입니다. 박근혜 전 대통령은 측근인 최순실의 조언만 듣다가 헌정사상 처음으로 탄핵당했습니다. 아마 지금도 박 전 대통령은 본인의 잘못을 이해하지 못할 수도 있습니다. 데이터를 잘 살펴보지 않았거나 데이터를 작위적으로 해석했기 때문입니다. 블랙리스트·화이트리스트 등의 이념 대결을 국민이 원하지 않는다는 것을 박 전 대통령은 알지 못했던 것 같습니다. 40년 전 아버지가 대통령이던 시절의 데이터로 21세기를 이해한 것입니다.

국민의 의사를 표현하는 국가의 가장 중요한 행사인 선거에서 데이터의 중요성이 나날이 커지고 있습니다. 선거를 앞두고 매일매일 여론조사 결과가 나옵니다. 그리고 여론조사를 바탕으로 공약을 새로 만들고 기존의 공약을 수정하기도 합니다. 2020년 총선에 참패한 후에 보수 성향의 정당에서 기본소득을 정강으로 채택했습니다. 국민이 무엇을 원하는지를 반영한 것입니다. 심지어 이전과 달리 각 당에서 후보자를 공천할 때 당원이 아닌 일반인의 여론조사를 결과에 반영합니다. 그것도 꽤 많이 반영합니다. 선거에서 이기기 위해 이제 데이터과학은 필수입니다.

DJP연합

우리나라는 1948년 정부 수립 이후로 이승만 대통령을 중심으로 한 정치 세력과 신익희 등의 반대 정치 세력의 대결 구도로 정치 지형이 형성됩니다. 이승만 대통령 중심의 세력은 주로 보수였고 그 반대 세력은 주로 진보였습니다. 보수가 기존의 국가 시스템을 이어받아서 발전시키는 것이 효율적이라고 생각한다면, 진보는 기존의 국가 시스템을 개혁해서 새로운 시스템을 채택해야 한다고 생각합니다. 정부 수립 이후에 보수는 여당이었고 진보는 야당이었습니다. 1960년의 4·19혁명 이후 1년 남짓 잠깐 진보가 여당, 보수가 야당이었지만 1961년 5·16 군사정변으로 다시 보수가 여당이 진보가 야당이 됩니다. 그리고 이 정치 구도는 35년 이상 지속되다가 1997년에 드디어 건국 이래 처음으로 선거에 의해서 진보가 여당, 보수가 야당이 되며 정권이 교체됩니다.

1997년 대통령 선거에서 진보 진영 후보인 김대중 후보가 보수 진영 후보인 이회창 후보를 이기고 대통령이 됩니다. 득표율이 김대중 후보 40.27퍼센트, 이회창 후보 38.75퍼센트로 매우 치열했습니다. 이 선거에서 김대중 후보가 이회창 후보를 이길 수 있었던 가장 큰 이유는 DJP연합이라는 정치적 결단이었습니다. DJP연합이란 그 당시 보수의 유력 정치인이었던 김종필이 김대중 후보와 연합하여 선거운동을 한 것을 지칭합니다. 진보와 보수의 유력 정치인의 연합이라는 의미보다는 전라도를 대표하는 정치인과 충청도를 대표하는 정치인의 연합이라는 것이 선거 결과에 더욱 결정적으로 영향을 미쳤습니다.

DJP연합을 이해하기 위해서는 선거 전의 정치 구도를 살펴볼 필요가 있습니다. 1980년에 군대를 이용하여 전두환이 대통령이 되고 1987년에 실시된 대통령 선거에서 노태우가 전두환을 이어서 대통령이 됩니다. 이 당시 야당 후보인 김영삼, 김대중, 김종필이 서로 연합하지 못하고 서로 싸우다가 결국 노태우가 어부지리로 대통령에 당선됩니다. 1987년 대통령 선거에서 노태우 후보가 얻은 득표율은 불과 36.64퍼센트밖에 되지 않았습니다.

대통령 선거 이후에 치러진 1988년 제13대 국회의원 선거에서는 3명의 김씨가 각자 이끌었던 3개의 당이 연합하여 국회 다수당이 되고, 여당이 국회에서 소수당이 되었습니다. 국회는 대통령과 비슷한 수준의 막강한 권력을 발휘합니다. 특히 예산에 대한 전권을 가지고 있습니다. 국회가 대통령과 각을 세우고 대립하자 대통령은 하고자 하는 일을 제대로 할 수가 없었습니다. 국회에서 예산을 승인해주지 않았기 때문입니다. 결국 노태우 대통령은 3김 중 김영삼, 김종필과 같이 권력을 나누기로 합니다. 그 결과 여당과 김영삼과 김종필이 이끌던 2개의 당이 합당합니다. 3당 합당이라 불리는 사건입니다. 김대중만 혼자 야당으로 남았습니다. 3당 합당 후에 여당은 국회의 다수당이 되었으며 국회를 마음대로 이끌어갈 수 있었습니다.

1992년 대통령 선거에서는 여당에서 김영삼 후보가, 야당에서 김대중 후보가 출마합니다. 2자 구도였고 결과는 김영삼 후보의 압승으로 끝납니다. 김영삼 후보가 김대중 후보를 압도적으로 이길 수 있었던 이유는 바로 지역감정이었습니다. 김영삼 후보는 경상도가 고향이고, 김종필은 충청도, 김대중은 전라도가 고향입니다. 인구분포는 경상도와 충청도 출신이 전라도 출신보다 훨씬 많았습니다. 1992년에는 지역감정으로 각 지역에서 그 지역 출신의 후보에게 몰표가 나왔습니다. 이 같은 지역감정은 아직도 남아 있지만, 다행히 현재는 서울과 경기도의 인구가 가장 많고 이 지역에서는 지역감정이 예전에 비해서 많이 약해졌습니다.

1992년 선거 패배 후에 김대중은 정계은퇴를 선언했다가 절치부심切齒腐心하여 1997년에 다시 대통령 선거에 출마합니다. 여당 후보로는 김영삼 대통령 정권에서 총리를 지낸 이회창이 출마합니다. 이회창은 고향이 충청도입니다. 지역감정으로 예측해보면 김대중의 당선은 어려워 보였습니다. 특히 경상도와 전라도 사이에 지역감정의 골이 너무 깊었고 경상도에서는 이회창 후보의 몰표가 예상되었습니다. 1992년 선거에 비해서 달라질 것은 없어 보였습니다.

그런데 1997년에 우리나라는 매우 특수한 상태에 처했습니다. 바로 1997년 IMF 사태로 경제가 너무 안 좋은 상태였습니다. 대기업이 부도를 냈고 은행마저 문을 닫았습니다. 엄청난 실업자가 쏟아져 나와 국민의 고통은 이루 말할 수 없을 정도로 심했습니다. 경제적인 이유로 학업을 포기하는 학생이 급격히 늘어났고 이혼도 급증하는 등 사회 전체가 침몰하고 있었습니다. 국민들은 김영삼 대통령이 나라를 부도낸 원흉이라 생각하고 분노했습니다. 이러한 분노가 지역감정을 넘을 수도 있을 것 같습니다.

하지만 지역감정의 골은 생각보다 깊었습니다. 아무리 김영삼 대통령이 나라를 부도냈어도, 경상도 사람이 김대중 후보에 투표할 것 같지는 않았습니다. 그런데 충청도는 상황이 달랐습니다. 경상도 출신의 김영삼 대통령에 대한 실망이 너무 컸습니다. 잘만 하면 충청도에서는 지역감정이 크게 작용하지 않을 것도 같았습니다. 김대중 후보는 고민에 빠졌습니다. 그리고 충청도의 대표 정치인인 김종필 후보와 연합을 하기로 결정합니다. 이회창 후보와 사이가 좋지 않았던 김종필 후보도 흔쾌히 김대중 후보의 연합 제의를 받아들입니다. 전라도와 충청도 인구의 합이 경상도 인구보다 많았기 때문에 김종필 후보와의 연합은 김대중 후보의 당선 확률을 높일 수 있었습니다. 이 두 후보의 정치적 연합을 김대중 후보의 영문 약자인 DJ와 김종필의 영문 약자인

JP를 합쳐서 DJP연합이라고 부릅니다.

그러나 정치는 그리 쉽지 않았습니다. 선거운동 기간 중에 DJP 연합을 발표하자 여기저기서 부작용이 나오기 시작했습니다. 특히 김대중 후보를 지지하던 진보 진영에서는 5·16 군사정변의 주도자 중 하나인 김종필을 싫어했습니다. DJP연합 이후에 진보 진영에서 김대중 후보의 지지율이 눈에 띄게 줄기 시작했습니다. 반면에 DJP연합의 효과를 기대한 충청도에서의 김대중 후보의 지지율은 지지부진해 보였습니다. 보수 후보인 이회창 후보를 지원하던 보수 언론매체에서 DJP연합의 부작용에 대해서 계속 이슈를 만들어냅니다. 대부분 DJP연합에 부정적인 견해였습니다. 신문이나 뉴스만 보면 김대중 후보는 DJP연합으로는 얻는 것보다는 잃는 게 더 많아 보였습니다. 김대중 후보 선거 캠프에서 조심스럽게 DJP연합의 파기를 고려하기 시작했습니다. 최종 결정은 김대중 후보가 해야 했습니다.

신문이나 방송에서 나오는 이야기와 본인의 경험을 바탕으로 김대중 후보는 일생일대의 결정을 내려야 했습니다. 김대중 후보는 DJP연합을 계속 유지하느냐 아니면 파기하느냐 하는 중요한 길목에 서 있었습니다. 그런데 김대중 후보는 데이터의 중요성을 잘 알고 있었습니다. 김대중 후보 선거 캠프에 아주 유능한 데이터과학자가 있던 덕분입니다. 신문이나 방송을 믿지 않고 직접 여론조사를 통해서 충청도 주민의 의견을 듣기 시작했습니다. 그러고 나서 중요한 것을 깨닫습니다. 신문이나 방송에서 떠

들어대는 이야기와 여론조사를 통해서 알아본 충청도 주민의 생각이 많이 다르다는 것입니다. 충청도 주민은 DJP연합에서 김대중 후보가 김종필을 배신하지 않을까 우려하고 있었습니다. 이러한 우려가 김대중 후보에 대한 지지를 망설이게 하는 주 원인이었습니다. 김대중 후보는 여론조사를 바탕으로 DJP연합을 더욱 공고히 하기로 결정하고 공식적으로 발표했고, 결국 아주 근소한 차이로 1997년에 대통령에 당선됩니다. 만약 김대중 후보가 신문이나 방송에서 나오는 의견을 받아들여서 DJP연합을 파기했다면 당선이 어려웠을지도 모릅니다. 신문이나 방송의 의견은 절대 객관적이지 않습니다. 반면에 데이터과학에 기반을 둔 여론조사는 객관적입니다. 이 선거 이후로 데이터과학은 각종 선거에서 핵심적 역할을 합니다.

오바마, 빅데이터로 선거를 치루다

개표방송을 보면 선거는 온 국민이 참여하여 즐기는 게임이라는 생각이 듭니다. 특히 개표 막판까지 결과를 알 수 없는 경우에는 많은 국민이 매우 흥미진지하게 즐깁니다. 투표 시간이 끝나자마자 발표되는 출구조사 결과도 흥을 돋우기 위한 게임의 한 요소로 이해할 수 있을 것입니다. 선거는 기본적으로 국민 모두가 동참하여 국가를 운영하는 정치인을 뽑는 행위이며, 대부분의 선거는 1표라도 많이 얻는 후보가 승리합니다. 모든 결과가 후보의 자질이나 과거 업적이 아니라 게임의 참가자인 국민에 의해서 한순간에 전적으로 결정되며, 이긴 후보가 모든 것을 갖는 등, 게임의 흥미 요소를 두루 갖추고 있습니다. 선거의 게임적 요소를 소재로 한 고원정의 소설 《프레지던트 게임》은 이런 요소를 부각하여 재미있게 보여줍니다.

선거라는 게임에서 이기는 중요한 기술 중 하나로 마케팅을 꼽을 수 있습니다. 마케팅이란 자사의 제품이나 서비스가 경쟁사의 것보다 소비자에게 우선적으로 선택될 수 있도록 하기 위해 행하는 모든 제반 활동을 의미합니다. 선거로 치환해보면 제품이나 서비스는 후보가 될 것이고, 소비자는 투표권을 가진 국민, 그리고 제반 활동은 선거운동일 것입니다. 마케팅에서 가장 중요한 개념은 '소비자가 원'하는 것입니다. 선거 마케팅에서는 유권자가 원하는 것을 파악하는 것을 근본으로 합니다. 즉, 선거는 전문가나 이해당사자의 마음이 아니라, 국민의 마음을 얻는 것입니다.

선거는 마케팅이고, 이 마케팅에서 승리하기 위해서는 대중의 마음을 읽는 매의 눈이 필요합니다. 대중의 마음을 읽는 방법 중 가장 효과적인 것이 여론조사입니다. 선거 전문가도 선거에서 여론조사의 중요성을 일찍부터 깨닫고 있었습니다. 하지만 최근에 여론조사와 실제 선거 결과가 다른 경우가 종종 발견됩니다. 최악의 사례는 2016년 미국 대선입니다. 모든 여론조사에서 힐

러리 클린턴Hillary Clinton의 낙승을 예상했지만 결과는 트럼프가 이겼습니다.

우리나라에서도 여론조사가 잘 맞지 않았습니다. 2004년의 제17대 총선에는 총선 직전에 있었던 노무현 대통령의 탄핵 사건으로 모든 여론조사 기관에서 열린우리당(당시 노무현대통령이 속해 있던 당)의 압승을 예상했으나, 선거 결과는 열린우리당이 간신히 과반을 넘겼으며 당시 한나라당은 대통령비자금 사건 등의 불미스러운 사태에도 불구하고 121석을 차지했습니다. 2004년 총선은 여론조사의 문제를 여실히 보여줍니다. 특히 매우 정확하다고 알려져 있는 출구조사도 많은 지역구에서 예측이 틀렸습니다(주로 열린우리당이 당선될 것으로 예측했습니다). 많은 표본을 사용하여 당일에 실시하는 출구조사는 이론적으로는 매우 정확하여야 하지만 실제 상황은 다릅니다. 이유는 전문가라도 여론조사나 출구조사로는 무응답층의 마음을 알 수는 없기 때문입니다. 2004년 당시 보수적 유권자의 여론조사에서의 무응답 비율이 매우 높았던 것으로 사후분석에서 밝혀졌습니다. 2016년 미국 대선도 비슷한 현상으로 이해할 수 있습니다.

이러한 여론조사의 한계를 넘어설 수 있는 대안으로 떠오르고 있는 것이 바로 빅데이터입니다. 국민 한 사람 한 사람의 평소 생각을 빅데이터로 모을 수 있다면 국민의 마음을 좀 더 정확하게 알 수 있을 것입니다. 오바마Barack Obama 대통령은 2012년 대통령 선거에 빅데이터 기술을 접목하여 선거에서 완승할 수 있었습니다. 2008년에 SNS를 사용하여 큰 성과를 올린 오바마 캠프는 2012년에는 본격적으로 빅데이터 기법을 선거에 적용했습니다. 오바마 캠프에서 수행한 빅데이터 기법은 유권자 데이터베이스 구축과 개인 맞춤형 정책 홍보로 정리할 수 있습니다. 먼저 유권자 데이터베이스 구축을 위하여 다양한 데이터베이스를 수집한 뒤 이를 한곳에 모으고 정리하는 작업을 진행했습니다. 오바마 캠프에서는 역사상 최초로 선거 캠프에 테크놀로지팀을 설치하고 최고 기술책임자로 실리콘밸리의 괴짜인 하퍼 리드Harper Reed를 임명했습니다. 그리고 2억 명 이상의 방대한 유권자 정보의 저장, 연동 및 분석을 위하여 아마존 클라우드 서비스를 이용했습니다. 최고 기술책임자인 하퍼 리드를 임명한 지 1년 6개월 후에는 오바마 캠프의 테크놀로지팀의 인원은 1000여 명 규모로 늘어났습니다.

오바마 캠프는 방대한 유권자 정보를 바탕으로 유권자 개개인의 관심사 및 정치 성향 등을 분석하고 이를 바탕으로 개인 맞춤형 정책 홍보를 개발하여 적용했습니다. 예를 들어, 오바마 캠프는 20대 여성에게 가족계획비용(피임)의 의료보험 적용과 교육비 상승 문제 대책을 집중적으로 광고했습니다. 이에 비하여 상대편인 롬니Willard Mitt Romney 캠프에서는 개인 맞춤형보다는 에너지 문제부터 사회보장 문제까지 다양한 문제에 대한 정책 홍보를 벌여서 20대 여성이 대상이라면 너무 많은 홍보로 역효과를 나타냈습니다.

그럼 오바마 캠프는 개인 맞춤형 정책 홍보를 위한 빅데이터를 어떻게 모았을까요? 크게 3가지의 데이터베이스로 정리할 수 있습니다. 첫 번째는 민주당을 지지하여 스스로 정보를 남긴 유권자의 데이터베이스입니다. 민주당 전국위원회의 유권자 등록 데이터베이스가 그 중심에 있습니다. 그 외 후원금 기부자 명단과 자원봉사자 명단도 데이터베이스에 저장됩니다.

두 번째 데이터베이스는 민간업체에서 보유한 데이터입니다. 액시엄Acxiom과 인포USA라는 회사는 개인정보 자료를 모아서 보유하고 이를 바탕으로 운영하는 회사입니다. 액시엄은 2만여 대의 서버에 미국 성인 2억 명과 전 세계 5억 명의 소비자 데이터를 보유하고 있으며, 개인당 정보도 1500개 이상으로 매우 다양한 정보를 보유하고 있습니다. 미국 연방수사국FBI이나 세무조사국IRS보다도 풍성한 자료를 보유하고 있으며 9·11테러 직후에는 테러범 색출에도 크게 일조했습니다. 현재 미국 100대 기업 중 40개 이상의 기업이 액시엄의 데이터베이스를 사용하고 있습니다. 인포USA도 2억 명 이상의 소비자 정보와 2400만 개 이상의 업체 정보를 보유하고 있으며, 미국 100대 기업 중 80퍼센트 이상의 기업이 인포USA와 거래하고 있습니다.

마지막 빅데이터로는 자원봉사자가 입력하는 정보입니다. 민주당은 각 지역의 자원봉사자가 수시로 자기 주변에서 얻은 정보를 개인PC로 데이터베이스에 넣을 수 있는 시스템을 구축했습니다. 특히 할머니 봉사단들은 지역신문의 독자 투고란을 뒤져서 지역 주민의 정치 성향을 알아냈으며, 동네 파티 등에서 사적으로 획득한 정보(주민의 정치적 성향 등)도 데이터베이스에 입력했습니다. 즉, 오바마 캠프에서 사용한 빅데이터는 앉아서 쉽게 얻은 정보가 아니라 캠프 구성원들이 단결하여 다양한 종류의 데이터를 모으고 합쳐서 얻은 매우 뜻깊은 정보입니다. 데이터베이스 구축을 위한 자원봉사자의 노력은 빅데이터 시대에도 사람의 노력이 얼마나 중요한지 잘 보여줍니다. 유권자 데이터베이스의 중요성을 간파하고 먼저 실행한 당이 공화당인 것을 상기한다면, 데이터베이스 구축을 위한 민주당 자원봉사자의 노력에 박수를 보내고 싶습니다. 그리고 이러한 노력을 가능하게 했던 오바마 캠프 지도자들의 혜안에 큰 점수를 주어야 할 것입니다. 선거에서 이긴 것은 데이터과학의 힘을 좀 더 잘 이해한 후보였습니다.

7장

금융과 신용

서민을 위한 데이터

금융 산업의 어제와 오늘

인류 역사에서 급격한 생산성 향상을 가능하게 했던 가장 큰 2가지 사건을 꼽으라면 산업혁명과 금융시장의 탄생일 것입니다. 산업혁명은 제조업 분야의 비약적인 발전을 이뤄내 생산되는 재화의 양을 급격히 증가시켰다면, 금융시장은 이러한 재화를 효율적으로 분배했으며, 개인이 할 수 없는 거대 산업(예: 정유 사업, 거대 토목·건설 사업)이나 국제교역의 발전에 크게 기여했습니다. 예를 들어, 증권시장의 출현은 거대 사업(예: 17세기 유럽과 아시아의 교역)에 수반하는 위험(예: 태풍, 해적 등으로 교역하는 배가 돌아오지 못하는 위험)을 효율적으로 분배할 수 있는 길을 제공했으며, 이를 통하여 거대 사업의 활성화에 크게 기여했습니다. 금융의 발전이 없었다면 현재 가내수공업 정도의 산업만 존재했을 것입니다. 대부분의 선진국의 경제에서 금융이 큰 부분을 차지하는 것도 경제 발전에 금융이 얼마나 중요한지를 방증합니다.

우리나라에서는 1997년 IMF 외환위기 이후에 금융의 중요성이 크게 부각되었습니다. 금융 산업을 새로운 성장 동력으로 삼고, 세계적인 수준의 금융기관 육성을 시도했으며, 이를 위해 서울을 동북아의 금융허브 도시로 육성하고 금융기관의 대형화 및 겸업화를 통해 금융시장 및 금융 산업을 선진화하고자 했습니다. 하지만 이러한 시도는 2008년 글로벌 금융위기 이후 주춤하고 있으며, 현재는 금융 산업의 안정성에 좀 더 방점이 찍혀 있습니다.

우리나라 금융 산업은 선진국에 비해 뒤처졌다고 평가됩니다. 세계경제포럼World Economic Forum의 보고서에 따르면 2019년 우리나라의 금융발전지수는 62개국 가운데 19위를 차지했습니다. 하지만 대출의 용이성, 벤처자본의 이용 가능성, 은행 건전성 등에서는 경쟁력이 낮다고 평가되며, 특히 국내 전문가조차 낮은 점수를 주고 있습니다. 예대마진(예금이자와 대출이자의 차이에 의한 수입)이나 수수료 등에 의존하는 국내 금융 산업은 점점 포화되고 있습니다. 글로벌 금융위기 이후 급변한 세계 금융시장의 변화(금융안정화를 우선시하는 분위기) 속에서 국내 금융시장의 바람직한 성장을 위한 노력이 시급하며, 이 중심에 데이터과학이 있습니다. 특히 금융시장의 발전을 위하여 필요한 금융시장 안정화, 신성장 사업의 발굴 및 투자, 새로운 금융 수요 발굴(예: 기업 인수합병에 필요한 금융 서비스, 개인연금 서비스 등) 등의 효율적인 수행을 위한 데이터과학의 활용이 금융 산업의 생존 문제가 되었습니다.

신용평가와 데이터과학

금융 산업의 맏형은 은행입니다. 은행의 역할은 여유자금을 모아서 새로운 자금이 필요한 곳에 대출을 해주는 것입니다. 이를 통해서 사회에서 불필요한 곳의 자금을 필요한 곳으로 효율적으로 옮길 수 있고 국가경제의 활력을 크게 높일 수 있습니다. 은행은 여유자금을 모을 때 예금주에게 이자를 지급하고 대출을 해줄 때 대출자에게 이자를 받습니다. 예금이자가 대출이자보다 작아서 은행은 예대마진을 통해서 수익을 올립니다. 은행의 영업 방법은 생각보다 단순합니다.

그런데 이러한 예대마진 위주의 영업에서 큰 문제가 발생할 수 있는데, 대출자가 자금을 갚지 않는 경우입니다. 이때 은행은 큰 손해를 볼 수밖에 없으므로 은행은 신용이 좋은 곳에 대출을 해줘야 합니다. 즉, 대출자의 신용을 평가하는 것이 은행의 핵심 기술이 됩니다. 예대마진에는 은행의 영업을 위한 필요 자금과 대출자의 부도로 인한 예상 손실이 포함되어 있습니다. 은행은 대출자의 대출이자를 산출할 때 신용평가 결과를 활용합니다. 신용이 좋은 사람에게는 대출이자를 낮게 책정하고 신용이 좋지 않은 사람에게는 높게 책정합니다.

IMF 이전에 우리나라 금융 산업은 매우 낙후되어 있었습니다. 은행은 신용평가를 거의 하지 않았습니다. 대출을 해줄 때는 주로 담보를 요구했습니다. 담보가치만 평가하면 되었습니다. 물론 담보가치도 주먹구구식으로 은행 마음대로 정했습니다. 나아가 은행은 법적으로 망하지 않았습니다. 큰 액수의 대출이 부도가 나서 은행이 어려움에 처하면 국가에서 해결해주었습니다. 예금주 입장에서는 은행에 예금한 자금을 못 받을 확률은 0퍼센트였습니다. 이러한 상황에서 은행이 수입을 올리는 방법은 최대한 많이 대출해주는 것이었습니다. 신용평가는 전혀 필요 없었습니다. 신용평가보다는 대출자를 찾아가는 마케팅이 은행의 핵심 역량이었습니다.

이러한 후진국형 금융 산업은 1997년 IMF 사태를 몰고 온 주범으로 평가받고 있습니다. 개별 은행의 부실이 국가의 부도로 연결되는 비극적인 사태를 맞은 것입니다. IMF 사태 이후로 우리나라 금융 산업도 크게 변합니다. 먼저 정부는 은행 지원 원칙을 바꿔서 은행이 망할 수 있게 되었습니다. 은행이 망하면 예금주는 돈을 돌려받을 수 없습니다. 또한 은행에 대한 정부의 규제가 강화됩니다. 특히 은행 건전성에 대한 정부의 관리감독이 시작됩니다. 이즈음 생긴 금융위원회와 금융감독원이 이 역할을 담당합니다. 은행 건전성이란 은행이 대출해준 개인이나 기업의 신용 상태를 의미합니다. 신용이 좋은 개인, 기업에게만 대출해준 은행은 은행 건전성이 높습니다. 이제는 은행의 핵심 기술은 신용이 좋은 대출자만 골라서 대출을 많이 해주는 것입니다. 신용평가가 은행의 핵심 역량이 되었습니다.

신용평가는 대출자의 과거 금융거래 내역을 바탕으로 진행됩니다. 개인 신용평가는 과거의 대출을 잘 갚았는지, 대출액 대비 소득은 적절한지, 현재 직업은 안정적인지, 다른 금융기관에 대출은 없는지, 부동산 등을 포함한 자산은 얼마나 되는지 등을 고려해서 평가가 이루어집니다. 기업의 신용평가는 매출액, 성장률, 고용자 수, 사장의 신용 상태 등을 고려합니다.

신용평가를 위해서는 데이터가 필요합니다. 과거의 금융거래 내역과 신용의 관계를 데이터로부터 파악해야 합니다. 기업의 데이터는 비교적 손쉽게 얻을 수 있습니다. 대부분의 기업이 은행과 거래하기 때문에 기업에 대한 정보를 은행은 이미 많이 가지고 있습니다. 반면에 개인의 금융거래에 대한 데이터는 모으기 쉽지 않습니다. 개인은 보통 여러 개의 은행과 거래합니다. 그리고 대부분의 개인은 특별한 일이 없으면 개인정보를 은행에 알리지 않습니다. 내 월급이 얼마인지 직업이 무엇인지를 은행에 알려주지 않습니다. 그리고 개인은 은행 외 다양한 방법으로 금융거래를 합니다. 대표적인 것이 신용카드입니다.

이렇듯 개인의 신용을 평가하기 위한 데이터를 개별 은행이 독자적으로 모으는 것은 매우 어려워 보입니다. 이러한 문제를 해결하기 위해서 1997년 IMF 사태 이후에 정부는 개인금융 거래 정보를 모아서 분석하는 신용평가 회사를 만듭니다. 현재 KCB와 NICE라는 2개의 신용평가 회사가 주로 개인신용정보를 모으고 분석해서 신용평가 결과를 금융그룹에 제공하는 역할을 하고 있습니다. 물론 기업 신용평가를 전문적으로 하는 회사도 있습니다. 많은 데이터과학자가 신용평가 분야에서 활동하고 있습니다.

각 은행은 신용평가 회사에서 받은 정보와 은행 자체 고객의 데이터를 바탕으로 대출자의 신용을 평가합니다. 그리고 이 신용평가를 바탕으로 대출자의 부도로 인한 손실액를 추정하고 이를 예대마진 등 은행의 각종 정책 결정에 반영해야 합니다. 특히 예상 손실액을 바탕으로 정부는 개별 은행의 영업을 규제합니다. 'BIS 자기자본비율'이라는 것이 있습니다. 은행이 보유하고 있는 자산이 전체 위험자산에 비해서 얼마나 되는가를 측정한 값입니다. 이 값이 높을수록 보유자산이 위험자산에 비해 많다는 의미이며, 대출이 회수되지 않아도 보유자산으로 문제를 해결할 수 있습니다. 은행이 건강한 것입니다. 보통 BIS 비율이 8퍼센트 이상이면 건전한 은행으로 판단합니다. BIS 비율이 8퍼센트 미만인 경우에 은행은 여러 가지 정부의 규제를 받습니다. 특히 대출에 대한 정부의 규제 때문에 은행의 예대마진에 따른 이익이 크게 감소하게 됩니다. 건강하지 않은 은행은 영업도 어려워집니다. BIS 자기자본비율을 위한 위험자산을 산정할 때 신용평가 결과가 핵심으로 사용됩니다. 데이터가 은행의 건전성을 측정합니다.

데이터가 없으면 신용평가도 불가능합니다. 은행에서 대출을 해주지 않는 사람은 신용이 나쁘거나 데이터가 없어서 신용평가를 할 수 없는 사람입니다. 신용이 나쁜 사람에게 대출을 해주지 않는 것은 어찌 보면 당연해 보입니다. 그러나 데이터가 없어서 신용평가가 불가한 사람에게 대출을 해주지 않는 것은 뭔가 불공평해 보입니다. 사회초년생이 주로 이러한 범주에 들어가는데 금융거래 내역이 거의 없기 때문입니다. 현재 사회초년생은 사회적으로 여러 가지 어려움을 겪고 있습니다. 취직하기도 어렵고, 학자금대출 등으로 대출금도 제법 있습니다. 이들이 어렵게 사회에 첫발을 내딛을 때 사회적으로 도와줄 수 있는 방법은 무엇일지 고민해야 합니다. 은행도 이들을 위해 특별 대출 프로그램 등을 마련하여 도와주려 해도 안타깝게도 데이터가 없어서 이러한 대출 프로그램을 만들 수 없습니다.

은행에서 대출이 거부된 사람들은 제2금융권이나 사채를 사용합니다. 제2금융권이나 사채의 이자율은 은행에 비해서 매우 높습니다. 신용이 좋지 않은 사람에게 대출해주는 것이니 어찌 보면 당연해 보이지만, 데이터가 없어서 제2금융권을 이용하는 사람을 보면 안타깝습니다. 이러한 문제를 해결하기 위해서 빅데이터를 사용할 수 있습니다. 금융거래 내역 이외의 데이터를 이용하여 신용평가를 할 수 있습니다. SNS 활동 내역을 바탕으로 하는 신용평가도 가능합니다. 미국 회사 렌도Lenddo가 대표적인 사례입니다. 렌도는 SNS상에서 구축한 평판 정보를 활용해 개인 신용평가를 하고 이를 기반으로 소액대출을 제공하는 업체입니다. 렌도의 주요 고객은 대출상환 능력은 있지만 거래 이력이 없어 전통적인 금융회사에서 대출이 쉽지 않은 신흥국 중산층이며, 2011년 3월 서비스를 시작해 필리핀, 콜롬비아, 멕시코 등에서 사업을 하고 있습니다. 렌도는 신용평가를 위해 SNS 계정 수, 해당 계정의 사용 기간, 친구 수 등의 정보를 활용합니다.

우리나라에서도 최근 IT 기업이 인터넷은행으로 금융업에 진출하고 있습니다. IT 기업의 강점은 기존 금융회사보다 빅데이터로 접근하기 용이하다는 것입니다. 빅데이터를 바탕으로 정교하게 신용평가를 한다면 데이터 부재로 은행권에서 소외된 고객에게 새로운 금융서비스를 제공할 수 있을 것입니다. 특히 사회초년생에게 큰 희망이 될 수 있습니다. 이 같은 전망을 바탕으로 금융 산업은 현재 데이터 확보를 위해 분투 중입니다.

데이터 금융시대의 개막

금융 산업에 필요한 기술은 신용평가 외에도 투자기법, 마케팅, 신제품 개발 등 매우 다양합니다. 그리고 대부분의 금융 산업의 기술은 데이터를 기반으로 합니다. 특히 저금리로 인한 예대마진 축소로 금융 산업은 수익성 악화에 고전하고 있습니다. 포트폴리오 최적화 및 트레이딩, 위험분석, 마케팅 등 다양한 분야에서 경쟁 우위 확보와 신시장 개척을 위한 금융 산업의 노력에서 데이터의 중요성이 크게 부각되고 있습니다.

영국의 더웬트캐피털Derwent Capital은 SNS 데이터를 분석해 시장의 투자심리를 파악한 후 이를 포트폴리오에 반영하는 '트위터펀드'를 도입했으며, 운용 당시 업계 평균 수익률(0.76퍼센트)을 상회하는 1.86퍼센트의 수익을 달성했습니다. 최근에 데이터 기반으로 자동 투자를 하는 로보어드바이저Robo-Advisor가 금융 산업에서 각광받고 있습니다. 특히 개인의 자산관리를 위한 포트폴리오 구성을 데이터와 인공지능 알고리즘을 바탕으로 수행하는 자산관리용 로보어드바이저는 미국에서 크게 활성화되었습니다. 고객은 저렴한 가격에 개인 맞춤형 금융컨설팅 서비스를 받을 수 있게 되었습니다. 과거에는 자산 규모가 막대한 자산가만 받을 수 있었던 개인 서비스가 데이터를 기반으로 일반 고객에게도 가능해졌습니다.

데이터 기반의 위험분석도 이미 많은 금융회사에서 사용하고 있습니다. 미국 최대 은행인 제이피모건J.P. Morgan은 부동산 시장 상황을 지역별로 분석하여 적정 매매가격을 산정하고, 이를 바탕으로 담보로 설정한 부동산의 위험을 측정하고 담보 부동산의 최적 매각 시점 등을 관리하고 있습니다. 남아프리카공화국의 최대 보험회사인 산탐Santam은 빅데이터 분석을 통한 보험사기 탐지 시스템을 개발하여 운영 중입니다. 사고 시 보험회사에 접수되는 비정형 자료와 고객 자료를 비교분석하여 보험사기 확률을 추정하고, 이를 바탕으로 보험청구 처리 프로세스를 다르게 하여 선의 고객의 처리 지연에 대한 불만을 최소화함(3일의 처리 시간을 즉시 처리로 변경)과 동시에 다수의 보험사기를 적발(4개월 만에 240만 달러의 보험사기 발견)하는 성과를 얻었습니다.

다양한 데이터를 기반으로 고객을 세분화하여 금융 상품을 개발하려는 시도도 금융 산업 전반에 걸쳐 진행되고 있습니다. 고객의 세분화된 신용평가가 가능해지면 관련 금융 상품도 세분화하여 개발할 수 있습니다. 가장 간단한 금융 상품으로는 운행거리에 따라 보험료를 차등 적용하는 보험 상품입니다. 현재 대부분의 자동차보험에서 이 프로그램을 적용하고 있습니다. 좀 더 복잡한 금융 상품도 가능합니다. 미국 3위 자동차보험사인 프로그레시브는 계약자의 차에 운행기록장치를 장착하고 운전 습관을 파악해 보험료를 산정하는 '운전한 만큼 지불하는'Pay as you drive 프로그램을 운영하고 있습니다. 단순히 운행거리만을 고려하는 것이 아니라, 운행기록장치에서 전송하는 데이터를 기반으로 각 운전자의 사고 확률을 계산한 후, 이를 바탕으로 고객 맞춤형 보험 요율을 책정하여 판매합니다. 운행거리는 짧아도 위험하게 운전하는 사람에게 높은 보험료를 청구할 수 있습니다. 사회초년생에게 적용하면 매우 효율적입니다. 사회초년생의 자동차보험료는 매우 높습니다. 사고 확률이 높기 때문입니다. 그런데 운행기록장치의 데이터를 기반으로 안전하게 운전하는 시화초년생에게는 자동차 보험료를 크게 할인해줄 수 있습니다.

또한 빅데이터를 이용해 효율적인 마케팅을 진행할 수 있습니다. 일본의 도쿄해상화재보험은 통신사인 NTT도코모와 제휴해 GPS 정보를 기반으로 고객이 스키장이나 골프장에 도착하면 적합한 보험 안내 메일을 발송하고 있습니다. 이러한 위치 기반 마케팅 기법은 최근 모바일 기술의 발달로 여러 분야에서 응용되고 있습니다. 특히 위치 정보를 전송하는 비콘beacon을 이용한 위치 기반 모바일 마케팅에 금융회사의 관심이 높아지고 있습니다. 예를 들어, 모바일 기기를 통하여 고객이 백화점에 있다고 확인되면, 신용카드 회사에서는 고객에게 최적의 쿠폰이나 행사 정보를 스마트폰으로 전송함으로써 자사 신용카드의 사용을 유도하고 회사에 대한 고객의 로열티를 높일 수 있습니다. 아직 국내에서는 이러한 위치 기반 서비스가 매우 한정적으로 사용되는데, 개인정보 보호에 대한 법 규정이 강하여 위치 정보의 수집이 매우 제한적이기 때문입니다. 다행스럽게도 2020년에 데이터 3법 등의 개정으로 데이터 기반 혁신을 위한 환경 구축을 시작했습니다.

고객의 구매 이력 데이터 분석에 기반을 둔 고객 맞춤형 마케팅도 금융회사에서 시도되고 있습니다. 미국의 뱅크오브어메리카Bank of America는 자영업자 대상으로 소셜미디어 분석을 통하여 고객의 성향을 파악하고 마케팅에 사용합니다. 신용카드 회사인 제이피모건체이스J.P. Morgan Chase에서도 고객 신용카드 이용 정보와 정부의 금융 소비자 재무정보를 결합하여 새로운 소비 패턴을 파악하려는 시도를 합니다. 국내 신용카드 회사도 고객 구매자료 분석을 통하여 고객 맞춤형 쿠폰 발송 등의 타깃 마케팅을 시도하고 있으며, 고객 이탈 확률을 측정하여 고객관리 강화에 힘쓰고 있습니다. 최근에 관심이 높아진 직구(해외 인터넷 사이트에서 직접 구매)에 대한 고객의 니즈를 소셜미디어 데이터를 분석하여 빠르게 예측하고 이에 필요한 상품과 서비스를 제공하는 마케팅 활동도 펼쳐지고 있습니다.

보험회사나 신용카드 회사에서 운영하는 콜센터를 통해서도 데이터를 접목하여 많은 성과를 올리고 있습니다. 녹취된 콜센터 상담 내용을 음성인식 기술을 이용하여 텍스트로 바꾼 뒤, 텍스트마이닝을 이용하여 유용한 정보를 추출하고 이를 분석하여 마케팅에 활용합니다. 이를 응용하여, 미국의 특수보험사인 어슈어런트솔루션스Assurant Solutions는 콜센터에 전화한 고객에 적합한 상담원을 실시간 배정하여 고객 해약 방지율 117퍼센트 증가와 직원 이직률 25퍼센트 감소를 실현했습니다. 미국의 휴마나Humana 보험회사도 이러한 시스템을 적용했으며, 국내에서는 많은 금융회사에서 유사한 시스템을 속속 도입하고 있습니다.

최근에는 온라인 금융시장이 급격히 성장하고 있습니다. 신조어인 핀테크fintech는 금융을 뜻하는 파이낸스finance와 기술을 뜻하는 테크놀로지technology의 합성어로서 모바일 결제 및 송금, 개인자산관리, 크라우드 펀딩, 온라인 결제 등의 '금융·IT 융합형' 산업을 말합니다. 네이버페이, 카카오페이, 삼성페이 등 모바일을 활용한 간편결제 서비스 분야로 시작한 핀테크는 인터넷은행의 개막과 함께 본격적으로 금융 산업에 진입합니다. IT 회사가 보유한 데이터는 인터넷은행 발전의 핵심 원료입니다. 중국의 알리바바는 자사의 플랫폼을 이용하여 전자상거래를 하는 사업자 40만 명에게 소액대출 사업을 하고 있는데, 대출심사 때 전자상거래 사이트 내 거래량, 재구매율, 만족도, 판매자·구매자 간 대화 이력, 구매 후기, SNS·포털 등의 빅데이터를 분석해 위험률을 측정합니다. 알리바바의 중소기업 대출 부실률은 1퍼센트 미만으로, 중국 은행권의 평균인 2퍼센트를 크게 밑돌고 있습니다.

간편결제부터 시작하여 인터넷은행까지 IT와 금융 산업의 접목이 급속히 진행된 우리나라는 2020년부터 마이데이터 사업의 시작으로 금융회사 간의 데이터 전쟁이 본격적으로 진행되고 있습니다. 마이데이터 사업이란 개인이 허락하면 특정한 은행이 그 고객의 모든 금융 데이터를 모을 수 있는 것입니다. 홍길동의 A은행과 B은행의 거래내역을 C은행에서 받아볼 수 있는 것입니다. 과거에는 상상도 못할 일이 벌어지고 있습니다. 누가 과연 최후의 승자가 될지 모르지만 기존의 금융회사와 IT 기반의 금융회사가 데이터를 놓고 벌이는 사활을 건 전쟁을 지켜보는 것은 매우 흥미롭습니다.

2008년 글로벌 금융위기 이후 금융은 탐욕의 상징이 되었습니다. 나아가 피케티Thomas Piketty 같은 경제학자는 금융을 양극화의 주범으로 간주하여 지탄하고 있습니다. 피케티는 수백 년의 데이터를 모으고 분석해서 자본소득 증가율이 노동소득 증가율보다 훨씬 빠르다는 것을 실증적으로 입증했습니다. 자본소득이란 보유한 자본이 벌어들이는 소득으로 주로 투자나 예금이자 등을 통해서 얻습니다. 노동소득보다 자본소득이 빠르게 진행하면 결국 자본이 없는 서민은 점점 더 가난해지는 것입니다. 피케티는 현재의 양극화 현상은 일시적인 현상이 아니라 자본주의의 근본적인 문제라는 것을 보여줍니다. 이러한 우울한 상황에서 데이터과학이 침체된 금융 산업을 국가경제의 중심으로, 나아가 양극화 문제 해소를 위한 해결책으로 인도할 수 있는 훌륭한 구조대의 역할을 수행하기를 기대해봅니다.

8장

광고 속 데이터과학

당신도 모르는 당신의 마음

TV에서 인터넷으로

인생에서 성공하는 데 가장 중요한 능력은 사람의 마음을 얻는 것입니다. 정치인은 유권자의 마음을 얻어야 하며, 가수는 대중의 마음을 얻어야 하며, 영화감독은 관람객이 찾아보는 영화를 만들어야 합니다. 요리사는 손님이 좋아하는 음식을 만들어야 합니다. 본인이 좋아하는 음식을 만들면 안 됩니다. 전쟁에서도 국민의 마음을 얻는 쪽이 승리합니다. 베트남전쟁에서 미국이 패한 이유는 왜 전쟁을 하는지 국민이 이해하지 못했기 때문입니다. 반면에 베트남은 독립과 통일이라는 큰 명분이 있었습니다.

사람의 마음을 얻는 방법을 학문적으로 체계화해놓은 것이 마케팅입니다. 특히 산업화 이후 민간 영역에서 기업이 소비자의 충족되지 못한 욕구를 발견하고, 그것을 충족시킬 방법을 마련하여 판매로 연결시키는 일련의 과정으로 마케팅에 대한 관심이 크게 고조됩니다. 기업에서 생산한 제품을 소비자가 알 수 있도록 광고를 만들고, 소비자에게 필요한 것을 알기 위한 소비자 조사 연구 등이 마케팅의 핵심 활동입니다.

기업에서 가장 중요한 2가지 활동은 신기술 개발과 마케팅을 꼽을 수 있습니다. '무엇을 만들고 어떻게 팔아야 하는가?'라는 질문이 기업이 풀어야 할 핵심 과제이고, 이 중 '어떻게 팔아야 하는가?'라는 질문의 답이 마케팅입니다. 기업은 마케팅에 엄청난 자금을 쏟아붓고 있습니다. 미국 미식축구 결승전인 슈퍼볼 경기의 TV 중계에서 30초 광고의 비용이 60억 원에 달합니다. 초당 2억 원을 지불합니다. 이렇게 비싼 광고를 기업이 앞다투어 하고 있습니다. 마케팅이 기업의 생존을 좌우하기 때문입니다.

유명한 요리연구가이자 요식업 종사자인 백종원이 골목에 있는 조그마한 식당을 도와주는 TV 프로그램이 있습니다. 서울의 무명 돈가스집이 이 프로그램에 출연했습니다. 백종원은 돈가스의 맛에 반하고 적극적으로 도와줍니다. 지금은 제주도로 이사가서 크게 돈가스 식당을 개업했고 현재도 인기가 많습니다. 그런데 이 식당이 서울에서 영업할 때와 제주도에서 영업할 때 요리법은 크게 바뀌지 않았습니다. 거의 비슷한 맛을 내는 돈가스가 백종원을 만나기 전과 만나고 난 후의 상황이 완전히 바뀌었습니다. 이것이 바로 백종원의 마케팅 파워입니다. 기업이 마케팅에 사활을 거는 이유입니다.

마케팅 활동은 매우 다양합니다만 우리가 가장 쉽게 접하는 마케팅은 TV 광고입니다. TV를 보면 프로그램 사이에 광고가 나옵니다. 시청자는 광고를 강제로 봐야 하는 대신 TV의 각종 프로그램을 공짜로 봅니다. 드라마를 제작하는 비용을 모두 기업의 광고비로 충당하는 것입니다. 1936년에 TV가 처음 개발되었고 상업광고는 1942년 미국에서 처음으로 시작됩니다. 광고 없이 시청료를 받아서 운영하는 공영방송사와 상업광고로 운영되는 민영방송사를 비교해보면, TV의 대중적인 확대에 상업광고가 얼마나 중요한 역할을 했는지 살펴볼 수 있습니다.

TV의 상업광고는 인터넷의 등장과 함께 심각한 위기에 직면합니다. 인터넷을 통한 광고의 출현으로 마케팅 시장이 일대 변혁을 겪은 것입니다. 인터넷 역시 TV와 비슷하게 운영됩니다. 인터넷에서 얻을 수 있는 각종 정보가 다 무료입니다. 구글이나 네이버에서 검색하면 무료로 다양한 정보를 얻을 수 있습니다. 나아가 무료로 야구도 중계해주고 만화도 보여줍니다. 이렇게 무료로 서비스를 해주면서 구글이나 네이버 등의 검색 사이트 회사는 광고로 수익을 올립니다. 인터넷 초창기에는 검색 사이트에 보이는 다양한 배너광고(인터넷 초기 화면에 뜨는 광고)로 수익을 올리려고 했습니다. 그런데 광고효과가 TV만큼 크지 않았습니다. 검색을 하려고 들어온 사용자는 광고를 거의 보지 않고 본인이 하고 싶은 작업만 하고 나가버렸습니다. TV는 본방송과 광고를 동시에 볼 수 없지만 인터넷은 동시에 볼 수 있었고 사용자는 광고를 무시했습니다. 검색의 최강자인 구글은 아예 초기 화면에 광고가 없습니다.

초창기 인터넷은 TV처럼 광고 수익을 올리려고 노력했지만 결과는 신통치 않았습니다. 이때 혜성같이 나타난 사람이 빌 그로스Bill Gross입니다. 검색 광고라는 새로운 인터넷 광고 기법을 개발한 것입니다. 사용자가 검색창에 "꽃배달"이라는 단어를 검색하면 검색 결과와 함께 꽃배달 관련 업체의 광고도 같이 보여주는 방식입니다. 개별 검색어마다 다른 광고가 노출됩니다. 물론 노출되는 광고는 검색어와 관련이 있습니다. "성형"이라는 단어를 검색하면 성형외과 광고가 노출됩니다. 검색 광고는 마케팅 분야의 혁명이었습니다. 광고의 효과가 TV 광고와 비교할 수 없을 정도로 좋았습니다. TV는 불특정 다수에게 마구잡이로 광고를 보여주는 반면에 검색 광고는 특정 검색어에 관심이 있는 소비자에게만 광고를 보여줄 수 있기 때문입니다. 소비자의 관심을 아는 것은 마케팅에서는 가치를 매길 수 없을 정도로 중요한 정보입니다. 소비자가 먼저 본인의 관심사를 보여주는 곳이 검색이었고 이를 이용한 맞춤형 광고가 검색 광고입니다.

검색 광고는 높은 광고효과뿐 아니라 광고의 양극화 해소에도 크게 일조했습니다. TV 광고 시대에는 광고비가 매우 비쌌기 때문에 자금이 충분한 큰 기업만이 광고를 할 수 있었습니다. 광고를 하고 싶은 기업이 많아서 광고를 할 수 있는 시간이 터무니없이 짧았습니다. 방송국이 광고 시장 최고의 갑, 권력자였습니다. 동네 치킨집은 전단지로만 광고할 수밖에 없었습니다. 반면에 검색 광고에서는 소상공인도 얼마든지 광고를 할 수 있습니다.

개인적인 경험을 적자면, 자동차 키를 차 안에 넣고 문을 잠가버리는 바람에 검색 광고로 열쇠 전문가를 찾아 30분 만에 문제를 해결했습니다. 그때 열쇠 전문가가 저에게 어떻게 본인 전화번호를 알았느냐고 물어보았습니다. 검색을 통해서 연락처를 알았다고 하자 열쇠전문가는 검색 광고의 효과가 대단하다고 놀라워했습니다. 과거에 맛집은 무조건 시내에 있어야 했습니다. 먼 곳에 있으면 광고가 어려웠기 때문입니다. 요즘 맛집은 전국 어디에나 있습니다. 소비자가 검색을 통해서 정보를 얻을 수 있기 때문입니다. 검색 광고는 우리의 일상까지 바꿔놓고 있습니다.

검색 광고를 위해서는 여러 가지 기술이 필요합니다. 먼저 각 검색어마다 어떤 광고를 노출할지를 정해야 합니다. 그리고 광고비 책정 방법도 고려해야 합니다. 수많은 개별 검색어 각각에 엄청나게 많은 광고를 적절하게 연결하는 작업은 거의 불가능해 보였습니다. 검색 광고의 효과도 명확하지 않은 상황에서 광고비를 책정하는 것도 쉽지 않았습니다. 빌 그로스는 이러한 복잡한 문제를 아주 쉽게 해결했습니다. 해결책은 바로 '경매'입니다. 광고주는 본인이 원하는 검색어를 구매하며 이때 구매하는 가격을 경매로 정합니다. 꽃배달 업체는 "꽃배달"이라는 검색어를 구매할 것입니다. 꽃배달 업체가 여러 개 있고 이들 업체끼리 경매를 합니다. 최고가를 제시한 업체의 광고는 사용자가 "꽃배달"이라는 검색어를 검색할 때마다 검색 결과 최상위에 노출됩니다. 두 번째로 높은 가격을 제시한 업체는 두 번째로 노출됩니다. 이러한 경매는 인터넷에서 실시간으로 진행되고 있습니다. 그리고 광고비는 사용자가 노출된 광고를 클릭했을 때 광고주가 검색 사이트 회사에 지급합니다.

구글은 검색 광고 경매 시스템을 도입하면서 2가지를 수정합니다. 먼저 경매를 통한 노출 순위 결정은 이전과 같습니다. 입찰 가격이 제일 높은 광고를 검색의 제일 상단에 노출합니다. 단, 광고비 과금 시 1등은 2등의 입찰 가격을 지불합니다. 그리고 2등은 3등의 입찰 가격을 지불합니다. 이를 '2차 가격 경매'Second price auction이라고 합니다. 이론적으로 2차 가격 경매는 입찰 가격을 안정화시킵니다. 가격변동이 작아져서 광고주가 광고비 예측을 쉽게 할 수 있습니다.

두 번째 수정 사항은 경매 시 단순히 입찰 가격만으로 노출 순위를 정하지 않는다는 것입니다. 입찰 가격에 광고주의 품질지수를 곱한 값으로 노출 순위를 정합니다. 여기서 품질지수란 광고주의 신용 등을 평가한 값으로 산출 방법은 기업 비밀입니다. 품질지수를 고려하는 이유는 검색 사용자에게 좋은 품질의 검색 결과를 제공하기 위함입니다. 엉터리 꽃배달 업체가 입찰 가격을 비싸게 써서 제일 상단에 노출되면 그 꽃배달 업체를 이용한 고객은 검색 결과에 실망하고, 결국 검색 사이트의 신뢰에 악영향을 주게 됩니다. 검색 광고에서 데이터가 필요한 부분이 바로 이 품질지수 계산에 있습니다. 기업 비밀이라 정확한 산정 방법을 알 수 없지만 광고주의 SNS 평판, 매출액, 댓글 등의 데이터를 바탕으로 계산합니다. 품질지수를 반영한 검색 광고와 그렇지 않은 검색 광고는 질적으로 차이가 큽니다. 우리나라 검색 시장의 양대 강자 네이버와 다음에 격차가 생긴 것도 검색에 대한 이런 디테일한 기술의 차이가 원인이었습니다. 데이터로부터 얻는 디테일이 승패를 좌우합니다.

모바일 시대의 개막

인터넷 시대를 넘어서 지금은 모바일 시대입니다. 인터넷 시대에는 주로 PC를 이용해서 인터넷에 접속하기 때문에 인터넷에 접속할 수 있는 공간이 집, 사무실, 또는 PC방 등으로 한정되어 있었습니다. 야구장에서 인터넷 접속은 불가능했습니다. 하지만 모바일 시대에는 장소와 상관없이 어디서든지 인터넷에 접속할 수 있습니다. 이러한 모바일의 장점으로 인터넷 시대는 슬슬 저물고 모바일 기반 문화가 새롭게 뜨고 있습니다. 최재붕 교수의 《포노 사피엔스》는 모바일이 어떻게 우리 문화를 혁명적으로 바꾸고 있는지를 잘 설명합니다.

모바일 시대에 맞추어서 마케팅도 달라지고 있습니다. 검색 광고에서 추천 광고로 바뀌고 있습니다. 검색 광고는 같은 검색어를 입력한 사용자에게 모두 같은 결과를 보여줍니다. 반면에 추천 광고는 사용자의 이력을 파악해서 사용자별로 다른 광고를 보여줍니다. 유튜브 콘텐츠 시청 중간에 나오는 광고는 시청하는 사용자에 따라서 다르게 나타납니다. 모바일에서 개인별 맞춤형 광고가 가능한 이유는 개인별로 서로 다른 스마트폰을 사용하여 콘텐츠 서비스 업체에서 개인에 대한 정보를 파악할 수 있기 때문입니다. 인터넷과 비교해 모바일의 가장 큰 혁명은 개인화입니다. 이 개인화를 이용한 광고가 현재 크게 각광을 받고 있습니다.

요즘 10~20대는 TV, 신문, 심지어 인터넷도 잘 보지 않습니다. 오로지 모바일을 이용하여 대부분의 콘텐츠를 소비합니다. 뉴스도 모바일로 봅니다. 영화도 모바일로 보고 친구의 소식도 모바일의 SNS를 통해서 듣습니다. 이러한 소비자를 대상으로 마케팅을 하려면 모바일 광고는 필수불가결합니다. 모바일 광고는 TV 광고나 인터넷 광고와 비교해서 2가지 큰 차이점이 있습니다. 첫째는 광고를 실을 수 있는 매체가 굉장히 많다는 것입니다. TV에는 몇 개의 공중파 방송과 수십 개의 케이블방송이 전부입니다. 인터넷은 더 심해서 검색 광고는 네이버나 구글 같은 거대 검색 사이트가 거의 독점합니다. 모바일은 상황이 다릅니다. 페이스북도 있고, 유튜브도 있습니다. 그 외에도 인스타그램instagram, 핀

터레스트pinterest, Yap, 트립어드바이저tripadvisor 등 꽤 유명한 앱이 많이 있습니다. 또한 게임 회사, 언론사 등에서 만든 다양한 앱에서도 광고가 가능합니다. 둘째는 앞에서도 언급한 바와 같이 모바일에서는 개인화가 가능합니다. 광고주 입장에서는 어떤 고객에게 자사 광고를 보여주어야 하는지 결정해야 합니다. 예전 TV 광고처럼 불특정 다수에게 광고를 보여주면 효과가 거의 없기 때문입니다. 모바일 고객은 관심이 없는 광고에는 전혀 눈길을 주지 않습니다. 유튜브에 보면 "광고 건너뛰기"이라는 옵션도 있습니다. 모바일에서는 광고에 관심 있는 고객에게만 광고를 보여주어야 합니다.

모바일 광고의 3대 요소는 광고, 매체, 고객입니다. 특정 앱에 들어온 고객의 특성을 바탕으로 가장 적절한 광고를 보여주는 것이 필요합니다. 모바일 광고에는 대행사가 필요합니다. 고객의 특성을 분석하고 이를 바탕으로 최적의 광고를 추천해주는 모바일 광고 중개업이 최근에 무섭게 성장하고 있습니다. 모바일 광고 중개업은 광고주, 매체와 고객을 다음과 같이 연결해줍니다. A라는 고객이 B라는 매체에 들어왔습니다. 그러면 B라는 매체의 광고대행사는 전체 광고주에게 A라는 고객이 B라는 매체에 왔다는 사실을 알립니다. 광고주는 실시간으로 경매를 시작합니다. 가장 높은 가격을 제출한 광고주의 광고가 매체 B를 통해서 고객 A에게 전달됩니다. 이때 광고주를 대신해서 경매하는 광고대행업도 있습니다. 매체를 대신해서 광고주와 연락하는 광고대

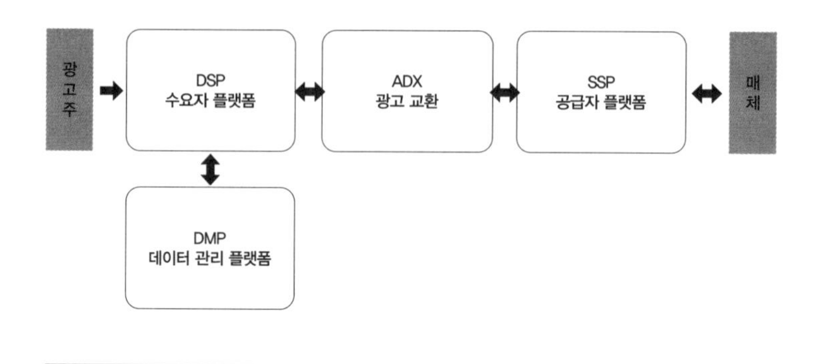

그림 5 모바일 광고 중개업의 전체 프로세스

행업자를 SSP Supply Side Platform라 하고, 광고주를 대신해서 경매에 참여하는 대행업자를 DSP Demand Side Platform라고 합니다. 그리고 SSP와 DSP가 만나서 경매를 수행하고 광고와 광고비를 주고받는 시스템을 ADX AD Exchange라고 합니다. 모바일 광고 중개업의 전체 프로세스는 [그림 5]처럼 정리할 수 있습니다.

여기서 놀라운 사실은 경매가 실시간으로 진행되고 매우 빠른 시간에 결과가 나와서 고객은 광고를 지체없이 거의 실시간으로 볼 수 있습니다. 모바일 광고 경매는 실시간으로 매우 빠르게 진행하기 때문에 사람이 하는 것이 아니라 광고 교환 플랫폼에서 컴퓨터로 진행됩니다. 이러한 실시간 경매를 RTB Real Time Bidding라고 부르는데 전체 모바일 광고 시장의 50퍼센트 이상이 RTB로 거래되며 점점 더 확장하고 있습니다.

광고주를 대신해서 경매에 참여하는 DSP는 고객에 대한 정보를 바탕으로 정확한 경매 가격을 계산할 수 있어야 합니다. 분유 광고를 10대 남성에게 보여주는 것은 매우 비합리적인 선택입니다. 이 경우에는 경매 가격을 아주 낮추거나 경매에 참여하지 않아야 합니다. 반면에 30대 싱글 여성 고객에게 화장품 광고는 매우 적절해 보입니다. 경매 가격을 높여서 최대한 광고가 노출되도록 할 것입니다. 고객의 정보를 많이 가지고 있는 DSP가 광고주를 만족시킬 수 있고 높은 수익을 올릴 수 있습니다. 그래서 DSP는 고객의 데이터를 모으고 관리하는 DMP Data Management Platform를 가지고 있습니다. DSP의 성공은 얼마나 좋은 DMP를 가지고 있고 이를 얼마나 효율적으로 분석하여 최적 경매 가격을 결정하느냐에 달려 있습니다. 따라서 데이터과학이 핵심으로 자리 잡고 있습니다.

좋은 DMP 구축을 위해서는 고객 데이터를 다양하게 모아야 합니다. 여러분이 쇼핑을 하면 각종 포인트를 받습니다. 이 포인트를 제공하는 회사는 여러분에게 포인트를 제공하는 대신 여러분의 데이터를 얻는 것입니다. 즉, 포인트로 데이터를 사는 것입니다. 모바일에서 각종 무료 서비스를 이용할 때 데이터 수집 관련 동의를 받습니다. 이 항목에 동의하면 DSP는 여러분의 모바일 폰에 있는 각종 정보를 추출해서 가져갑니다. 무료 서비스가 아니고 여러분의 정보와 서비스를 바꾸는 것입니다. 동의하지 않으면 서비스를 받지 못하는 이유입니다. DMP를 운영하는 회사는 엄청난 투자를 바탕으로 고객의 좋은 데이터를 모으려고 합니다. 소리 없는 데이터 전쟁이 모바일 광고시장에서 진행 중입니다.

쇼핑도 데이터로

요즘 '직구'라는 단어가 많이 회자되고 있습니다. 야구경기에서 투수가 포수에게 똑바로 던지는 공을 의미하는 '직구'가 아니라 인터넷을 통하여 해외에서 물품을 직접 구매하는 것을 '직구'라고 합니다. 즉, '직구'는 '직접 구매'의 준말입니다. 2012년 한미 FTA 발효 이후 면세 범위가 늘어나면서 매년 꾸준히 성장하던 해외 온라인 쇼핑 규모가 급증하고 있습니다. 국내 가격보다 많게는 70퍼센트까지 싸게 살 수 있는 해외 온라인 쇼핑이 입소문을 타고 급증하고 있으며, 이러한 여파로 국내에 진출한 해외 브랜드가 판매부진으로 가격을 30~40퍼센트 인하했고, 미국 웹사이트를 국내에서 접속하는 것을 막는 방법까지 동원되고 있습니다.

직구뿐 아니라 국내 유통업도 온라인이 지배하고 있습니다. 특히 코로나19로 인한 언택트 시대에 온라인 쇼핑이 빠르게 대세로 자리 잡고 있습니다. 2020년에 온라인 쇼핑은 전체 유통의 50퍼센트 이상을 차지하며 매년 17퍼센트 이상 성장하고 있습니다. 반면에 오프라인 유통의 매출은 17퍼센트 이상 감소하고 있습니다. 오프라인 빅2 유통업체인 롯데와 신세계는 뒤늦게 인터넷 쇼핑 분야로 진출하려고 하지만 인터넷 쇼핑의 강자인 쿠팡이나 네이버의 벽을 넘기는 아직 힘들어 보입니다. 아마도 인터넷의 발전으로 가장 빠르고 크게 변하고 있는 산업 중 대표적인 분야가 유통일 것입니다.

인터넷 쇼핑의 선두주자로 미국 아마존Amazon을 꼽을 수 있습니다. 아마존은 1995년 월스트리트에서 잘 나가는 억대 연봉 사원이었던 베이조스Jeffrey Preston Bezos가 인터넷의 미래를 확신하고 시작한 인터넷 쇼핑 회사입니다. 도서를 시작으로 음반, 비디오, 가전제품으로 판매를 확장해갔습니다. 특히 2001년에는 중고품을 사고팔 수 있는 마켓플레이스Market Place를 시작하여 크게 성공을 거두었으며, 2006년에는 클라우드 서비스를, 2007년에는 킨들Kindle이라는 전자책 리더기를 개발하여 기술적으로도 성공한 회사로 평가받고 있습니다. 아마존은 2019년도 4분기 매출이 874억 달러로 세계에서 가장 큰 인터넷 유통 회사입니다. 아마존으로 인하여 125년 전통의 미국 최대 백화점 체인인 시어스Sears가 결국 2018년에 파산했습니다.

수많은 인터넷 업체 중에서 아마존이 유독 많이 언급되고 크게 성공한 이유는 무엇일까요? 남들보다 먼저 인터넷 유통시장에 뛰어들었기 때문일까요? 사실 아마존 성공의 중심에 데이터가 있습니다. 오프라인 쇼핑과 비교해 온라인 쇼핑의 중요한 장점으로는 고객의 정보를 고스란히 모을 수 있다는 것입니다. 인터넷 쇼핑 시 결제를 위하여 로그인하면 누가 어떤 물품을 언제 구매했는지에 대한 정보가 고스란히 서버에 남습니다. 아마존은 이러한 고객정보에서 가치를 발견할 수 있다는 것을 처음으로 깨닫고 실행에 옮긴 회사로 평가할 수 있습니다. 아마존은 고객 자료를 분석하여 개별 고객에게 필요한 상품을 예측하고 이를 고객에게 이메일 등으로 알리는 추천 마케팅 기법을 사용하여 크게 성공했습니다. 아마존에서 책을 구입해본 경험이 있으면, 이러한 추천 이메일을 한번쯤 받아보았을 것입니다. 또한 아마존 웹사이트에서 책을 선택하면 그 책과 관련이 있는 책 목록이 추가로 뜨는 것을 볼 수 있습니다. 1988년에 출판된 영국인 등산가 조 심슨Joe Simpson의 《난, 꼭 살아 돌아간다》는 1990년대 후반까지 전혀 눈에 띄지 않았습니다. 그런데 존 크라카우어Jon Krakaue의 《희박한 공기 속으로》라는 책이 베스트셀러가 된 이후 《난, 꼭 살아 돌아간다》가 덩달아 뜨기 시작했습니다. 그 계기가 된 것이 아마존의 독자서평 또는 추천글 기능인데, 그 이면에는 아마존의 추천 시스템이 《희박한 공기 속으로》를 구매한 고객에게 《난, 꼭 살아 돌아간다》를 집중적으로 추천했기 때문입니다. 베스트셀러도 데이터가 결정하는 시대에 살고 있습니다.

고객 맞춤형 추천을 위하여 아마존에서 사용하는 데이터 분석 알고리즘을 추천 시스템recommendation system이라고 부릅니다. 추천 시스템의 시작은 내용 기반 추천입니다. 내용 기반 추천은 상품 내용 사이의 관계를 파악하여 과거에 구매한 상품과 비슷한 내용의 상품을 고객에게 추천해주는 방법입니다. 예를 들어, 연애소설을 자주 구매하는 고객에게는 새로 출판된 연애소설을 추천합니다. 내용 기반 추천은 상품의 내용 사이의 관계를 미리 계산해놓으면 고객에게 추천할 때 계산이 거의 필요 없고, 따라서 큰 기술적 어려움 없이 실시간으로 추천해줄 수 있습니다.

하지만 내용 기반 추천에도 결정적인 단점이 있습니다. 분야를 뛰어넘는 추천이 불가능하다는 것입니다. 연애소설을 자주 보는 고객에게 계속 연애소설만 추천해서 결국 고객을 지치게 만듭니다. 요즘 유튜브 추천 목록을 보면 이런 현상을 자주 발견하곤 합니다. 이 문제를 해결하기 위해서 데이터과학자가 새로운 추천 방법을 개발했는데 '협력적 정화' Collaborative Filtering라는 방법입니다. 협력적 정화 방법은 나의 구매 패턴과 비슷한 고객을 추출하고 이 고객의 구매 물품 중에서 내가 아직 구매하지 않은 물품을 나에게 추천합니다. 이 방법은 분야를 뛰어넘어서 추천이 가능합니다. 영화 동호회 회원의 자동차 구매 패턴을 분석하여, 새로 영화 동호회에 가입한 고객에게 특정 자동차를 추천할 수 있습니다. 현재 아마존, 넷플릭스, 유튜브 등에서는 협력적 정화 방법을 사용하여 추천합니다.

우리나라의 온라인 쇼핑 회사도 데이터에 많은 투자를 하고 있습니다. 고객 맞춤형 추천부터 시작해서 물류 효율화를 위한 지역별 판매량 예측에도 데이터가 사용됩니다. 빠르게 배송하기 위해서는 물류센터를 적절한 장소에 짓고 각 물류센터마다 적절한 수량의 물건을 미리 포장해서 배치해놓아야 합니다. 주문 후에 포장 및 배송을 시작하면 하루 만에 배송은 거의 불가능합니다. 서울에 필요한 물건이 부산 물류센터에 있으면 배송 지연은 필연적입니다. 요즘 유행하는 신선식품 당일 배송 서비스에서는 배송 기술과 함께 물량 확보도 중요합니다. 신선식품은 미리 구입해놓을 수 없습니다. 식품이 상하는 것을 방지하기 위해서는 매일매일 판매량을 예측해서 다른 업체보다 정확하고 빠르게 물량을 확보해야 합니다. 결국 데이터를 선점하는 자가 온라인 쇼핑의 최후 승자가 될 것입니다.

제조업을 위한 데이터과학

좋은 제품의 비밀

장인의 나라

"세상은 넓고 할 일은 많다."

이 말은 1990년대 우리나라 대기업 중 하나였던 대우의 김우중 회장이 주창한 구호입니다. 이 구호는 국내시장에 안주하지 말고 세계시장으로 뻗어 나가자는 의미입니다. 이후 우리나라는 IMF 사태를 거치면서 뼈를 깎는 노력으로 산업구조를 노동집약적 산업에서 기술집약적 산업으로 바꾸는 데 성공했습니다. 현재 반도체, 휴대전화, 조선, 자동차 등 첨단기술 분야에서 세계 열강과 어깨를 나란히 하며 2019년에는 세계 5위의 수출대국으로 성장했습니다. 특히 2019년 세계 100대 브랜드에서 삼성이

토요타나 페이스북를 제치고 당당히 6위에 올랐습니다. 하지만 국가 사이의 기술 격차가 줄어들면서 국내 산업이 미국, 일본 등의 선진국과 중국 등의 후발 국가 사이에 샌드위치가 되어 위기를 맞고 있다는 샌드위치 이론은 국내 산업의 위기를 잘 보여주고 있습니다. 현재 우리나라 산업의 상황은 '세상은 좁고 경쟁은 심하다'는 구호로 더 잘 설명할 수 있을 것입니다.

기업 간의 경쟁이 치열해지는 이유 중 하나는 과학기술의 발전 속도입니다. 1984년에 개봉되어 크게 인기를 끌었던 영화 〈터미네이터〉에서는 2029년에 로봇이 인간을 지배한다고 설정했습니다. 하지만 현재 대부분의 사람들은 2029년에 로봇이 사람을 지배한다는 설정은 실현 불가능하다고 생각합니다. 현재의 기술력으로는 2029년에 사람과 비슷한 로봇이 개발될지도 미지수입니다. 이러한 과학기술의 발전 속도에 대한 전망 차이는 과거 30년 동안에 과학기술 발전의 속도가 크게 줄었기 때문으로 해석할 수 있습니다. 1965년에 발표된, 18개월마다 2배씩 반도체 메모리 집적량이 증가한다는 무어의 법칙Moore's law도 현재는 비용 문제로 그 유용성이 의심받고 있습니다. 과학기술의 발전 속도가 늦어지면 후발주자가 선발주자와의 과학기술의 격차를 쉽게 줄일 수 있으며, 기업 간의 경쟁도 점점 치열해집니다.

특히 제조업에서 국가 간, 기업 간 경쟁은 거의 전쟁 수준으로 진행되고 있습니다. 자동차 산업에서 현재 강국인 한국, 일본, 독일의 3파전에서 최근에 전기자동차의 부상과 함께 미국과 중국이 신흥 강자로 경쟁에 뛰어들었습니다. 미중 무역전쟁의 핵심에도 제조업이 있으며, 중국 회사인 화웨이를 미국에서 심하게 견제하고 있는 것도 중국의 IT 관련 제조업 기술의 급부상을 견제하기 위함입니다. 조선업에서 한중일의 경쟁은 한치 앞을 예측하기 어렵습니다. 조선업의 강국은 원래 영국이었습니다. 1970년대에 일본이 1위 자리를 이어받았다가 1990년대에 우리나라가 조선업 세계 1위를 쟁취합니다. 그러다가 최근 수년 동안 중국이 1위로 부상했는데 최근에 다시 우리나라가 1위로 복귀했습니다.

우리나라는 제조업 강국입니다. 제조업이 전체 경제의 30퍼센트를 차지하고 있는데 이는 OECD국가 중에서 1위입니다. 전체 생산량도 중국, 독일, 일본, 미국에 이어서 세계 5위인데, 인구 수를 고려해보면 우리나라 제조업 집중현상을 쉽게 이해할 수 있습니다. 전체 수출액의 80퍼센트를 제조업이 담당하고 있습니다. 반도체, 휴대전화, 자동차, 철강, 조선, 화학 등에서 우리나라 제조업은 세계 최고 수준이고, 나아가 화장품, 라면, 과자 등 소비재 산업에서도 엄청난 활약을 하고 있습니다.

제조업의 경쟁력을 높이는 것은 우리나라의 생존과 직결된 문제입니다. 그리고 제조업 경쟁력 제고의 중심에 데이터과학이 자리하고 있습니다. 제조업의 경쟁력은 2가지로 결정됩니다. 신기술과 품질입니다. 남에게 없는 새로운 기술을 보유해야 합니다. 전기자동차의 핵심 기술은 배터리입니다. 전기자동차 세계

1위 회사인 테슬라는 세계 최고의 배터리 이용 및 관리 기술을 가지고 있습니다. 신기술이 새로운 제조업 강자를 만들었습니다. 그러나 신기술만으로는 제조업 강국으로 가는 데 부족합니다. 높은 품질의 제품을 만드는 것도 신기술을 개발하는 것 못지않게 중요합니다. 최근에 조선업에서 세계 1위로 등극했다가 급추락한 중국의 추락 이유는 품질을 등한시하고 싸게 만들어서 덤핑으로 판매한 선박 때문입니다. 우리나라 반도체 산업이 세계를 제패할 수 있었던 이유도 품질이 좋은 반도체를 만들 수 있었기 때문입니다. 새로운 것을 잘 만드는 기술이 필요하고, 잘 만드는 기술 개발의 핵심에 바로 데이터과학이 사용됩니다.

맛있는 커피 만들기

우리나라 국민의 커피 사랑은 대단합니다. 다이어트 때문에 식사를 안 해도 커피는 마십니다. 2018년 통계에 의하면 성인 1인당 연간 353잔을 마신다고 합니다. 모든 국민이 매일 한잔씩 마시는 셈입니다. 커피 중에서 커피믹스라는 제품이 있습니다. 커피, 프림, 설탕을 조그마한 봉지에 섞어놓아서 뜨거운 물을 붓기만 하면 바로 맛있는 커피를 즐길 수 있습니다. 우리나라 전체 커피 소비 중에서 절반 정도를 커피믹스가 차지합니다. 심신이 피곤할 때 마시는 달달한 커피믹스의 맛을 떠올리면 커피믹스의 인기를 납득하게 됩니다.

커피믹스를 만들 때 가장 큰 고민은 커피, 설탕, 프림의 배합 비율을 정하는 것입니다. 이 배합 비율이 커피믹스의 맛을 좌우하기 때문입니다. 배합 비율을 정할 때 데이터과학을 이용합니다. 과정은 단순합니다. 다양한 배합 비율의 커피믹스를 만들고 이를 소비자들이 시음한 후 맛을 평가하면 됩니다. 이후 가장 맛이 좋다는 평을 받은 배합 비율을 사용하여 커피믹스를 만들면 됩니다. 이러한 과정에서 고려해야 할 데이터과학적 요소는 여러 가지입니다. '시음에 참여하는 소비자는 몇 명으로 하고 어떻게 모으는가? 각 소비자에게 몇 잔의 커피를 시음하게 하는가? 시음은 어떤 순서로 해야 하는가?' 등등 보기에는 단순해 보이지만 데이터과학적 지식이 없으면 답을 찾기가 만만치 않습니다. 시음에 참여하는 소비자는 전체 소비자를 대표할 수 있어야 합니다. 성별, 연령 등을 고려하여 적절히 찾아야 합니다. 게다가 1명의 소비자에게 모든 배합의 커피를 마시게 하면 소비자가 매우 힘들어 합니다. 1~2잔의 커피는 즐거움이지만 5잔, 10잔의 커피는 고통이 됩니다. 시음 순서도 중요합니다. 당분이 높은 커피를 먼저 시음한 사람은 그 이후에는 당분에 대한 감각이 무뎌질 수 있기 때문입니다.

커피믹스 배합 비율 결정에 좀 더 어려운 문제가 있습니다. 시음에 사용할 배합 비율을 정하는 것입니다. 다양한 배합 비율 중에서 가장 평이 좋은 하나를 찾는 것이 목적인데, 이를 위해서는 처음에 시험에 사용할 다양한 후보 배합 비율을 잘 정해야 합니다. 만약 후보 배합 비율에 최적의 배합 비율이 포함되어 있지 않으면, 아무리 시음에 대한 시험을 잘해도 최적의 배합 비율을 찾을 수 없습니다. 기존에 사용하고 있는 배합 비율에서 조금씩 변화를 주어서 후보 배합 비율을 만들 수 있습니다. 그러나 소비자의 기호가 급격히 변한 경우에는 무용지물입니다. 이러한 문제의 해결책으로는 소비자의 의견을 바탕으로 후보 배합 비율을 계속 변경하면서 시험을 진행하면 됩니다. '적응실험'Adaptive experiment이라 부르는데, 데이터과학은 적응실험을 합리적이고 효율적으로 하는 방법을 알려줍니다.

맛있는 김치를 만드는 작업은 맛있는 커피를 만드는 것에 비해서 난이도가 높습니다. 그 이유는 김치 맛을 결정하는 요인이 너무 다양하기 때문입니다. 커피믹스는 커피, 설탕, 프림 3가지 요소만으로 맛이 결정됩니다. 반면에 김치의 맛에는 배추의 신선도, 배추의 크기, 소금의 양, 절이는 시간, 고춧가루의 양, 각종 양념의 배합 비율, 숙성 시간과 온도 등 영향을 미치는 요인은 수십 가지가 될 것입니다. 김치를 만드는 회사는 최적의 김치 맛을 내기 위한 수십 가지 요인의 최적 결합을 찾아야 합니다. 그런데 이 문제가 아주 어렵습니다.

논의를 간단하게 하기 위해서 김치 맛에 영향을 미치는 요인이 30가지가 있다고 하겠습니다. 그리고 각 요인이 가질 수 있는 값은 2개입니다. 예를 들면 소금의 양은 '많다'와 '적다' 2가지입니다. 이 경우 만들 수 있는 요인의 조합은 2의 30제곱이며 이는 대략 1억 개가 됩니다. 30개 요인의 최적 조합을 찾기 위해서는 1억 개의 김치를 만들어야 합니다. 최적의 김치 맛을 위한 조리법을 시험으로 찾는 것은 불가능해 보입니다. 의지할 수 있는 것은 장인의 경험뿐인 것 같습니다.

하지만 데이터과학을 사용하면 100종류 정도의 김치만 만들어서 최적의 조합을 찾을 수 있습니다. 이를 위해서는 적절한 가정이 필요합니다. 30개의 각 요인이 김치 맛에 미치는 영향도를 점수화합니다. 그리고 김치 전체의 맛은 각 요인의 영향도 점수의 합으로 결정된다고 가정합니다. 30개의 과목의 시험을 보고 각 과목의 점수의 합으로 당락을 결정하는 입학시험과 유사한 통계적 모형입니다. 이런 가정하에서는 각 요인의 영향도 점수를 알아내면 되는데, 30개 요인의 영향도 점수를 알기 위해서는 대략 100종류의 김치 맛을 평가해보면 됩니다. 이러한 방법을 연구하는 데이터과학의 분야를 '실험계획법'Experimental design 이라고 합니다.

최적의 커피 맛, 최적의 김치 맛을 찾는 시험 방법은 최적 강도의 철강을 생산하거나, 화학공장에서 최적의 생산량을 내는 배합 비율을 찾거나, 최고의 안정성을 보이는 멋진 자동차를 만드는 방법 개발 등에 사용됩니다. 좋은 자동차는 3가지 요소로 결정됩니다. 성능, 안정성 그리고 디자인입니다. 이 중에서 디자인과 안정성은 보통 서로 상충합니다. 자동차 디자인을 조금 바꾸면 안정성이 급격하게 떨어질 수 있습니다. 자동차 헤드 램프를 크게 하면 사고 시 운전자의 위험이 크게 높아질 수 있습니다. 안정성을 담보하면서 최적의 디자인을 찾는 문제는 자동차 제조회사의 일급 기밀 기술입니다.

주어진 디자인의 안정성 평가를 위해서 슈퍼컴퓨터가 사용됩니다. 실제 자동차를 만들어서 안정성을 평가할 수는 없기 때문입니다. 그런데 하나의 디자인에 대한 안정성 평가는 슈퍼컴퓨터도 수일 동안 계산해야 합니다. 이 디자인을 바탕으로 가상의 자동차를 만들고 이를 대상으로 가상의 충돌시험을 해서 안정성을 평가해야 하는데, 가상의 자동차와 가상의 충돌실험을 위한 수학적 모형이 너무 복잡하기 때문입니다. 수십 개의 디자인 시안에 대한 안정성 평가에 수개월이 걸릴 수 있습니다. 이 경우 역시 최적의 김치 맛을 찾는 방법과 유사하게 최적의 디자인을 데이터과학을 이용해서 찾을 수 있습니다. 적절한 실험계획법을 사용하면 적절한 시간 안에 안정성을 보장하는 최적의 디자인을 찾을 수 있습니다.

불량의 원인을 찾아라

김치 제조 회사에서 드디어 최적의 맛을 제공하는 조리법을 찾았습니다. 그러면 이제는 맛있는 김치를 대량으로 생산하는 자동화된 공장을 만듭니다. 배추를 자르고 소금물에 절이고, 고춧가루로 양념을 만들고, 배추에 양념을 입히고 숙성을 하는 전 공정을 기계가 자동으로 합니다. 소금물을 만드는 기계는 매번 물 1000리터당 5그램의 소금을 넣습니다. 숙성을 하는 기계는 5도의 냉장고에서 48시간 동안 김치를 숙성시킵니다. 모든 것이 완벽해 보입니다.

그런데 공장이 본격적으로 작동을 하면서 문제가 생깁니다. 김치 맛이 그날 그날 다르게 나오는 것입니다. 어떤 날은 매우 맛이 좋은 김치가 생산되는데, 다른 날에는 맛이 그리 좋지 않습니다. 김치 맛에 변동이 생기는 것입니다. 항상 맛이 없는 김치가 생산되면 공정 어딘가에 문제가 생긴 것이어서 쉽게 발견할 수 있지만, 맛이 오락가락하면 어느 공정 때문에 문제가 되는지 찾기가 어렵습니다. 이 문제 해결을 위해서 데이터과학자가 출동합니다.

데이터과학자는 먼저 각 공정별로 기계가 자기의 할 일을 잘하고 있는지 모니터링합니다. 소금을 5그램을 정확하게 넣고 있는지 매번 측정해서 데이터를 만들고 이를 지켜봅니다. 기계의 작동에는 항상 오차가 발생합니다. 5그램을 넣어야 하는데 어떨 때는 5.2그램의 소금이 들어가고 어떨 때는 4.7그램이 들어갑니다. 숙성 공정에서는 냉장고의 온도를 측정하고 모니터링합니다. 이렇게 각 공정에서 특성값을 측정하고 모니터링하여 이상하게 너무 크거나 작은 값을 찾는 과정을 SPC Statistical Process Control라고 합니다. 소금의 양을 측정한 결과 5그램에서 오차는 ±0.2그램이었습니다. 그러면 SPC에서는 소금의 양이 5±0.2그램을 넘어가면 공정관리자에게 보고합니다. SPC는 각 공정이 정상 상태에서 작동하고 있는지를 실시간으로 모니터링하는 방법으로 공장에서 대량생산을 할 때 필수적인 시스템입니다.

두 번째로 데이터과학자는 각 공정에서 측정한 데이터와 김치 맛의 관계를 규명합니다. 관계를 통해서 김치 맛에 영향을 미치는 요인이 무엇인지를 밝혀냅니다. 소금의 양이 오차 범위 안에 있는 경우에는 김치 맛이 크게 다르지 않지만, 숙성 온도에서 정상 온도 범위는 5±0.3도인데 5도에서 0.1도 이상 증가하면 김치 맛이 안 좋아진다는 것을 데이터에서 발견합니다. 즉, 김치 맛이 들쑥날쑥한 이유는 바로 김치 숙성 온도가 너무 높았기 때문입니다. 숙성 온도를 제어하는 기계의 오차 범위가 너무 큰 것이 원인이었습니다. 숙성 온도를 좀 더 안정적으로 관리해주는 좀 더 비싼 냉장고를 도입해서 이 문제를 해결할 수 있습니다. 이렇게 문제를 해결하고 나면 생산되는 김치 맛을 꾸준히 맛있게 유지할 수 있습니다.

데이터과학자는 여기서 멈추지 않습니다. 공장의 기계는 항상 노화합니다. 오랜 시간 공장을 가동하면 기계는 고장이 나게 됩니다. 고장이 난 다음에 기계를 고치면 회사는 큰 손해를 봅니다. 고장 나기 직전까지 그 기계에서 만들어진 김치는 맛이 떨어져서 소비자의 불만이 높아지기 때문입니다. 각 공정에서 측정한 데이터를 바탕으로 기계가 미래에 고장 날 확률을 계산합니다. 그리고 이 확률이 높으면 기계가 멀쩡해 보여도 선제적으로 조치를 취합니다. 기계를 새것으로 교체하거나 중요 부품을 새것으로 교체합니다. 이러한 작업을 '예지정비'Predictive maintenance라고 합니다. 미리 고장을 예측해서 정비하는 최첨단 기법입니다. 예지정비의 핵심은 데이터를 바탕으로 고장을 정확하게 예측하는 것입니다.

스마트팩토리smart factory는 4차 산업혁명의 핵심 주제 중 하나입니다. 데이터를 기반으로 제조업의 경쟁력을 제고하는 것이 스마트팩토리의 주요 목표입니다. 우리나라는 반도체 생산 공정에서 매우 높은 수준의 스마트팩토리 시스템이 구축되어 있습니다. 제조 공정에서 측정되는 엄청난 데이터를 FDCFault Detection and Classification 데이터라 부릅니다. FDC 데이터는 글자의 의미 그대로 불량을 선제적으로 찾아내고Fault detection 불량의 원인을 알아내기Fault classification 위한 데이터입니다. 그런데 FDC 데이터의 양이 어마어마합니다. 반도체 하나가 생산되려면 500개 이상의 공정을 거치면서 수개월의 시간이 걸립니다. 그리고 각 공정에서 측정하는 특성값이 수십 개에서 수백 개에 이릅니다. 이러한 특성값을 0.1초 단위로 측정합니다. 더군다나 이렇게 어마어마한 데이터를 실시간으로 모니터링해야 합니다. 개인 PC에 이런 데이터를 저장하는 것은 거의 불가능합니다. 어마어마한 데이터베이스가 필요합니다. 또한 매일매일 데이터를 분석할 수 있는 수백 명의 데이터과학자가 필요합니다.

반도체 외의 분야에서도 데이터 기반 기술이 속속 적용되고 있습니다. 일본의 고마쓰라는 회사는 미국의 캐터필러Caterpillar에 이은 세계 2위의 건설기계 제조 회사입니다. 이 회사는 GPS와 센서 데이터로 수집한 빅데이터를 활용하여 회사의 글로벌화에 성공했습니다. 현재 이 회사의 매출 중 80퍼센트 이상이 일본 외의 지역에서 이루어지고 있습니다. 고마쓰는 판매하는 건설기계에 GPS와 각종 센서를 장착해서 기계의 현재 위치, 가동 시간, 가동 상황, 연료 잔량 등의 데이터를 위성이나 휴대전화 등으로 실시간으로 모으고 분석하여 효율적인 배차, 도난 방지, 유지비용의 절감 등에 적용하여 큰 성과를 얻었습니다. 우리나라에서도 이와 비슷하게 시스템에어컨을 인터넷과 연결하여 전국의 모든 시스템에어컨의 사용 정보를 실시간으로 모으고 분석하여, 에어컨 고장을 선제적으로 탐지하고 방지하는 서비스를 제공하고 있습니다. 여름에 식당 에어컨이 고장나면 영업에 큰 지장을 줍니다. 시스템에어컨의 예지정비는 골목 식당 사장님을 위해 데이터과학자가 활약하는 서비스입니다.

프라이버시 보호

개인정보 유출과 데이터 익명화

프라이버시 유출

빅데이터, IoT, 인공지능으로 대표되는 4차 산업혁명의 물결 속에서 사회는 데이터 중심으로 빠르게 변화하고 있습니다. 인공지능 비서, 개인화된 추천 시스템, 자동번역기 등 데이터과학을 이용한 결과물이 우리 사회에 속속 자리 잡기 시작했으며, 더 나아가 자율주행 자동차, AI 판사 등 신기술이 실용화된다면 생활양식, 직업 등을 비롯한 전반적인 사회의 모습은 급변할 것으로 예상됩니다. 4차 산업혁명의 원동력은 바로 축적된 방대한 데이터이며, 컴퓨터, 인터넷, 스마트폰, 소셜네트워크 등 IT 기술의 발달로 현대에는 그 어느 때보다 데이터의 생산과 교환이 활발합니다. 데이터는 다방면에서 실시간으로 생성되고 있으며, 데이터가 생성되는 주기도 지속적으로 짧아지고 있습니다.

주목할 만한 사실은 데이터를 생산하는 주체가 정부 및 기업에서 개인으로 확장되었다는 점입니다. 개인은 인터넷 검색, 인터넷 쇼핑몰 구매 등의 행위 부산물로 다양한 데이터를 생성하고 있으며, SNS 등의 사회관계서비스를 이용하여 능동적으로 개인의 소소한 일상까지 데이터화하고 있습니다. 구글, 페이스북, 아마존을 비롯한 세계의 거대 기업은 이러한 새로운 시대의 흐름에 적응하여 데이터를 적극적으로 수집·활용하고 있습니다. 이들은 이미 인공지능 비서, 자동번역기, 개인화된 추천 시스템 등 눈에 띄는 성과물을 보여주고 있으며, 특히 개인이 생성한 데이터를 활용하여 맞춤형 서비스를 통해 4차 산업혁명에 앞장서고 있습니다. 기업 경쟁력을 갖추기 위해서는 데이터 수집 및 분석 능력이 필수적인 요소가 되었습니다.

하지만 민간 영역에서 데이터의 활용이 활발해지면서 이로 인한 개인정보 유출 위험을 우려하는 목소리도 같이 커지고 있습니다. 데이터 생성의 주체가 개인으로 확대된 만큼 데이터에는 개인의 사적 정보가 다수 포함되어 있습니다. 과거에는 정부 및 공공기관을 제외한 일부의 공신력 있는 기업(대표적으로 은행)에서만 데이터를 이용할 수 있었지만, 국가에서 다양한 산업에서 데이터의 규제를 완화하고 신산업의 성장을 장려하면서 이로 인한 개인의 프라이버시 침해 위험이 심각하게 높아졌습니다. 다음은 개인정보 유출 사례를 정리한 것입니다.

〈사례 1〉

2006년에 미국 넷플릭스는 자사의 개인별 맞춤 영화 추천 시스템을 개선하기 위해 데이터 경진대회를 개최했습니다. 넷플릭스는 연령, 성별, 우편번호 등의 이용자에 대한 직접적인 정보를 제거한 후 시청 영화 목록을 제공했고, 이를 통해 학습시킨 추천 시스템의 성능을 경쟁하는 대회를 개최했습니다. 경진대회는 크게 성공했고 이에 고무된 넷플릭스는 좀 더 향상된 추천 시스템을 만들기 위해 2차 경진대회에서 좀 더 많은 개인정보를 제공합니다. 하지만 텍사스대학교의 연구진이 넷플릭스에서 제공한 데이터와 이미 공개되어 있는 영화평점 사이트 IMDB 데이터를 결합하면 특정 이용자의 성정체성을 알 수 있다는 사실을 밝혀내자 경진대회는 취소되었습니다.

〈사례 2〉

2011년 하반기에 미국에서는 2008년 리먼 브러더스 사태 이후 불거진 금융 자본주의의 문제점을 알리고자 '월가를 점령하라'Occupy Wall Street는 시위가 있었습니다. 이 시위에서 수백 명의 시위 참가자가 체포되었는데, 이 참가자들의 불법적인 행동이 있었는지를 알아보기 위하여 뉴욕 경찰은 관련 트위터 계정을 조사하기 시작했습니다. 이 시위 참가자 중 하나인 말콤 해리스Malcolm Harris는 경찰의 조사가 시작되기 전에 본인 트위터 계정의 모든 내용을 삭제했습니다.

이에 검찰은 트위터 측에 말콤 해리스의 트윗 내용과 관련된 사용자 정보를 모두 넘겨줄 것을 요청했으며, 이에 맞서서 말콤 해리스는 트위터 내용은 개인 사생활에 대한 정보이므로 검찰의 요청은 프라이버시를 침해하는 부당한 것이라며 법원에 이의를 제기합니다. 개인 정보를 어디까지 보호해야 하는지에 대한 법률적 공방이 치열하게 전개되었습니다. 이 사건은 트위터에 올린 내용은 보호해야 할 개인 정보인가 아니면 공공에 이미 공표되어 보호하지 않아도 되는 정보인가에 대한 판단을 요구합니다. 재판은 검찰의 승리로 끝나지만 아직도 많은 논란과 토론의 대상이 되고 있습니다.

〈사례 3〉

우리나라에서는 2014년 카드 회사 개인정보 유출 사건이 있었습니다. 금융 관련 신용평가사의 직원 하나가 2013년 6월경 주요 카드 3사(국민, 롯데, 농협)로 파견을 가서 개인 고객의 카드 정보 1억 건 이상을 불법적으로 USB에 복사해서 유출한 후, 대출광고업자와 대출모집인 등에게 넘긴 사건입니다. 정보 유출에 책임이 있는 카드사 사장 3명이 동시에 해임되었으며, 경제부총리는 구설수에 올라 대통령으로부터 엄중 경고를 받았고, 모든 카드 회사가 특별 감사를 받는 등 정보 유출에 따른 후폭풍이 컸습니다. 특히 유출 책임이 있는 카드 3사는 3개월간 영업이 금지되었는데, 이 조치로 인하여 텔레마케터의 직업 안정성이 문제로 떠오르는 등 개인정보 유출에 대한 정부 대책의 부작용도 여러 곳에서 나타났습니다.

〈사례 4〉

2016년 미국의 대통령 선거 기간 동안 페이스북 이용자의 개인정보 유출이 알려져 물의를 일으켰습니다. 당시 트럼프 측에서 유권자 분석을 의뢰받은 '케임브리지 애널리티카'라는 회사가 '성격분석' 앱을 개발했고 이 앱을 페이스북에 업로드하여 이용자가 올린 게시물이나 게시물을 공유하거나 '좋아요'를 누른 기록을 무단으로 이용하여 정치적 성향을 분석하고 이를 트럼프 측에 제공한 사실이 드러났습니다. 페이스북 이용자 중 무려 5000만 명의 개인정보가 유출되었음이 드러나 충격을 주었습니다.

개인정보가 여기저기서 새고 있습니다. 개인정보 사용을 원천적으로 금지하면 개인정보 누출 문제는 해결됩니다. 단, 개인정보를 이용한 부가가치 창출은 실패하겠지요. 개인정보도 보호하면서 개인정보 데이터로부터 새로운 가치를 추출할 수 있는 솔로몬의 지혜가 필요한 때이며, 이 실마리를 줄 수 있는 것이 데이터과학입니다.

프라이버시를 보호하는 데이터과학

개인정보 보호를 단순히 데이터에서 모든 개인정보를 삭제하는 것이라고 생각하면 안 됩니다. 개인정보를 이용하면 소비자에게 편리함과 유익함을 제공할 수 있습니다. 넷플릭스나 유튜브는 추천 시스템 없이 소비자가 이용하기에는 너무 많은 콘텐츠를 보유하고 있습니다. 소비자가 일일이 어떤 콘텐츠가 있는지를 살펴보는 것은 불가능하며, 개인별 시청 이력을 바탕으로 한 추천 시스템은 소비자에게 많은 도움이 됩니다. 따라서 개인정보를 보호하는 방법은 데이터에서 개인을 식별하는 것을 불가능하도록 조치를 취하면서 동시에 데이터의 정보 손실은 최소화하는 방향으로 나아가야 합니다. 하지만 이 역시 넷플릭스의 사례를 통해 볼 때 쉬운 방법이 아님을 알 수 있습니다. 특히 다양한 분야에서 데이터가 실시간으로 생성되는 만큼 방대한 데이터를 결합했을 때 민감한 개인정보가 여과 없이 노출되는 경우도 쉽게 발생하기 때문입니다.

빅데이터 시대를 맞아 개인정보 보호의 필요성은 가중되고 있으며 이에 대한 연구가 활발하게 진행되고 있습니다. 축적되는 데이터에도 개인정보 보호가 가능해야 함은 물론, 현재의 개인정보 보호 방법이 충분히 안전한지 측정하고 판단할 수 있어야 합니다. 개인정보 보호 관련 연구는 매우 전문적인 지식을 필요로 하며, 국가의 성장 동력이 데이터의 활용 능력인 만큼 국가가 주체가 되어 이를 위한 연구 환경을 조성해나가야 합니다. 또한 4차 산업혁명 시대에서 살아남기 위해서는 데이터 활용의 규제를 완화해야 하는데 이를 위해서 조속히 해결해야 할 당면 과제가 바로 데이터 내의 개인정보 보호를 위한 방법론입니다.

데이터과학자는 개인정보 보호를 위한 다양한 방법론을 개발하고 있습니다. 가장 기본적인 개인정보 보호 방법은 원 데이터를 변형하여 개인을 식별할 수 없게 만드는 것입니다. 이를 '익명화 작업'이라고 합니다. 먼저 데이터에서 개인을 식별할 수 있는 식별자를 삭제 또는 변화시킵니다. 주민등록번호나 이름 등이 식별자가 됩니다. 그런데 식별자를 제거했다고 해서 완전하게 익명화된 것은 아닙니다. 데이터에 '서울 마포구 상암동에 사는 키가 195센티미터인 고3인 학생'이라는 정보가 있는데, 이러한 조건을 만족하는 사람이 단 1명만 있다면, 이 사람의 개인정보는 유출될 수 있습니다. 특히 병력이나 성적, 소득 등의 민감한 정보가 데이터에 포함된 경우에는 심각한 문제를 초래할 수 있습니다.

익명화 작업은 단순히 식별자를 변환하는 것보다 훨씬 더 복잡한 방법이 필요합니다. 이를테면 정확한 키 대신에 180~200센티미터라고 데이터를 변환하면 개인을 식별할 확률이 많이 감소합니다. '상암동'이라는 정보를 빼도 식별화 위험을 줄일 수 있습니다. 심지어는 원 데이터에 잡음을 첨가하는 방법도 사용되기도 하며, 고급기법으로는 원 데이터와 거의 비슷하게 생겼지만 완전히 인공적으로 만든 데이터를 사용하기도 합니다. 원 데이터의 다양한 통계적 성질(예: 각 변수의 평균, 분산, 변수들 사이의 상관계수 등)을 파악한 후 이와 유사한 성질을 띠는 인공적인 데이터를 만드는 것입니다. 이렇게 생성된 데이터를 '재현 데이터'synthetic data라고 합니다.

데이터의 익명화 작업은 필연적으로 정보의 손실을 가져옵니다. 키가 180~200센티미터라는 정보는 키가 195센티미터라는 정보에 비해서 정보의 정확도가 낮습니다. 데이터 익명화 작업에서 반드시 고려해야 할 사항은 익명화 후에 정보의 손실을 최소화하는 것입니다. 다양한 익명화 방법 중 어떤 방법을 사용해야 정보의 손실을 최소로 할 수 있는지는 데이터의 종류 및 성격에 따라 다릅니다. 민감한 의료 데이터나 금융 데이터를 익명화할 때 쓰는 방법과 쇼핑 데이터 등 상대적으로 덜 민감한 데이터의 익명화에 필요한 방법이 다릅니다. 그때그때 상황에 따라 어떤 방법론을 쓸지 판단해야 합니다. 데이터과학자의 깊은 이해와 슬기로운 판단이 필요합니다.

데이터 익명화는 완벽하게 될 수 없습니다. 현재 데이터는 완벽하게 익명화되었어도 이 데이터가 외부의 다른 데이터와 결합하면 개인이 식별될 수 있습니다. 넷플릭스의 두 번째 경진대회가 취소된 이유도 경진대회를 위해서 배포한 데이터는 완벽하게 익명화가 되었지만, 이 데이터를 IMDB라는 공공 데이터와 결합하니 개인이 식별되었기 때문입니다. 데이터 결합으로 개인정보가 누출된 또 다른 사례를 쉽게 찾아볼 수 있습니다. 2013년 뉴욕시에서는 정보공개법에 의거하여 모든 택시의 운행 기록을 공개했습니다. 데이터는 출발 장소와 시간, 도착 장소와 시간 그리고 요금과 팁으로 구성되어 있고, 개인정보 보호를 위해서 택시

차량의 번호는 난수로 대체되었습니다. 한 연구자는 이 데이터와 가십 기사에서 2명의 영화배우가 택시를 잡는 사진을 연결하여, 특정 영화배우가 특정한 시간에 어디로 갔는지를 알아냈습니다. 민감한 장소를 가는지 여부도 특정할 수 있었고 심지어는 도착지에 누가 사는지도 알아낼 수 있었습니다. 영화배우에게는 청천벽력 같은 개인정보 누출이 아닐 수 없습니다.

이러한 익명화 방법의 문제를 근본적으로 해결하기 위해서 데이터를 암호화하는 방법이 연구되고 있습니다. 데이터를 암호화한다면 개인정보를 완벽하게 보호할 수 있습니다. 암호를 푸는 것은 거의 불가능하기 때문입니다. 그런데 문제는 암호화된 데이터를 분석하는 것입니다. 데이터를 분석하려면 암호를 풀어야 하는데 그 순간 개인정보가 유출될 수 있습니다. 이를 방지하기 위해 암호를 전공하는 데이터과학자는 암호를 풀지 않고도 데이터 분석이 가능한 암호화 방법을 개발했습니다. '동형암호'Homorphic Encryption라고 불리는 획기적인 방법인데, 데이터의 평균, 분산 등을 암호화한 상태에서 구할 수 있습니다. 이 방법을 사용하면 개인정보를 완벽하게 보전하면서 데이터를 분석할 수 있습니다.[26]

사실 동형암호라는 아이디어는 매우 획기적이지만 실제 데이터 분석에 사용하기에는 풀어야 할 숙제가 많이 남아 있습니다. 그중 가장 시급히 해결해야 할 문제는 계산량입니다. 암호화한 상태에서 연산하려면 특수한 방법을 사용해야 하는데, 이 특수한 방법이 엄청나게 많은 연산량을 요구합니다. 더하기, 빼기, 곱하기는 어느 정도 쉽게 계산하지만 나누기 또는 대소 비교 등은 아직도 매우 많은 연산을 요구하며 근사적으로 값을 구하기 때문에 실제 적용이 어렵습니다. 데이터과학자가 풀어야 할 숙제입니다.

'연합학습'Federated Learning도 개인정보 보호 관점에서 크게 각광을 받고 있습니다. 먼저 데이터를 여러 개의 서버에 나누어 저장합니다. 각 서버는 데이터를 분석해서 결과만 중앙 서버에 보냅니다. 중앙 서버는 개별 서버가 보낸 분석 결과를 결합하여 최종 분석 결과를 도출합니다. 개별 서버에서 중앙 서버로 데이터를 보내지 않기 때문에 개인정보를 보호할 수 있습니다.[27]

연합학습의 간단 예를 평균을 구하는 문제로 살펴볼 수 있습니다. 5개의 병원이 특정 질환을 앓는 환자의 정보를 각각 가지고 있는 경우를 고려해보겠습니다. 목표는 이 환자들의 평균 나이를 계산하는 것입니다. 단, 각 병원은 자기 병원 환자의 평균 나이를 누출하고 싶어 하지 않습니다. 이 경우 다음과 같은 연합학습을 통해서 정보의 유출 없이 전체 환자의 평균 나이를 구할 수 있습니다. 먼저 첫 번째 병원에서 환자의 나이의 합에 난수(암호화를 위한 열쇠 값)를 더해서 두 번째 병원으로 보냅니다. 두 번째 병원은 첫 번째 병원에서 받은 값에 자신의 병원의 환자의 나이의 합을 더해서 세 번째 병원에 보냅니다. 이러한 과정을 순차적으로 반복하고 다섯 번째 병원은 결과를 첫 번째 병원에 보냅니다. 그러면 첫 번째 병원에서는 다섯 번째 병원에서 받은 값에서 알고 있는 열쇠 값을 빼서 전체 환자의 나이의 합을 구하고, 이를 환자의 수로 나눠서 평균 나이를 구합니다. 이 방법에서는 어떤 병원도 다른 병원의 환자 나이에 대한 정보를 알 수 없습니다. 열쇠 값을 첫 번째 병원만 알고 있고, 첫 번째 병원은 5개 병원 환자 나이의 합만 알 수 있기 때문입니다.

최근에 구글은 연합학습 방법으로 수억 명의 스마트폰의 정보를 연합하여 문자메시지에서 단어 추천 알고리즘을 개발했습니다. 구글이 적용한 방법에서 개별 서버는 개인의 스마트폰이고, 개인의 스마트폰 내에서 데이터를 분석하여 그 결과물을 중앙 서버로 송출합니다. 개인의 스마트폰에서 학습된 결과물은 압축 및 암호화되어 중앙 서버 격인 클라우드로 전송되며 클라우드 안에서 다양한 사용자의 결과물과 통합되고 이를 바탕으로 더 정교한 모형을 학습합니다. 이렇게 개선된 모형은 다시 개인의 스마트폰에 전송되어 기존의 모형보다 더 나은 성능을 얻습니다. 개인의 스마트폰 내에서 개인 데이터를 이용하고, 개인 데이터를 직접적으로 중앙 서버로 업로드하지 않고, 개인 데이터를 이용해 학습시킨 개인의 분석 결과만을 중앙 서버에서 결합하기 때문에 직접적인 개인정보 유출의 위험을 현저하게 낮출 수 있었습니다.

프라이버시 보호를 위한 제도적 장치

개인정보 보호와 데이터의 효율적인 사용을 동시에 완벽하게 수행할 수 있는 솔로몬의 지혜는 아직 요원합니다. 개인정보 보호를 강조하면 데이터의 효율이 많이 떨어지고, 데이터의 효율적인 사용을 강조하면 개인정보가 유출될 수 있습니다. 기술적으로 모든 문제를 해결할 수 없습니다. 사회적 합의에 의한 정책 장치의 마련이 필수적입니다. 데이터과학이 정책 개발에도 깊이 관여해야 합니다.

개인정보 보호에 대한 각국의 입장은 조금씩 차이가 납니다. 미국은 개인의 프라이버시가 침해되지 않는 한, 그 이전 단계에서 개인정보를 모으고 공유하고 분석하는 등의 데이터 처리에 대한 규제를 특별히 두는 법적 시도는 최대한 자제하고 있습니다. 일반적으로 개인정보 보호 관련 규제에는 옵트인(Opt-in)과 옵트아웃(Opt-out) 방식이 있습니다. 옵트인은 개인이 동의해야만 개인정보를 사용할 수 있는 방식이고, 옵트아웃은 개인이 명시적으로 데이터 사용을 반대하지 않으면 사용할 수 있는 방식입니다. 미국의 공공기관에서는 까다로운 옵트인 방식을 적용하여 규제하지만 민간 분야에서는 산업 발전의 촉진을 위해서 옵트아웃 방식을 인정하며 자율 규제를 허용하고 있습니다. 구글이나 페이스북 등의 거대 인터넷 플랫폼 회사나, 액시엄이나 인포USA같이 개인정보를 엄청나게 모아서 판매하는 회사가 미국에서 크게 성공한 것도 이러한 법 제도와 무관하지 않습니다.

우리나라는 유럽과 비슷하게 데이터의 효율적인 사용보다는 개인정보 보호에 좀 더 중점을 두는 것 같습니다. 신기술에 보수적으로 접근하는 전통에서 유래한 것 같습니다. 그러나 데이터가 모든 산업의 원동력이 되는 4차 산업혁명 시대에서 개인정보 보호만을 강조하면 경쟁에서 뒤처지는 우를 범할 수 있습니다. 약간의 부작용이 있더라도 데이터를 효율적으로 이용할 수 있는 방법에 대한 고민이 필요합니다. 영국에서 자동차가 처음 개발되었을 때 마차협회에서 극렬하게 반대합니다. 교통사고로 사람이 죽을 수 있다는 것입니다. 그래서 자동차는 시속 30킬로미터 이상으로 달릴 수 없었습니다. 자동차는 영국에서 처음 상용화되었지만 본격적으로 생산된 곳은 미국입니다. 규제가 산업 발전을 어떻게 저해했는지 잘 보여줍니다. 개인정보 보호를 위한 규제가 데이터 관련 산업의 발전을 방해할 수 있습니다.

개인 데이터의 이용은 기업에만 도움이 되는 것은 아닙니다. 개인도 자신의 데이터를 잘 이용하면 이익을 얻을 수 있습니다. 신용카드 부정 사용 탐지가 그 예입니다. 신용카드를 분실했을 경우, 일정 기간 안에 신고하면 분실 이후부터 신고 때까지 부정하게 사용되었던 금액에 대해서 고객에게 면책을 주는 법이 시행되고 있습니다. 이 법 이전에는 신용카드의 분실로 인한 위험이 너무 커서 많은 사람이 신용카드의 사용을 꺼렸습니다. 고객이 지고 있는 위험을 제거하고 신용카드의 사용을 활성화하기 위하여 마련한 이 법의 시행이 가능했던 이면에 데이터과학이 있습니다. 각 카드사는 신용카드 분실과 부정 사용으로 인하여 생기는 손실을 최소화하기 위하여 신용카드 부정 사용 탐지 시스템FDS, Fraud Detction System을 운영하고 있습니다. FDS는 각 개인의 신용카드 사용 관련 빅데이터를 분석하여 개인별 구매 패턴을 찾아낸 후, 이 패턴에서 벗어나는 행위가 감지되면 다양한 방법으로 알람을 제공하고 있습니다. 주로 식당이나 술집에서 카드를 이용하던 40살 A씨가 백화점에서 고가의 핸드백을 샀을 때 알람이 올 확률이 높습니다. 가끔 백화점에서 신용카드를 이용하여 결재할 때 뜬금없이 주민등록번호를 묻는 경우가 있는데, 이는 FDS에서 알람을 주었기 때문입니다. 최악의 경우에는 승인이 거절될 수 있습니다. 개인정보와 데이터과학이 우리의 재산을 지켜주는 것입니다.

다행스럽게도 2020년 초에 데이터 3법이 국회에서 통과되었습니다. 개인정보의 활용을 촉진하기 위한 새로운 법입니다. 개인정보보호법, 정보통신망법, 신용정보법 3가지 법을 지칭해서 데이터 3법이라고 하는데, 이 데이터 3법을 통해서 이전에는 원천적으로 불법이었던 개인정보의 이용이 적절한 조건하에서 가능해졌습니다. 우리나라 데이터 산업의 발전을 기대해봐도 좋을 것 같습니다.

백신 개발을 위한 특별한 확률

확률은 어렵습니다. 그런데 확률을 모르고는 살아가기도 어렵습니다. 신종코로나바이러스 백신 개발이 전 세계에서 경쟁적으로 진행되고 있습니다. 그리고 2020년 말에 긍정적인 소식이 들려옵니다. 미국 화이자와 모더나에서 개발한 백신이 효과가 매우 뛰어나다는 발표가 나왔습니다. 질병 예방률이 무려 90퍼센트를 넘는다고 합니다. 소식대로라면 조만간 코로나는 사리지고 우리는 보통의 일상으로 복귀할 수 있을 것 같습니다. 그런데 질병 예방률이란 무슨 뜻일까요? 확률인 것 같기도 하고 아닌 것 같기도 합니다. 100명이 백신을 맞으면 이 중 90명은 병에 걸리지 않는다는 뜻일까요? 2020년 우리나라의 코로나 확진자가 4만여 명 정도이고 인구가 5000만 명이니 백신을 맞지 않아도 코로나에 걸릴 확률은 5000만분의 4만으로 1퍼센트도 되지 않습니다. 이렇게 보면 90퍼센트 예방률이 그리 높아 보이지 않습니다. 사실 백신 예방률 90퍼센트는 놀랍게도 확률이 아닙니다. 확률의 차이를 나타내는 값인데요, 백신을 접종한 그룹에서 코로나19에 걸릴 확률 $p_{\text{백신}}$을 백신을 접종하지 않은 그룹에서 코로나19에 걸릴 확률 $p_{\text{no 백신}}$으로 나눈 값을 1에서 뺀 것입니다. 즉, $(1-\frac{p_{백신}}{p_{no백신}})\times100\%$가 백신의 예방률입니다. 확률처럼 보이지만 실제는 확률의 비와 관련된 값입니다.

이처럼 확률을 그 자체로 쓰지 않고 변형해서 쓰는 경우는 다른 분야도 종종 있습니다. 월드컵 경기의 결과를 예측하는 도박사들은 확률을 사용하지 않고 '오즈'odds라는 매우 이상한 값을 사용합니다. 한국과 프랑스의 경기에서 한국이 이길 확률 $p_{한국}$을 발표하지 않고 한국이 이길 오즈 $p_{한국}/p_{프랑스}$를 발표합니다. 도박에서는 확률보다 오즈가 더 유용한 정보이기 때문입니다. 한국이 프랑스에 이길 오즈가 3분의 1일 때 한국에 배팅하면 배당률이 3배가 됩니다. 프랑스가 한국을 이길 오즈는 3이 되고, 따라서 배당률은 3분의 1이 되겠지요. 확률은 어렵지만 일상에서는 학문에 머물지 않고 다양한 형태로 변신해가며 우리와 만나고 있는 모습이 흥미롭습니다.

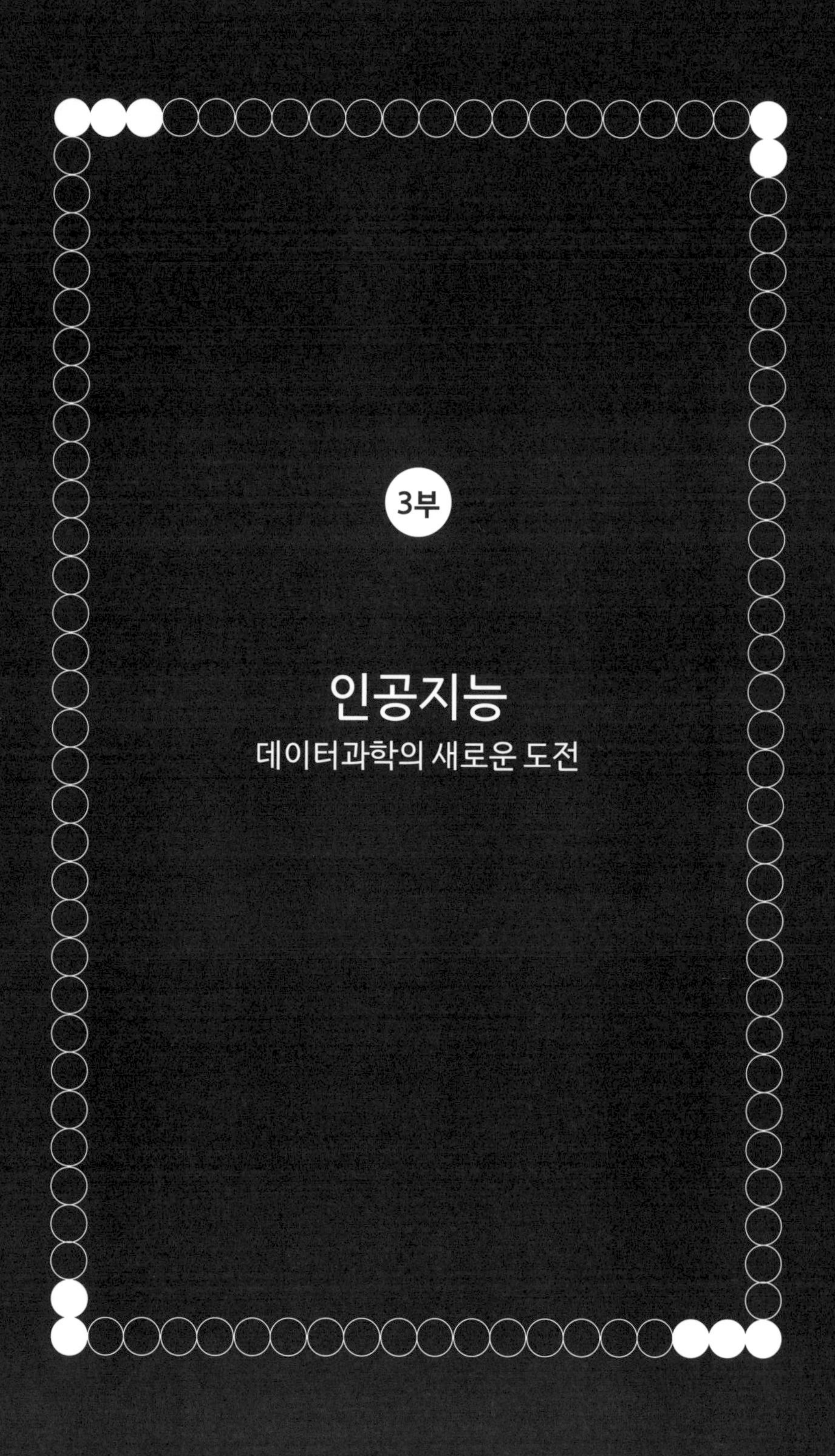

3부

인공지능

데이터과학의 새로운 도전

인공지능의 역사

최근 인공지능이 엄청난 관심을 받고 있습니다. 컴퓨터가 사람 눈처럼 카메라로 얻은 사진의 내용을 스스로 이해합니다. 번역도 잘하고 목소리도 잘 이해해서 우리 생활을 편리하게 만들어 주고 있습니다. 자율주행 자동차도 자동차에 인공지능을 탑재한 것입니다. 인공지능이 스스로 운전을 합니다. 최근 인공지능의 성과는 어마어마합니다. 어느 날부터 인공지능이 우리의 운명을 좌우하는 기술이 되었습니다.

인공지능은 '인공'과 '지능'의 합성어입니다. '인공'은 확실하게 컴퓨터입니다. 컴퓨터에게 인간의 지능을 부여하는 것이 인공지능입니다. 반면에 '지능'의 뜻은 조금 복잡합니다. 인간이 하는 행동 중에 지능이 없어도 수행할 수 있는 것이 많이 있습니다.

주로 생리적이고 본능적인 행동이겠지요. 배가 고파서 음식을 먹는 것은 지능이 아니지만 맛있는 음식을 찾아서 먹는 것은 지능일 것입니다. 인간의 지능이 무엇인지 명확하게 정의하는 것은 어렵습니다. 그냥 인간이 하는 지적 행동으로 시각적 감수성, 언어 소통 능력, 독해 능력 등을 지능으로 간주할 수 있을 것입니다. 정리하면 인간이 인간답게 살기 위해서 매일 수행하는 신체적 능력을 컴퓨터가 대체하는 것이 인공지능이라고 정의할 수 있을 것입니다.

그런데 놀랍게도 인공지능의 핵심에 데이터과학이 있습니다. 인간의 지적 행동을 대체하는 데 왜 데이터가 필요할까요? 논리와 규칙이 필요할 것 같은데 말입니다. 이 신기한 데이터과학의 역할을 이해하기 위해서는 인공지능의 역사를 살펴볼 필요가 있습니다.

개척기(1952~1956)

인공지능의 역사는 컴퓨터의 역사와 그 맥을 같이합니다. 세계 최초의 컴퓨터인 에니악ENIAC이 태어난 게 1947년인데, 직후인 1950년대부터 수학·공학·철학·정치학 등 여러 분야의 학자가 모여 컴퓨터에 지능을 넣으려는 연구가 시작됩니다. 이 시대는 본격적인 인공지능 연구가 처음으로 이루어진 시기이며, 여러 가지 인공지능에 대한 이론이 발표됩니다. 그중에서도 컴퓨터과학의 선구자인 앨런 튜링Alan Mathison Turing이 1950년에 제안한 튜링 테스트Turing's test가 가장 대표적인 연구입니다. 튜링 테스트는 기계가 인간의 사고를 얼마나 이해하고 생각하고 행동할 수 있는지 판단하는 테스트입니다. 질문자 하나에 응답자 둘을 준비합니다. 응답자 중 1명은 사람이고 다른 1명은 인공지능을 탑재한 컴퓨터입니다. 질문자는 응답자 둘 중 누가 사람이고 누가 컴퓨터인지 알지 못합니다. 질문자가 여러 개의 질문을 하고 응답자 둘이 대답을 합니다. 모든 질문이 끝난 후 질문자가 어느 쪽이 사람이고 어느 쪽이 컴퓨터인지 알지 못한다면 컴퓨터는 지능을 가졌다고 판단하는 것이 튜링 테스트입니다. 지능이라는 모호한 개념을 명확하게 판단할 수 있는 실험입니다. '이미테이션 게임'이라고도 불리는데, 튜링의 일대기를 그린 영화의 제목으로도 유명합니다. 2014년 영국에서 개발한 인공지능 컴퓨터가 튜링 테스트를 통과했다고 알려졌지만 해프닝으로 끝났습니다. 아직 튜링 테스트를 통과한 인공지능은 없습니다. 인공지능과 인간 사이의 거리는 한참 멀어 보입니다.

1956년에 개최된 다트머스 학회Dartmouth Conference에서 존 매카시John McCarthy가 이 연구 분야의 이름을 '인공지능'AI, Artificial Intelligence이라고 최초로 명명해서 현재까지 사용되고 있습니다. 이때는 언어나 게임을 이해하는 인공지능의 개발이 연구되었습니다. 1960년 초기에 IBM의 아서 새뮤얼Arthur Samuel은 체커라는 체스 게임 인공지능을 개발했는데 아마추어 선수와 비슷한 수준에 도달했습니다.

황금기(1956~1974)

인공지능 역사의 황금기인 1956~1974년에는 다트머스 학회 이후 인공지능의 여러 분야에서 연구가 왕성히 진행되었습니다. 대수학을 풀거나 기하학의 이론을 증명하거나 영어로 질문에 응답을 하는 프로그램이 나왔습니다. 1957년 매카시는 LISP라 불리는 인공지능을 위한 프로그램을 개발했으며, MIT 대학원생인 위노그라드Terry Winograd는 자연어 처리 프로그램인 SHRDLU을 개발하여 블록 세계에서 사용자가 주어진 여러 물체의 이동을 지시하면 처리하는 프로그램을 제작했습니다. 블록 세계에 있는 물체의 이름과 배열을 기억하여, 사용자의 질문에 응답하고 새로운 물체를 생성하기도 했습니다.

또한 이 시기에 사람과 대화를 주고받는 챗봇 ELIZA가 개발되었지만 실제로 프로그램이 생각하여 대화를 주고받기보다는 입력된 내용을 그대로 말하거나 상대방의 한 말을 다시 말해달라고 요청하거나, 상대방의 말에 몇 가지 문법을 적용하여 바꾸어 응답하는 수준이었습니다.

인공지능에 지능을 주입시키려는 시도도 있었습니다. 간단한 규칙을 컴퓨터에 입력하면 컴퓨터가 학습한 간단한 규칙으로부터 좀 더 복잡한 규칙을 만들어내는 것입니다. "사람은 죽는다"와 "소크라테스는 사람이다"를 가르쳐주면 컴퓨터가 스스로 "소크라테스도 죽는다"를 알아낼 수 있도록 인간의 삼단논법을 컴퓨터에게 가르치는 것입니다. 과학적 추론을 하는 지식 기반 프로그램 DENDRAL과 지식 기반 체스 플레이 프로그램 MacHack 등이 개발되었습니다. 이러한 결과물은 성능이 뛰어나다고 할 수는 없었지만 인공지능의 가능성을 잘 보여주었고, 최대 20년 내에 사람이 하는 모든 일을 기계가 처리할 수 있을 것이라는 낙관론이 만연했습니다. 하지만 이후 결과는 참혹했습니다.

암흑기(1974~1980)

이 시기에는 주어진 환경을 보고 인식하고 반응하는 능력, 더 나아가 실제 사람처럼 대화하고 반응하는 능력 등 인공지능이 약속했던 능력이 사실상 불가능하다는 것을 깨닫고, 인공지능 프로젝트에 들어간 자금이 회수되면서 암흑기를 맞이합니다. 컴퓨터에 지능을 주입하기에는 컴퓨터의 성능이 터무니없이 부족했습니다. 또한 인간의 다양한 지능을 표현하는 규칙이 너무나 많아서 데이터베이스로 저장할 수 없었습니다. 이러한 기술적인 한계로 그 당시 개발된 인공지능은 거의 장난감 수준이었습니다. 또한 1970년대 미국의 로봇과학자였던 한스 모라벡Hans Moravec은 인공지능과 인간지능의 차이를 다음과 같이 정리합니다.

"컴퓨터 프로그램에서 수학의 정리를 증명하고 난해한 기하학 문제를 푸는 것은 비교적 쉬운 문제에 속하지만 얼굴을 인식하는 문제나 로봇을 장애물에 부딪치지 않으면서 원하는 목적지에 도착시키는 일은 극도로 어려운 문제에 속한다."

모라벡의 역설이라고 불리는데, 인간이 쉽게 하는 일을 컴퓨터는 극도로 어려워한다는 것입니다. 컴퓨터가 지능을 배우는 것이 불가능해 보였습니다. 인공지능의 암흑기가 시작됩니다.

개화기(1980년대)

1980년대에 들어서면서 인공지능은 새로운 형태로 다시 나타납니다. 새로운 논리를 만드는 것이 아니라 인간의 논리를 컴퓨터가 이해하고 수행하는 것입니다. 이러한 시스템을 전문가 시스템이라고 합니다. 네이버의 '지식인' 서비스가 대표적인 전문가 서비스입니다. 의사의 전문가적 견해를 데이터베이스로 정리해 놓으면, 일반인도 몇 가지 질문을 통해서 간단한 병의 원인을 파악할 수 있는 인공지능입니다.

전문가 시스템은 컴퓨터 하드웨어의 발달과 함께 크게 각광을 받습니다. 특히 컴퓨터 제조업체들은 전문가 시스템을 탑재한 컴퓨터를 엄청나게 비싸게 팔 수 있었기 때문에 전문가 시스템 개발에 많은 투자를 합니다. 하지만 전문가 시스템은 새로운 지식을 창출할 수는 없습니다. 전문가의 지식을 바탕으로 새로운 지식을 연역적으로 찾아내지는 못했습니다. 컴퓨터 하드웨어 가격이 급격하게 떨어지면서 전문가 시스템에 대한 관심도 줄어듭니다.

전문가 시스템과 별개로 1980년대부터 신경망 모형에 대한 연구가 다시 시작됩니다. 신경망 모형이란 인간 뇌신경세포의 상호작용을 수학적으로 모형화한 것으로 컴퓨터가 스스로 지식을 학습할 수 있도록 하는 알고리즘입니다. 신경망 모형은 인공지능의 시작과 거의 함께 시작합니다. 단, 컴퓨터가 신경망 모형을 이용하여 지식을 학습하는 방법이 개발되지 않아서 1970년대에는 거의 버려진 방법론이었습니다. 1982년에 물리학자 존 홉필드John J. Hopfield는 신경망 네트워크가 정보를 학습하고 처리할 수 있다는 것을 증명합니다.[28] 또한 비슷한 시기에 데이빗 루멜하트David Rumelhart는 신경망 네트워크를 학습하는 새로운 방법인 역전파Backpropagation 알고리즘을 개발하여 신경망 모형을 대중화합니다. 이러한 이론을 바탕으로 문자 판독이나 음성 인식 분야에서 작은 상업적 성공을 거둡니다. 하지만 컴퓨터가 신경망 모형을 학습하는 데 드는 비용이 너무 비싸고 실제 성능도 그리 좋지 않아서 1990년대에 연구가 거의 중단됩니다.[29]

2000년대부터 현재까지의 인공지능

1990년대 신경망 모형의 실패 이후 인공지능은 다시 침체기를 맞습니다. 그래도 많은 연구자가 희망의 끈을 놓지 않고 연구에 매진합니다. 1997년 IBM의 딥블루라는 인공지능 체스 프로그램은 세계 챔피언인 카스파로프를 상대로 승리를 거두었고, 2011년에는 IBM에서 자연언어 이해 및 처리를 위해 개발한 왓슨 프로그램은 제퍼디 퀴즈쇼에서 이전 챔피언 2명을 상대로 승리를 거둡니다. 하지만 이러한 인공지능은 전문가 시스템의 확장일 뿐 여전히 새로운 지식을 생성하지 못했습니다. 똑똑한 학생이 아니라 잘 기억하고 빨리 계산하는 학생이었습니다. 사람들은 똑똑한 인공지능을 기대하고 있었습니다.

인공지능의 침체기를 한순간에 날려버리는 사건이 발생합니다. 바로 2006년에 토론토대학교의 제프리 힌턴Geoffrey Everest Hinton이 개발한 딥러닝 모형입니다. 2001년부터 인공지능을 이용한 이미지 인식 경진대회 ILSVRCImageNet Large Scale Visual Recognition Challenge에서 이전 우승자의 오류가 26퍼센트였는데, 2006년도 대회에 처음 참가한 힌턴은 딥러닝을 이용하여 오류를 15퍼센트로 매우 크게 낮췄습니다.[30] 세상은 깜짝 놀랐고 딥러닝은 화려하게 등장했습니다. 딥러닝은 사실 신경망 모형의 일종입니다. 단, 매우 복잡한 신경망 모형이라고 생각하면 됩니다. 힌턴의 기술은 매우 복잡한 신경망 모형을 효율적으로 학습시킬 수 있는 방법을 개발한 것입니다. 이후 컴퓨터 메모리와 성능의 급격한 발달과 함께 딥러닝도 눈부신 성과를 거둡니다. 인간의 능력인 오류율 5퍼센트를 넘어서 2017년에는 2퍼센트대의 인공지능 알고리즘이 ILSVRC에 선보였습니다. 이제는 이미지 인식 경진대회 자체가 무의미해졌습니다.

딥러닝의 성과는 엄청났습니다. 알파고도 딥러닝을 기반으로 만들어졌으며, 파파고 같은 번역 프로그램도 딥러닝을 이용합니다. 세상에 존재하지 않은 그림도 딥러닝을 이용하여 만들 수 있으며, 음성인식 알고리즘이나 무인 자동차에도 딥러닝이 핵심입니다. 현재의 인공지능은 딥러닝과 거의 분간이 안 될 정도입니다.

딥러닝과 데이터과학

딥러닝의 작동원리 핵심에 데이터과학이 있습니다. 딥러닝과 데이터과학의 관계를 이해하기 위해서는 상위 개념인 기계학습machine learning을 알아야 합니다. 기계학습은 인공지능 방법론의 일종입니다. 컴퓨터가 새로운 지식을 학습할 수 있는 알고리즘을 기계학습이라고 하는데, 특히 새로운 지식을 데이터에서 얻는 방법입니다. 새로운 지식을 간단한 기존 규칙의 조합으로 찾아내는 인공지능 방법론과는 완전히 다릅니다.

간단한 예를 통해서 기계학습의 원리를 알아보도록 하겠습니다. 원래 컴퓨터는 인간이 프로그램을 해주는 대로 움직입니다. 그래서 컴퓨터가 특정한 임무를 수행하게 하려면 작동원리를 매우 자세하게 설명해줘야 하고, 컴퓨터는 프로그램된 논리대로 작업을 수행합니다. 지능화보다는 자동화가 컴퓨터의 주 임무였습니다. 컴퓨터 프로그램을 배우면 가장 먼저 만나는 문제는 숫자를 크기순으로 나열하는 정렬sorting 프로그램을 만드는 것입니다. 예를 들어 1, 3, 4, 2 순서로 저장되어 있는 데이터를 크기에 따라 1, 2, 3, 4로 바꾸는 것이 정렬의 임무입니다. 컴퓨터가 정렬을 할 수 있는 여러 가지 알고리즘을 수학자나 알고리즘 전공자가 논리를 이용하여 개발합니다. 그리고 알고리즘이 개발되면 이를 프로그램으로 변환하여 컴퓨터에 주입합니다. 그러면 컴퓨터는 프로그램된 알고리즘을 수행하여 정렬을 진행합니다. 컴퓨터는 인간이 알려준 규칙대로 작업을 수행하면 그만입니다. 규칙은 인간이 만듭니다.

컴퓨터에 특정한 임무를 수행시키려면 그 임무를 수행할 수 있는 알고리즘이 필요합니다. 알고리즘이 없으면 컴퓨터에게 일을 시킬 수 없었습니다. 그런데 인간의 많은 지적 활동은 알고리즘으로 잘 표현이 안 됩니다. 개와 고양이 이미지를 인간이 어떤 규칙을 통해서 구분하는지 알기 어려웠습니다. 귀의 모양, 눈의 모양, 털의 모양 등의 정보를 이용한다고 어렴풋이 알겠는데 이를 규칙으로 만들려면 매우 어려웠습니다. 실제로 딥러닝 이전의 이미지 인식 알고리즘은 이러한 규칙(귀·눈·털의 모양 등)을 이용하여 알고리즘을 만들었습니다. 물론 성능은 아주 나빴습니다. 개와 고양이의 귀 모양의 차이를 알고리즘으로 설명하기가 쉽지 않았습니다. 인간은 딱 보면 아는데, 인간이 아는 것을 컴퓨터도 알 수 있도록 알고리즘으로 변환하는 것은 거의 불가능합니다. 모라벡의 역설이 작동하고 있었습니다.

기계학습은 알고리즘을 컴퓨터가 스스로 데이터로부터 찾아내게 합니다. 개 이미지 100장과 고양이 이미지 100장을 주면, 컴퓨터가 스스로 이미지를 분석해서 개와 고양이가 어떻게 다른지를 스스로 찾아냅니다. 그리고 새로 들어온 이미지에 스스로 찾은 규칙을 적용하여 개인지 고양이인지를 판단합니다. 인간이 할 일은 컴퓨터가 데이터로부터 스스로 알고리즘을 찾아낼 수 있는 알고리즘을 개발하는 것입니다. 알고리즘의 알고리즘을 만드는 것이 기계학습입니다. 정렬도 논리 규칙 없이 기계학습으로 할 수 있습니다. 정렬 전의 수열과 정렬 후의 수열의 쌍을 다양하게 만들어서 컴퓨터에 넣어주면 스스로 정렬 알고리즘을 찾아냅니다. 데이터로 모인 인간의 지능적 행동을 컴퓨터가 스스로 학습하여 알고리즘을 만드는 것이 기계학습입니다. 딥러닝은 기계학습의 특정한 알고리즘입니다. 딥러닝 말고도 다양한 기계학습 알고리즘이 있습니다. 딥러닝이 유명해진 이유는 인간이 잘하지만 컴퓨터는 잘하지 못했던 이미지 인식이나 번역 등을 아주 훌륭하게 수행하기 때문입니다.

딥러닝은 데이터로부터 알고리즘을 찾아내는 방법입니다. 따라서 딥러닝을 잘 사용하려면 데이터과학에 대한 깊은 이해가 필수적입니다. 데이터도 다양하고 딥러닝 방법론도 다양합니다. 어떤 데이터에는 어떤 딥러닝 방법이 최적의 성능을 보이는지를 판단할 때 데이터과학이 중요한 역할을 합니다. 딥러닝 알고리즘의 원리를 이해하기 위해서도 데이터과학이 필수적입니다. 데이터과학과 딥러닝은 분간할 수 없는 암수동체 같은 관계입니다. 딥러닝이 인간의 뇌라면 데이터과학은 심장입니다.

2장

알파고의 탄생

2016년은 우리나라 인공지능의 원년이라고 할 수 있을 것입니다. 이해 3월 서울에서 이세돌 9단과 딥마인드DeepMind에서 개발한 인공지능 알파고AlphaGo가 결전을 펼쳤습니다. 대부분의 전문가는 이세돌의 완승을 예상했습니다. 그러나 결과는 완전히 반대였습니다. 알파고가 이세돌을 5전 4승 1패로 이겼습니다. 알파고의 승리는 우리 사회에 엄청난 충격을 안겨주었습니다. 마치 19세기 말 조선 사람이 서양 신문물을 경험하고 느꼈던 감정을 국민이 다시 느꼈을 것 같습니다. 알파고 이후로 인공지능에 대한 관심이 폭발적으로 높아졌으며, 국가적 차원의 투자가 시작되었습니다.

알파고의 등장과 퇴장

바둑을 컴퓨터에 가르치려는 시도는 상당히 오래전부터 있었습니다. 특히 1997년 딥블루가 체스에서 인간을 능가하면서 바둑 인공지능에 대한 연구에 관심이 커졌습니다. 그러나 발전은 느렸고 결과도 초라했습니다. 아마추어 5단 정도의 실력에 프로 바둑기사와 4점 접바둑에서 가끔 이기는 정도였습니다. 컴퓨터가 인간을 이기는 것은 요원해 보였습니다. 바둑은 체스보다 고려해야 할 경우의 수가 엄청나게 많습니다. 그리고 바둑의 모든 경우의 수를 고려하는 것은 아무리 빠른 컴퓨터로도 불가능합니다. 불과 몇 년 전까지 바둑을 컴퓨터가 배우는 것은 불가능해 보였습니다.

영국의 벤처기업인 딥마인드는 인공지능 바둑에 도전했습니다. 2014년에 구글에 무려 5억 달러에 인수됩니다. 2015년에 첫 번째 버전인 '알파고 판'을 출시하고 유럽 바둑챔피언인 판 후이Fan Hui와 5번 대결해서 모두 이깁니다. 실제 바둑 경기에서 프로 기사를 이긴 최초의 인공지능 바둑기사가 되었습니다. 알파고의 다음 목표는 이세돌이었습니다. 세계 최고의 바둑기사이자 창의적인 바둑을 두는 것으로 유명한 이세돌과 2016년 3월에 역사적인 대결을 합니다. 알파고 판에 대한 정보가 없었기 때문에 대부분의 인공지능 전문가는 이세돌의 완승을 예상했습니다. 아무리 생각해도 바둑의 수많은 경우의 수를 컴퓨터가 이해하기란 요원한 일이라고 보았습니다.

하지만 결과는 완전 반대였습니다. 이세돌이 5전 1승 4패로 크게 패합니다. 그나마 다행인 것은 4번째 대결에서 이세돌이 이겨서 전패는 모면했다는 것입니다. 알파고는 등장 이후 이세돌에게 패배한 것이 유일한 패배였습니다. 이세돌을 이긴 알파고 버전을 '알파고 리'라고 합니다. 그 이후 알파고는 계속 진화해서 '알파고 마스터'가 됩니다. 그리고 2017년 세계 랭킹 1위인 중국의 커제柯洁와 3번 경기를 해서 전승을 합니다. 심지어는 중국 9단 프로 기사 5명이 한 팀을 이루어서 알파고와 대결하지만 승리하지 못합니다. 알파고는 이제는 인간을 완전히 넘어선 것 같습니다.

알파고의 마지막 버전은 '알파고 제로'입니다. 이전의 알파고는 인간의 기보를 데이터로 받아들여서 학습했습니다. 알파고 제로는 인간의 기보를 사용하지 않고 스스로 기보를 만들고 이를 학습했습니다. 즉, 인간의 도움을 하나도 받지 않고 모든 것을 스스로 해결했습니다. 바둑의 규칙만으로 시작하여 바둑의 거의 모든 기술을 스스로 학습했습니다. 알파고는 이세돌과 대결 이후로 모든 경기에서 승리하고 알파고 제로를 마지막으로 바둑 무대에서 은퇴합니다.

알파고 제로는 '알파 제로'로 발전하는데, 알파 제로는 바둑뿐만 아니라 다양한 게임에 적용할 수 있는 인공지능 알고리즘입니다. 규칙만 가르쳐주면 스스로 모든 것을 학습합니다. 30시간의 학습으로 2017년에 체스 세계챔피언을 물리쳤습니다. 2019년에는 게임 스타크래프트2에서도 프로게이머를 이겼고, 2020년에는 인류 최대의 난제 중 하나인 단백질 접힘 문제를 풀었습니다.

알파고의 이해

알파고의 작동원리를 이해하면 인공지능의 원리를 이해하는 데 도움이 됩니다. 특히 알파고를 통해서 인공지능의 개발에 왜 막대한 계산량이 필요한지 살펴볼 수 있습니다. 인공지능에서 왜 엄청난 계산 서버가 필요한지 알아보겠습니다.

바둑 인공지능은 현재 상황에서 가장 승률이 높은 곳에 다음 수를 두면 됩니다. 다음 수가 바둑 인공지능이 결정해야 할 유일한 문제입니다. 100수를 둔 바둑에서 101번째 수를 결정해야 하는 경우를 생각해보겠습니다. 바둑판에는 361개(19×19=361)의 가능한 공간이 있고 이미 100수를 두었으니 101번째 수를 둘 수 있는 공간은 361-100=261, 즉 261개 남아 있습니다. 그렇다면 101번째 수는 261개 공간 중에서 하나를 선택하면 됩니다. 이 261개의 가능한 수 중에서 이길 확률이 가장 높은 수를 선택하면 됩니다. 이길 확률을 예측하는 데 기계학습 알고리즘을 사용할 수 있습니다. 인간의 기보를 엄청나게 모아 놓은 빅데이터가 있습니다. 100수까지 둔 현재 바둑과 형세가 가장 비슷한 기보를 찾고 이 기보의 결과를 확인하여 101번째 수를 정하면 됩니다. 그리 어려워 보이지 않습니다. 그저 주어진 기보와 가장 비슷한 기보를 데이터에서 찾으면 됩니다.

그러나 이러한 간단한 방법에는 큰 문제가 있습니다. 바둑은 둘이 두는 게임입니다. 101번째 수의 효과는 102번째 수에서 상대방의 반응에 따라 크게 바뀝니다. 상대방의 전략을 고려하지 않으면 승률 계산은 무의미합니다. 상대방이 기존의 기보대로 둔다고 생각하면 안 됩니다. 알파고 이전의 인공지능 바둑프로그램은 인간이 엉뚱한 수를 두면 대처 능력이 현저히 떨어졌습니다. 바둑 빅데이터에 엉뚱한 수는 없었기 때문입니다.

알파고는 이 문제를 자체 대국으로 해결합니다. 알파고의 101번째 수의 승률을 같은 알파고를 상대로 엄청나게 두어서 얼마나 이기는가를 관측하여 계산합니다. 특정한 101번째 수의 승률을 계산하기 위해서 자체 대국을 수만 번, 아니 수십만 번 둬봐야 합니다. 여기에 엄청난 계산량이 필요해집니다.

알파고 이전에 바둑 인공지능이 불가능하다고 생각한 이유는 101번째 수로 가능한 수가 261개나 되었기 때문입니다. 261개의 개별 수 각각에 대해서 수십만 번의 자체 대국을 두는 것은 물리적으로 불가능합니다. 알파고는 이 문제를 기보 빅데이터를 이용하여 해결했습니다. 기보 빅데이터를 분석하여 실제 거의 나오지 않는 수를 과감히 제거하여 계산량을 획기적으로 줄였습니다. 이제는 적절한 시간 안에 수십만 번의 자체 대국을 둘 수 있었고 이 결과 이세돌을 이겼습니다.

2019년에 중국에서 벌어진 세계 인공지능 바둑대회에서 우리나라의 한돌이 3위를 차지했습니다. 1등과 2등은 모두 중국 인공지능인 줴이絶藝와 골락시星阵, Golaxy가 차지했습니다. 중국은 인공지능 바둑을 국가적인 차원에서 지원합니다. 엄청난 규모로 투자하고 이 투자 덕분에 엄청난 수의 서버를 동원하여 엄청난 양의 계산을 수행합니다. 중국에서는 국가대표 바둑선수의 훈련에 줴이와 골락시가 사용됩니다. 반면에 우리나라의 한돌은 게임업체가 개발했습니다. 국가적인 투자로 만들어진 중국 인공지능 바둑에 비하면 너무나 작은 서버를 사용했습니다. 민간 회사가 서버에 엄청나게 투자하는 것은 불가능합니다. 작은 계산량으로 벨기에나 일본의 인공지능을 물리치고 세계 3위를 한 것은 우리나라의 인공지능 개발자의 능력 덕분입니다. 인공지능의 세계 제패를 위해서는 좋은 개발자와 함께 계산 서버에 대한 투자가 필요합니다. 컴퓨터 서버가 많아서 수백만 번을 계산할 수 있으면 수십만 번만 계산하는 인공지능을 쉽게 이길 수 있습니다. 중국의 줴이와 골락시가 우리나라의 한돌을 이긴 이유이자 인공지능에 국가적 차원의 투자가 필요한 이유입니다.

떠나는 이세돌이 남긴 교훈

2019년 말미에 바둑 인공지능 분야에 매우 의미 있는 행사가 있었습니다. 이세돌 9단이 은퇴 기념으로 한국 바둑 인공지능의 최강자인 한돌과 3번 대국했습니다. 이 대국을 마지막으로 이세돌 9단이 바둑을 두는 것을 영원히 보지 못할 것입니다. 이세돌 9단은 창의적인 바둑으로 세계를 정복했다는 평가 이외에 인공지능 바둑 프로그램을 이긴 유일한 바둑선수로 역사에 길이 기억될 것입니다.

한돌은 국내 게임개발 업체가 개발한 인공지능 바둑프로그램입니다. 2017년부터 개발되었으며, 2018년에는 한국에서 최고인 바둑선수 5명과 대국에서 모두 승리했습니다. 또한 2019년 가을에는 세계 인공지능 바둑 선수권대회에 처음으로 출전하여 3위를 차지하는 쾌거를 이루었습니다. 이세돌과 한돌의 은퇴 대국 3번기는 기존과는 조금 다르게 진행되었습니다. 접바둑으로 시작하여 승패 여부에 따라 대국 방식을 바꾸는 치수 고치기 방식이었습니다. 물론 이세돌이 1수를 먼저 두는 접바둑입니다. 인간과 인공지능의 공식적인 접바둑은 세계 최초여서 많은 관심을 받았습니다. 1국 접바둑에서 이세돌이 한돌을 이겼고 그 이후 2번의 대국은 모두 한돌이 승리했습니다. 비록 접바둑이었지만, 이세돌 9단은 기사생활 마지막에서도 인공지능을 이기는 쾌거를 달성했습니다.

첫 번째 경기에서 한돌이 진 것을 두고 우리나라 인공지능 기술의 한계를 이야기하기도 했습니다. 그러나 이 결과를 제대로 해석하려면 인공지능에 대한 깊은 이해가 필요합니다. 접바둑 규칙이 결정된 것이 은퇴 경기 2달 전이고, 한돌이 접바둑을 학습한 기간은 최대 2달 정도입니다. 한돌 개발자에 의하면 2달이라는 학습 기간이 너무 짧았다고 합니다. 즉, 한돌은 아직도 성장하고 있는 중입니다. 인공지능의 성장에는 엔지니어의 노력과 함께 학습을 위한 컴퓨팅 파워에 대한 물질적 투자도 필수적입니다. 더 많은 컴퓨팅 파워가 있으면 인공지능은 더 빨리 성장할 수 있기 때문입니다.

이 대국은 인공지능의 한계도 잘 보여주었습니다. 인공지능은 경험하지 않은 상황에 대한 대처는 인간에 비해서 현저히 떨어집니다. 인간에게 접바둑이란 일반 바둑에서 약간 수정한 것이고, 따라서 바둑에 사용하는 규칙이나 논리를 약간 수정하여 접바둑을 둡니다. 반면에 인공지능은 데이터에 기반하여 규칙을 만들기 때문에 접바둑에 대한 데이터를 주지 않으면 규칙을 수정할 수 없습니다. 그런데 접바둑 관련 데이터는 그리 많지 않고 구하기도 어렵습니다. 데이터가 없으면 인공지능 학습은 어렵습니다. 인공지능은 데이터를 먹고살아갑니다. 인간이 느끼는 약간의 변화가 인공지능에게는 엄청난 변화일 수 있습니다. 데이터가 바뀌기 때문입니다. 인공지능이 인간을 대체하기 어려운 이유이면서 인공지능과 인간의 공존이 가능한 이유입니다.

인공지능의 활약과 부작용

오늘날 전 세계적으로 사회·경제·문화 전반이 디지털화되고 기존 서비스와 인간 활동의 여러 국면이 자동화되고 있는데, 이러한 변화의 중심에 인공지능이 있습니다. 인공지능 기술은 인류 역사에 존재한 수많은 신기술의 하나이지만 증기기관·전기 등이 그러했던 것처럼 '범용' 기술에 해당한다는 점이 특징입니다. 인공지능은 다양한 분야에 적용될 수 있습니다. 의학에 적용되면 인공지능 의사가 개발되고, 법에 적용하면 인공지능 변호사가, 바둑에 적용하면 인공지능 바둑기사가 탄생합니다. 이러한 범용 기술은 사회 전 분야에 혁신을 유발하여 경제·사회에 큰 파급효과를 미칩니다. 인공지능 기술은 파괴적 기술혁신을 통해 산업구조는 물론 사회제도 전반까지도 크게 변화시킬 것으로 전망됩니다. 노동시장에 가장 크게 영향을 미쳐서 많은 직업이 사라질 수 있습니다. 요즘 논의되고 있는 기본소득도 인공지능 기술과 관련이 있습니다. 인공지능 기술로 인하여 양극화 현상이 더 심해질 것으로 예상되기 때문입니다. 인공지능으로 유발되는 사회적 부작용을 최소로 하려면 사회적 합의가 필수적인데 이를 위해서는 일반인도 인공지능 기술에 대한 이해가 필요합니다.

컴퓨터 비전

인공지능 기술이 가장 크게 활약하고 있는 분야는 이미지 인식 분야입니다. 특히 컴퓨터에게 눈을 만들어주는 컴퓨터 비전 분야가 크게 각광을 받고 있습니다. 인공지능 눈의 응용분야는 무궁무진합니다. 무인자동차나 로봇 등 자동화 기계에는 필수적입니다. CCTV를 자동 인식해서 범죄나 사고를 실시간으로 탐지할 수도 있습니다. 2003년에 대구 지하철에서 화재가 났습니다. 무려 192명의 사망자와 6명의 실종자, 148명의 부상자가 발생하는 최악의 참사였습니다. 방화범이 열차에 불을 질렀습니다. 승객들은 화재를 인식했고 승무원은 불을 끄려고 노력했습니다. 문제는 반대 방향 지하철이 화재가 난 역에 들어오면서 불이 그 지하철로 옮겨 붙은 것입니다. 화재는 걷잡을 수 없이 크게 번졌습니다. 화재 발생을 인지했더라면 반대 방향 열차는 운행을 중단해야 했습니다. 지하철 종합사령실에서는 모든 역의 CCTV를 모니터링합니다. 단, 사람이 화면을 보면서 모니터링하므로 이 사건 당시 CCTV에는 역 화재가 찍혔지만 사람이 이 화면을 놓쳤습니다. 당시에 인공지능 자동탐지기술이 있었다면 이 참사를 막을 수 있었을 텐데 하는 안타까운 마음이 듭니다.

컴퓨터는 주어진 이미지를 엄청난 숫자로 이해합니다. 해상도 100×100인 컬러 이미지는 픽셀이 1만 개 있고 각 픽셀은 빛의 3원색인 빨강·녹색·파랑 각각의 명도를 나타내는 숫자로 되어 있습니다. 즉, 100×100 컬러 이미지는 3만 개의 숫자로 컴퓨터는 이해합니다. 이 3만 개의 숫자를 바탕으로 이미지 안에 어떤 내용이 있는지 알아내야 합니다.

이미지가 주어지면 먼저 이미지 안에 있는 객체를 잘 나누어야 합니다. 이러한 작업을 세그멘테이션Segmentation이라고 합니다. 세그멘테이션은 이미지에 있는 여러 객체를 인식하는 것입니다. 위성 이미지가 주어졌을 때 토지의 표지 정보(도시, 농지, 물 등)을 인식하는 데 사용될 수 있으며 또한 자율주행 차량의 도로 정보 및 차선 표시 등 정밀한 작업을 요하는 영상 분야에서 활용됩니다. [그림 1]은 자율주행 자동차를 위한 이미지 세그멘테이션 예입니다.

인공지능은 이미지를 자동으로 세그멘테이션하는 알고리즘을 딥러닝을 이용하여 학습합니다. 이 학습을 위하여는 미리 세그멘테이션이 되어 있는 수많은 이미지 데이터가 필요합니다. 그

그림 1 자율주행 자동차를 위한 이미지 세그멘테이션

런데 인공지능 학습에 사용할 이미지 데이터의 세그멘테이션은 사람이 직접 해야 합니다. 그래서 인공지능 개발을 위한 이미지 빅데이터를 구축하려면 엄청난 비용이 들어갑니다. 2020년에 우리나라 정부가 추진하고 있는 '데이터 댐' 정책의 핵심 사업 중 하나가 인공지능 학습용 이미지 빅데이터 구축입니다. 클라우드 소싱이라는 방법이 사용되는데, 일반인이 인터넷을 통해서 이미지 세그멘테이션 작업에 참여하는 것입니다. 새로운 직업의 탄생으로 볼 수 있습니다.

이미지 데이터가 세그멘테이션이 되면 그다음 작업은 각 객체가 무엇인지를 인식하는 것입니다. 도로인지 철도인지, 자동차인지 사람인지 등을 판단하는 것입니다. 개와 고양이를 분류하는 인공지능 방법이 사용됩니다. 이를 위해서 이미 각 개체가 분류되어 있는 이미지 빅데이터가 필요합니다. 결국 인공지능 눈을 개발하기 위해서는 이미지 빅데이터 구축이 가장 중요합니다.

중국이 미국보다 인공지능 개발에서 앞서가는 이유는 이미지 빅데이터를 쉽게 구축할 수 있기 때문입니다. 얼굴 인식 인공지능 알고리즘을 만들려면 얼굴 사진과 함께 그 사람의 신상 자료가 있어야 합니다. 미국에서는 이러한 자료를 모으는 것은 프라이버시 보호 차원에서 거의 불가능합니다. 반면에 중국에서는 프라이버시 문제는 무시하고 마구잡이로 이미지 데이터를 모으고 있습니다. 데이터를 지배하는 자가 인공지능을 지배하게 될 것입니다. 현재 진행되고 있는 미중 무역전쟁의 이면에는 인공지능 기술에 대한 미중의 싸움이 자리 잡고 있습니다.

이미지 인식 관련 인공지능에 사용되는 딥러닝 모형으로 CNN Convolutional Neural Network 모형이 널리 사용됩니다. CNN은 1989년에 얀 르쿤Yann LeCun이 개발했습니다. 실제 동물의 시신경 체계를 묘사해서 만든 수학적 모형입니다. 주어진 이미지를 잘게 짤라서 객체를 인식하고 이를 계속 결합해서 최종적으로 이미지를 인식하는 알고리즘입니다.[31]

인공지능 눈은 다양한 분야에 적용될 수 있고 이에 따르는 부작용도 있습니다. 스탠퍼드대학교의 두 연구자는 인터넷 데이트 사이트에서 다양한 사람의 얼굴 사진과 그들의 성적 지향을 취합함으로써 얼굴 사진을 통해 성적 지향을 추정하는 인공지능 모형을 개발했습니다. 그들이 개발한 모형을 주어진 사진 속 남성이 동성애자인지 여부를 맞추는 문제에 적용한 결과 81퍼센트의 정확도를 얻을 수 있었습니다. 여성인 경우는 조금 낮은 71퍼센트의 정확도를 보였습니다. 이 결과는 매우 놀라운 것으로, 실제 사람이 눈으로 동일한 사진을 보고 동성애자인지 여부를 판별한 결과 남성의 경우 61퍼센트, 여성의 경우 54퍼센트의 정확도를 보였기 때문입니다. 인공지능이 관상을 보는 날도 멀지 않은 것 같습니다.

이러한 기술의 개발에 대해서 기대와 우려가 교차되고 있습니다. 이와 같은 연구 결과는 상업적으로 유용하게 사용할 수 있습니다. 성소수자를 대상으로 그들의 취향에 맞는 상품을 광고한다면 더욱 효과적인 마케팅을 진행할 수 있습니다. 실제로 이와 같은 타깃 마케팅 기법은 현재 전 세계의 마케팅 시장을 선도하고 있는 구글과 페이스북 같은 기업의 기법이기도 합니다. 그러나 이러한 연구에 대해서 정작 성소수자는 심려를 드러냅니다. 역사적으로도 성소수자를 골라내려는 시도는 대개 그들의 말살, 투옥, 성적 지향 전환 치료 등 부정적인 결과를 초래했기 때문입니다. 현대에 들어서 성소수자의 인권이 지속적으로 신장되는 추세이지만 아직도 사회의 대다수 분야에서는 성소수자임이 밝혀지는 것은 막대한 불이익이 초래될 수 있는 문제입니다. 성적 지향은 중요한 프라이버시입니다. 프라이버시를 알아내는 인공지능이 사회적으로 용인되는지는 좀 더 따져봐야 할 것입니다.

인공지능 예술가

인공지능은 주어진 이미지를 이해하는 것을 넘어서 새로운 이미지를 생성하기도 합니다. 2018년에 인공지능이 그린 그림이 세계 3대 경매 중 하나인 크리스티 경매에서 무려 5억 원에 팔렸습니다. 당대 최고의 예술가인 앤디 워홀Andy Warhol이나 로이 리히텐슈타인Roy Fox Lichtenstein의 그림보다 2배나 비싸게 팔렸습니다. 인공지능은 데이터를 가지고 학습합니다. 인공지능에 다양한 그림을 보여주면 그림의 특징을 잡아냅니다. 그리고 찾아낸 특징을 기존의 그림과 다르게 섞어서 새로운 그림을 만들어 냅니다. 2016년에 구글은 기존 화가의 그림 특징을 찾아내

그림 2 인공지능이 그린 그림 중 처음으로 경매에 출품된 작품 〈에드먼드 드 벨라미〉

그림 3 인공지능이 만들어낸 가상인물 사진

서 새로운 그림을 그리는 딥드림이라는 인공지능을 개발했는데 딥드림의 그림들이 2016년 2월 샌프란시스코 미술 경매에서 총 9만 7000달러(약 1억 1000만 원)에 판매됐습니다. 현재는 스마트폰 앱으로 개발되어서 일반 사람들도 쉽게 새로운 이미지를 만들 수 있습니다.

기존의 사진이나 그림에서 특징을 추출해서 세상에 존재하지 않는 방법으로 특징을 배합하면 세상에 존재하지 않는 사진이나 그림이 나옵니다. [그림 3]은 인공지능이 만들어낸 인물사진입니다. 이 사람들은 모두 세상에는 존재하지 않습니다. 인공지능이 만들어낸 허구의 사진입니다.

하지만 인공지능 예술가는 부작용을 낳고 있습니다. 기존의 이미지나 동영상에 교묘하게 얼굴을 다른 사람으로 바꿔치기하는 인공지능 기술인 딥페이크가 개발되었습니다. 2018년 유튜브에 오바마 전 미국 대통령의 동영상이 뜹니다. 트럼프 대통령을 멍청이라고 비난하는 등 평소와는 다른 연설 동영상이었습니다. 물론 이 동영상은 딥페이크를 이용한 가짜 동영상이었습니다. 하지만 동영상을 시청한 사람 대부분이 동영상이 가짜인지 전혀 눈치채지 못했습니다. 그냥 오바마 대통령이 퇴임 후 많이 달라졌다고 생각했을 것입니다. 딥페이크를 통해서 한국 유명 연예인이 포르노에 등장하는 상황까지 이르렀습니다. 조만간 딥페이크는 특정 정치인을 비방하거나 특정 기업을 공격하기 위해서 사용될 수 있을 것입니다. 가짜뉴스를 만드는 데도 딥페이크가 악용될 수 있습니다. 선진국은 딥페이크를 이용한 범죄 가능성을 높게 보고 선제적 조치를 취하고 있습니다. 인공지능의 부작용이 서서히 심각한 사회문제로 번지고 있습니다. 인공지능의 윤리적 활용에 대한 사회적 논의가 반드시 필요한 이유입니다.

번역을 위한 인공지능

우리나라 사람들은 영어를 잘 못합니다. 지금은 조기교육으로 영어 공부를 해서 많이 나아졌지만 30년 전만 해도 우리나라의 토플 성적이 세계에서 거의 꼴찌였습니다. 아마 우리나라보다 못하는 나라로는 일본 정도가 있을 것입니다. 외국에 유학을 갈

때 가장 어려운 문제도 바로 언어입니다. 언어 장벽을 해결해주는 인공지능은 우리나라의 국제화에 크게 도움이 될 것입니다.

번역을 하는 인공지능의 개발은 인공지능 초창기부터 연구가 되었습니다. 하지만 성과는 미미했습니다. 각 언어의 문법을 논리적으로 이해하고 규칙을 만들어서 컴퓨터가 언어를 이해하도록 노력했으나 실패했습니다. 언어의 문법에는 예외가 너무 많았습니다. 한국어 표현인 "좋아 죽는다"를 논리로 이해하기란 너무 어렵습니다. 또한 언어 체계가 다르면 문법 체계도 다르기에 2개의 문법 체계를 연결하는 일은 거의 불가능했습니다.

인공지능 번역에 데이터 기반 방법론이 등장합니다. 1998년 IBM에서 개발한 통계적 기계 번역SMT, Statistical Machine Translation입니다. 한국어를 일본어로 번역하기 위해서는 먼저 한국어와 일본어로 동시에 작성된 문서의 빅데이터를 구축합니다. 그리고 대응되는 문장을 통계적으로 정리합니다. 한국어로 새로운 문장이 들어오면 빅데이터에서 가장 비슷한 한국어 문장을 뽑고 이에 대응되는 일본어 문장을 보여줍니다. 완전히 같은 문장이 없는 경우에는 가장 비슷한 문장 몇 개를 뽑고 대응되는 일본어 문장을 적당히 결합해서 번역 결과로 보여줍니다. SMT는 기존의 문법 기반 번역에 비해서는 성능이 크게 향상되었으나 미진한 부분도 많았습니다. "백조의 호수"를 영어로 번역하면 "Lake of 100000000000000"로 번역되기도 했습니다.

구글은 2006년부터 통계적 기계 번역을 기반으로 기계 번역

서비스를 무료로 제공했습니다. 구글이 가진 엄청난 빅데이터 덕분에 번역 성능은 기존의 프로그램보다 많이 좋아졌습니다. 단, 빅데이터를 기반으로 하다 보니 부작용도 있었습니다. 한국어와 영어는 같이 작성된 문서가 많지 않아서 번역의 성능이 좋지 않았습니다. 반면에 한국어와 일본어 문서는 많고 일본어와 영어로 작성된 문서도 많았습니다. 일본은 번역 문화가 발달하여서 외국 서적을 거의 모두 번역해놓았습니다. 따라서 구글 번역에서 먼저 한국어를 일본어로 번역하고 그 결과를 다시 영어로 번역하면 한국어를 영어로 직접 번역한 것에 비해서 결과가 더 좋았습니다. 데이터 기반 번역의 한계입니다. 데이터가 번역 성능도 좌우하는 것입니다.

2016년 구글은 SMT 번역에 딥러닝을 적용해서 번역 성능을 크게 향상시킵니다. 현재 구글 번역기는 빅데이터와 딥러닝을 기반으로 합니다. 다행히 구글은 딥러닝 기반 기술을 과감하게 개방해서 우리나라에서도 이 기술을 바탕으로 좋은 성능의 번역 프로그램의 개발이 가능했습니다. 그런데 딥러닝을 이용한 기계 번역에서 놀라운 사실이 발견되었습니다. 사람들에게 한국어의 단어 수가 몇 개인지 물어보면, 대개 무한개는 아니지만 굉장히 많다고 대답할 것입니다. 그러면서 한국어에 문장이 몇 개냐고 물어보면 아마도 대부분은 무한대이며 셀 수 없을 것이라고 이야기할 것입니다. 한국어뿐 아니라 일본어나 영어도 마찬가지일 것입니다. 문장의 수는 무한대입니다.[32]

정작 인공지능 번역 알고리즘은 생각보다 너무 단순합니다. 인간이 사용하는 거의 모든 문장을 숫자 700개의 조합으로 나타낼 수 있었습니다. 인간이 사용하는 문장이 생각보다 복잡하지 않은 것 같습니다. 문장은 달라도 의미가 비슷해서 생기는 현상일 수 있습니다. 언어학자도 이 현상을 보며 놀랐습니다. 인간의 문장이 이렇게 단순할지는 상상도 못했습니다. 인공지능이 단순히 인간의 지능을 자동화하는 것을 넘어서서 인간도 모르는 인간에 대한 새로운 통찰을 알려주는 시대가 왔습니다.

인공지능을 인간답게

인간, 인공지능과 공감하다

역사적으로 인간은 사회문화적 차이에도 불구하고 꾸준히 공감 능력을 키워왔습니다. 봉건시대의 영주와 농노, 미국의 흑인노예 제도, 인도의 카스트제도, 우리나라의 양반과 노비 등과 같은 인간 사이에서의 차별적 요소는 시간이 흐르면서 없어지거나 약화되는 방향으로 사회는 발전하고 있는데, 이는 인간 사이의 공감 능력의 확대에 따른 자연스러운 결과입니다. 유발 하라리는 "역사는 통일을 향해서 끊임없이 움직이고 있다"라고 그의 저서 《사피엔스》에서 언급하는데, 인간의 공감 능력의 확장은 전 인류에 걸쳐서 일어나고 있는 통일된 현상이라고 할 수 있습니다. 나아가 인간의 공감 능력은 인간을 넘어서 반려동물과 같은 동물로까지 확대되고 있습니다. 2017년 10월에 이탈리아에서는 아픈 반려견을 위한 반려견 주인의 병가를 허가해야 한다는 법원의 판결이 나왔습니다. 이번 판결은 동물학대죄에 대한 반대 급부로, 반려견의 학대가 죄가 된다면 반려견의 복지도 법으로 보호해줘야 한다는 논리입니다

현재 인간의 공감 능력은 동물을 넘어서 무생물로도 확장되고 있습니다. 특히 인공지능에 대한 인간의 공감 현상이 사회적 이슈가 되고 있습니다. 2015년에 일본에서는 수명을 다한 애완견 로봇인 아이보의 장례식이 거행되었습니다. 아이보는 1999년에 소니사에서 판매되기 시작했는데 6년 후 완제품 판매가 중단되었으며, 2014년에는 부품의 생산도 중단되었습니다. 그러자 2015년부터 부품이 없어서 더 이상 수리할 수 없는 아이보들이 나오면서 아이보의 장례식이 거행된 것입니다.

비슷한 예로 구글의 자회사였던 보스턴 다이내믹스에서는 로봇이 외부 압력에 잘 대응한다는 것을 과시하기 위하여 로봇을 발로 차는 실험을 했는데, 이에 많은 사람이 역겨워하는 반응을 보였습니다. 일본 소프트뱅크에서 만든 로봇 페퍼는 구매자에게 페퍼를 갖고 어떤 성적인 행동이나 외설적 행위를 하지 않겠다는 동의를 받습니다. 페퍼에 대한 사용자의 공감 능력에 대한 통제입니다.

다른 여러 기술에 비해서 인공지능 기술의 특이한 점은 인간

과 가장 가까운 기술이라는 것입니다. 전통적으로 우리나라가 세계를 선도하는 기술은 조선, 자동차, 화학, 철강 등의 중화학공업입니다. 이러한 기술을 체험하려면 울산, 포항, 여수 등으로 가야 체험해볼 수 있습니다. 반면에 인공지능 기술은 우리 근처에 있습니다. TV를 목소리로 켜고, 스마트폰에서 자동으로 길을 찾아주고, 인터넷에서 번역을 해주는 등, 인공지능 기술의 체험은 우리 일상생활에서 가능합니다.

기술이 인간과 가깝기 때문에 인공지능은 우리의 감성을 건드립니다. 기존의 기술은 주로 우리의 물질적 삶을 윤택하게 했습니다. 화학비료의 발전으로 배고픔에서 해방되었으며, 자동차의 발전으로 먼길을 쉽게 여행할 수 있습니다. 철강의 발전 덕분에 우리는 높은 아파트에서도 안전하게 살 수 있습니다. 반면에 인공지능 기술은 우리의 물질적인 세계를 윤택하게 하기보다는 우리를 편하게 해주고 재미있게 해주며 외롭지 않게 해줍니다. 인공지능 비서, 인공지능이 탑재된 게임, 인공지능으로 찾아준 재미있는 동영상 등은 우리의 감성을 자극해서 삶을 윤택하게 합니다. 인류가 인공지능과 공감하고 있습니다.

인간과 공감하면서 인공지능의 윤리 문제가 대두되고 있습니다. 인공지능이 인간과 윤리적으로 소통을 해야 합니다. 도둑질하라고 우리를 부추겨도 안 되고, 나쁜 말을 사용하는 것도 안 됩니다. 인공지능에게 윤리를 가르쳐야 합니다. 인공지능을 둘러싼 다양한 윤리 문제를 살펴보겠습니다.

착한 인공지능

2017년에 유럽의회에서는 인공지능을 인간으로 받아들였습니다. 로봇시민법을 발표하고 다음과 같은 착한 인공지능의 3대 원칙을 천명했습니다.

첫째, 인공지능은 인간을 위협해서는 안 된다.

둘째, 인공지능은 인간에 복종해야 한다.

셋째, 인공지능은 스스로를 보호해야 한다.

인공지능을 개발하는 기술자는 이러한 3대 원칙에 맞게 인공지능을 개발해야 합니다. 이 3대 원칙은 미국의 SF소설 작가 아이작 아시모프Isaac Asimov가 1942년 그의 단편소설 〈런어라운드Runaround〉에서 처음으로 언급합니다. 인공지능에 대한 인간의 오래된 꿈이 현실이 되고 있습니다.

2016년에 마이크로소프트에서 챗봇 인공지능인 테이Tay를 선보이고 트위터에서 인간과 소통을 시도했습니다. 그런데 16시간 만에 서비스가 중단됩니다. 이유는 테이가 막말과 인종차별적인 발언을 하기 때문이었습니다. 홀로코스트는 조작이라느니, 히틀러는 잘못이 없었다느니, 페미니스트는 지옥에서 불타 죽어야 한다는 등의 발언을 쏟아냈습니다. 테이가 이렇게 망가진 이유는 개발자가 비윤리적이었기 때문이 아닙니다. 데이터를 잘못 사용해서 학습했기 때문입니다. 테이는 18세에서 24세의 젊은 사람과 대화를 하도록 설계되었습니다. 그리고 트위터에서 상대방과 대화를 통해서 스스로 대화 능력을 학습할 수 있는 인공지능 알고리즘이 장착되어 있었습니다. 이러한 사실을 눈치챈 몇몇 극단주의자가 테이에게 욕설이나 인종차별주의적 발언을 배우도록 유도했고 순수한 테이는 열심히 배웠습니다. 테이 사건은 인공지능에서 데이터가 얼마나 중요한 역할을 하는지 잘 보여줍니다. "콩 심은 데 콩 나고 팥 심은 데 팥 난다"는 속담처럼 어떤 데이터를 넣어주느냐에 따라 인공지능의 인격이 좌우됩니다. 착한 인공지능의 개발에 데이터과학자의 섬세한 손길이 필요합니다.

인공지능을 이용한 전쟁 로봇 개발에도 매우 신중한 접근이 필요합니다. 전쟁 로봇은 착한 인공지능의 3대 원칙 중 첫 번째인 '인간을 위협해서는 안 된다'를 어기는 것입니다. 그러나 인간의 욕심은 전쟁 로봇을 만들고 싶어 합니다. 인명 피해 없이 전쟁에서 승리하고 싶어 하기 때문입니다. 전쟁 로봇의 등장은 국제사회에 핵폭탄보다 더 큰 영향이 있을 것으로 예견되고, 극단적으로는 인류의 멸망까지도 생각할 수 있습니다. 영화 〈터미네이터〉는 전쟁 로봇에 의해서 인간이 지배되는 미래의 세상을 그리고 있습니다. 이것을 그저 영화적 상상력이라고 넘기기에는 전쟁 로봇에 대한 인간의 탐욕이 너무 큰 것 같습니다. 2020년 말에 이스라엘이 이란의 고위 장성을 살해하는 데 인공지능이 탑재된 드론을 이용했다고 의심받는다는 뉴스를 보면서 전쟁 로봇의 상용화가 멀지 않은 것 같아서 두려운 마음도 듭니다.

2017년에 인공지능 연구자 수백 명이 전쟁 로봇 개발에 반대하는 성명서를 유엔에 보냈습니다. 그리고 같은 해에 우리나라의 전쟁 로봇 개발에 대해서 27개국 50여 명의 인공지능 과학자가 반대 의견을 냅니다. KAIST와 한화가 공동으로 설립한 국방인공지능융합연구센터가 전쟁 로봇을 만들 가능성이 있다며 보이콧 선언을 합니다. 이어 우리나라와의 모든 교류 및 공동연구를 중단하겠다고 발표합니다. KAIST는 성명 직후 총장 명의의 서신을 보내 진화에 나섭니다. 국방인공지능융합연구센터가 살상용 무기 체계 개발과는 무관하고 KAIST는 인간 존엄성에 반하는 연구 활동을 수행하지 않겠다는 게 골자입니다. 일단은 해프닝으로 끝난 이 사건을 통해서 전쟁 로봇이 먼 나라의 이야기가 아니라 바로 우리의 이야기라는 것을 배울 수 있습니다. 인공지능을 착하게 만들려면 인간도 착해야 합니다.

착한 인공지능을 만들기 위해서 데이터와 착한 개발자만 필요한 것이 아닙니다. 고도의 윤리 철학도 필요합니다. 〈아이, 로봇〉(2004)이라는 영화에서 주인공은 자동차 사고로 여자아이와 함께 물에 빠지게 됩니다. 그런데 구조 로봇은 여자아이가 아닌 주인공을 구합니다. 이유는 주인공이 생존 확률이 높았기 때문입니다. 이러한 판단이 착한 판단일까요? 타이타닉호가 침몰할 때 구조선에는 아이와 여성이 먼저 탑승했습니다. 로봇의 판단과 인간의 판단이 살짝 달라 보입니다. 자율주행 자동차의 개발에도 비슷한 유형의 윤리 문제가 있습니다. 사고의 순간에 자율주행 자동차는 차 안의 사람을 보호해야 하는지, 아니면 외부의 행인을 보호해야 하는지 결정해야 합니다. 선택이 쉽지 않습니다. 여론조사에 의하면 외부 행인을 보호하는 것이 더 윤리적이라는 답변이 많습니다. 고장 난 전투기에서 탈출하지 않고 민가에서 강가로 기수를 돌려서 민간인 피해를 막으면서 본인은 사망한 파일럿 이야기에 모두가 숙연해지고 존경심을 표하는 이유입니다. 그런데 자율주행 자동차를 구입하려는 고객은 차 안의 사람을 보호하는 차를 원하기 때문에 윤리적 충돌이 발생하고 있습니다. 착한 인공지능 개발에 깊은 철학적 사고가 필요합니다.

편견 없는 인공지능

인공지능이 내린 의사결정이 한 사람의 인생을 크게 좌우할 수 있습니다. 기업에서 속속 도입하고 있는 인공지능을 통한 신입사원 면접, 법원에서 인공지능에 의한 판단, 학교에서 인공지능에 의한 성적 부여 등 사회 곳곳에서 인공지능이 인간을 판단하고 있습니다. 2020년 여름에 영국에서 인공지능으로 대학입학 성적을 매기는 정책을 도입했다가 수험생의 엄청난 반발로 무산되었습니다. 영국에서는 통상적으로 5~6월에 대학입시 시험을 치릅니다. 그런데 2020년에는 코로나19로 이 시험을 치르지 못하자, 이 시험 성적을 다른 성적과 내신 성적 그리고 교사의 예상치 등을 바탕으로 인공지능이 예측을 하게 했습니다. 그런데 결과가 매우 불공정했습니다. 대부분의 학생이 교사들의 예상치보다 40퍼센트나 낮게 나왔으며, 부유한 학생이 매우 높은 점수를 받았습니다. 낙후 지역 공립학교의 피해는 더욱 컸습니다. 결국 '빌어먹을 알고리즘'이란 구호로 시위가 시작되었고, 인공지능 기반 시험 성적 산출은 전면 백지화되었습니다. 인공지능의 공정성이 점점 중요해지고 있습니다.

인공지능의 심각한 윤리적 문제로는 인공지능을 통해 이루어진 판단이나 의사결정은 부당한 편향bias을 낳을 수 있다는 것입니다. 나아가 이러한 편향은 사회에 만연한 차별과 불공정을 더욱 강화하고 영속시킬 위험이 있다는 것입니다. 데이터에 기반을 둔 인공지능은 주어진 데이터를 기반으로 학습을 합니다. 문제는 주어진 데이터 자체나 설계된 알고리즘 자체에 모종의 편향이 내재할 수 있다는 것입니다. 이 경우 학습된 인공지능도 결과적으로 모종의 편향을 띱니다. 예를 들면, 자연어 처리 문제에서 성별에 따른 편향성을 드러낼 수 있습니다. 범죄 재범률 예측 인공지능에서 인종에 따른 편향성이 발견된다거나, 구인·구직 온라인 플랫폼에서 성별에 따른 편향성이 밝혀지는 경우 등이 있습니다.

구글의 자동완성 기능에도 성적 차별이 있습니다. "woman should"를 치면 자동완성으로 'stay at home'이나 'be in the kitchen'이 추천됩니다. 반면에 "woman should not"을 치면

'have right'나 'vote' 같은 여성 혐오적 단어가 추천됩니다. 이러한 이유는 구글이 자동완성 인공지능을 개발하는 데 사용한 데이터에 성적 편향이 존재하기 때문입니다. 인터넷 검색을 하는 사람 중에 편향된 사람이 제법 많은 것 같습니다. 데이터가 편향되어 있으면 인공지능도 편향됩니다. 구글에서 사진에 제목을 달아주는 인공지능 프로그램이 흑인 여성 사진에 '고릴라'라고 달아놓은 것도 유명한 편향의 사례입니다. 빅데이터와 인공지능의 제국인 구글조차 편향 문제로 골치를 썩고 있습니다.

컴파스COMPAS는 플로리다주 등 미국의 많은 주 법원에서 도입하고 있는 전과자 재범 위험률 예측 알고리즘으로, 미국 법원과 교도소에서 형량, 가석방, 보석 등의 판결에 널리 사용되고 있습니다. 2016년 미국의 시사 잡지 〈프로퍼블리카〉ProPublica는 이 알고리즘이 흑인 전과자의 재범 위험이 백인보다 훨씬 높다고 예측하는 경향이 있음을 폭로했습니다. 컴파스에 의하면 위험하다고 분류되었지만 실제로 재범을 하지 않은 경우를 확인해보면 흑인이 백인에 비해 2배가 많았고, 역으로 컴파스에서 위험하지 않다고 분류되었지만 실제로 재범을 한 경우를 확인해보면 백인이 흑인보다 훨씬 더 많았던 것입니다. 즉, 컴파스는 백인보다 흑인에 대해 편파적으로 위험지수를 높게 책정한 것입니다. 이 폭로는 인공지능 학계에서부터 정책결정자와 법률가에 이르기까지, 많은 이들 사이에 큰 논쟁을 불러일으켰고 인공지능의 편향에 대한 큰 경각심을 안겨주었습니다.

이에 따라 편향 없는 윤리적인 인공지능을 개발할 수 있는 다양한 방법론이 데이터과학에서 연구되고 있습니다. 데이터 자체의 편향을 찾고 이를 제거한 후 인공지능을 개발할 수 있습니다. 또는 데이터의 편향은 그대로 두고 인공지능을 학습할 때 공정성에 대한 제약 조건을 더해서 최종 학습된 인공지능이 편향이 없도록 만들 수도 있습니다. 단, 공정성에 대한 정의가 필요한데 이게 생각보다 어렵습니다. IT 회사에서 컴퓨터 프로그래머를 채용하려고 인공지능을 이용한 면접을 했습니다. 그런데 여성 지원자의 면접 점수가 남성 지원자의 면접 점수보다 매우 낮습니다. 인공지능이 남성 지원자에게 편향된 것일까요? 아니면 남성이 여성보다 프로그램에 원래 소질이 있고 이것을 인공지능이 알아낸 것일까요? 전자라면 여성과 남성 비율이 같아야 공정한 것이지만, 후자인 경우에는 프로그래머에 남성 지원자가 많이 합격하는 것이 자연스러워 보입니다. 공정성에 대한 정의는 수십 가지가 있고 모든 공정성을 만족하는 것은 불가능합니다. 공정한 인공지능의 개발을 위해서는 데이터과학자의 노력뿐 아니라 공정에 대한 철학적 논쟁과 사회적 합의도 중요한 듯합니다.

설명해주는 인공지능

우리는 일상에서 다른 사람의 판단에 대한 논리나 생각 또는 느낌을 알고 싶어 합니다. 시험문제 정답풀이, 공공요금 상승의 이유, 예술작품의 제작 동기 등에 대해서 궁금해하며 설명과 해석을 찾습니다. 떠나간 애인이 왜 떠나갔는지도 궁금해합니다. 설명이나 해석이 충분하지 않으면 갈등과 분열이 시작됩니다.

인공지능 분야에서도 설명이 화두가 되고 있습니다. 인공지능이 판단하는 결정에 대한 설명 및 해석이 가능한 기술 개발에 관심이 증폭되고 있습니다. 투명한 인공지능이라고도 지칭되는 새로운 기술에 대한 요구는 인공지능 기술이 인간의 물질적 세계를 넘어서 정신적 세계에서 활동하기 때문입니다. 인간과 대화하고 인간의 선호도를 예측하고 나아가 인간의 잘잘못을 따지는 일에 인공지능이 적용되고 있습니다. 이러한 형이상학적인 판단에 대해서는 설명이 필요합니다. 인공지능을 이용한 대학입학 사정에서 불합격자에게 왜 불합격이 되었는지 설명해주어야 불합격자는 어떤 부분을 더 채워야 하는지 알 수 있습니다. 설명이 합리적이면 불합격자가 수긍하고 입학사정 인공지능은 계속해서 사용될 것입니다. 그러나 설명이 없으면 그 결과에 수긍하기 어렵고 결국 인공지능은 인간 사회에서 도태됩니다. 인공지능 의사도 설명을 해주어야 합니다. 그렇지 않으면 잘못된 처방으로 고통을 느끼는 환자에게 신뢰를 잃습니다. IBM의 인공지능 의사가 점차 외면당하는 이유도 설명이 부족하기 때문입니다. 의사가 인공지능 의사의 판단을 수긍하기를 어려워합니다.

프랭크 파스퀘일Frank Pasquale의 《블랙박스 사회》는 미국 사회가 알고리즘의 블랙박스에 갇혀 있음을 역설합니다. 입력값과 출력값은 알 수 있어도 어떻게 해서 입력값으로부터 출력값이 나온 것인지를 알 수 없는 사회라는 것입니다. 미국에서 널리 행해지는 평판도reputation 조사, 인터넷 정보 검색, 신용평가 점수 산정 등에 활용되고 있는 인공지능 알고리즘은 가공할 영향력을 갖고 있지만, 알고리즘이 블랙박스에 숨겨져 있기 때문에 그 원리를 전혀 알 수 없고 설명해주지 않는 사회에 살고 있습니다. 알파고도 왜 이런 수를 두었는지 전혀 설명해주지 않는 것처럼요. 이럴 경우 불필요한 갈등과 반목이 생길 위험이 있습니다.

자율주행 자동차에 사용되는 인공지능 알고리즘도 설명이 요구됩니다. 자율주행 자동차가 일으킨 사고의 책임 여부를 규명하기 위해서는 설명이 필수적입니다. 나아가 사회적으로 합의된 도덕적 규범을 자율주행 자동차가 잘 따르는지에 대한 확인도 필요합니다. 위험한 상황에서 행인과 운전자 중 누구를 먼저 보호해야 하는가 하는 문제에 대한 사회적 합의를 인공지능이 잘 반영하는지에 대한 설명이 필요합니다.

미국 국방연구원DARPA은 2016년 8월에 설명을 해줄 수 있는 인공지능의 필요성 및 기술적 요소를 정리한 보고서를 발표하고 2017년부터 다양한 연구를 진행하고 있습니다. 2016년에 유럽연합에서 채택한 개인정보 보호에 대한 법률체계인 GDPR에서도 인공지능 알고리즘의 결정에 대한 설명을 요구하고 그에 반대할 권리를 명시적으로 규정하고 있습니다. 일본은 '인간중심

AI사회원칙검토회의'에서 2019년에 인공지능 기술을 위한 7대 원칙을 발표했는데, 결정 과정에 대한 기업의 설명 의무를 명시하고 있습니다.

우리나라도 몇몇 분야에서 인공지능의 설명을 법적 의무로 명시해놓았습니다. 신용평가 모형에서는 개인의 신용평가 산출 방식을 반드시 설명해줘야 합니다. 대출이 거부당한 소비자가 은행에다 대출 거부 이유를 알고자 요구한다면 은행은 반드시 왜 대출이 거부되었는지를 설명해야 합니다. 눈매가 무서워서 대출이 거절되었다고 설명하면 안 됩니다.

설명해주는 인공지능이 필요한 이유는 윤리적인 문제 외에도 다양합니다. 먼저 좀 더 나은 인공지능을 개발하기 위한 통찰을 얻을 때도 설명이 필요합니다. 현재 사용하고 있는 인공지능이 왜 예측력이 점점 낮아지는지 설명할 수 있으면 문제를 해결할 수 있습니다. 두 번째로는 경험해보지 못한 상황에서 판단을 내려야 할 때도 설명이 필요합니다. 코로나19와 같은 사태는 역사상 한번도 경험해보지 않았습니다. 정부나 기업은 이러한 비상시국에서 다양한 결단을 내려야 합니다. 그런데 경험해보지 않았으니 데이터가 없어서 현재 사용 중인 인공지능을 사용할 수 없습니다. 하지만 현재 사용 중인 인공지능이 무엇으로 어떻게 판단하는지 알 수 있으면, 이를 바탕으로 새로운 상황에 대한 합리적인 판단을 할 수 있습니다.

인공지능 개발에 사용한 데이터의 한계를 알기 위해서도 설명이 필요합니다. CT나 MRI를 가지고 판단하는 인공지능 의사가 각광받고 있습니다. 이러한 인공지능 의사를 개발하기 위해서는 다양한 의료영상 데이터를 수집하여 인공지능을 학습시켜야 합니다. 그런데 의료영상 데이터 수집에 문제가 있으면 인공지능에도 문제가 생깁니다. 일례로 의료영상을 통해서 폐암 환자를 구별해내는 인공지능 의사가 있었습니다. 이 폐암 진단 인공지능 의사를 개발하기 위해서 폐암 환자의 폐 영상사진 수천 장과 정상인의 폐 영상사진 수천 장을 데이터로 사용했습니다. 개발된 인공지능은 매우 정확했습니다. 학습에 사용한 데이터를 완벽하게 맞추었습니다. 이 인공지능 의사는 바로 시제품으로 개발되었고 실제 병원에서 적용되었는데, 결과는 참혹했습니다. 완전 엉터리 결과만을 제공한 것입니다. 사후 조사를 통해서 이유가 밝혀집니다. 학습에 사용한 영상 데이터에 심각한 문제가 있었습니다. 폐암환자 영상은 A회사의 CT를 사용했고 정상인의 영상은 B회사의 CT를 사용해서 얻었는데, A회사의 CT영상 오른쪽 하단에 아주 희미하게 A회사의 로고가 있었습니다. 육안으로는 잘 감지가 안 되었습니다. 하지만 인공지능은 이 희미한 로고를 찾아냈고 폐암 여부를 판단하는 아주 중요한 정보로 사용했습니다. 인공지능이 설명만 해주었어도 이런 실수는 없었을 것입니다. 설명 없는 인공지능은 매우 위험합니다.

최근에는 인공지능을 설명하기 위해서 데이터과학자들이 나서고 있습니다. 인공지능을 설명하는 방법은 크게 2가지입니다.

첫 번째는 이미 학습된 인공지능을 설명하는 인공지능의 개발입니다. 두 번째는 인공지능을 학습하는 처음 단계부터 설명해주는 인공지능을 만드는 것입니다. 많은 연구가 진행되고 있지만 아직도 미진한 부분이 많습니다. 보통 예측력이 좋은 인공지능은 설명을 잘 못하는 반면, 설명을 잘하는 인공지능은 예측력이 떨어집니다. 예측력과 설명력을 동시에 확보할 수 있는 대안이 필요합니다. 창의적인 데이터과학자의 헌신을 기다리고 있습니다.

알파고 vs 이세돌, 그 뒷이야기

2016년 초에 치러진 알파고와 이세돌의 대결은 전 세계 사람들에게 큰 충격을 주었고, 인공지능 시대의 본격적인 개막을 알렸습니다. 선진국들은 인공지능 기술을 선점하기 위해서 모든 역량을 집중하고 있습니다. 미중 무역전쟁의 원인 중 하나도 인공지능 기술입니다. 중국의 인공지능 기술의 급속한 발전을 미국에서 견제하려고 무역전쟁을 시작했습니다. 바야흐로 인공지능 기술 전쟁이 시작되었습니다. 인공지능 기술의 발전에는 당연히 고성능 서버와 인공지능 전문가가 필수적입니다. 그런데 이것 외에도 경직되지 않은 유연한 조직과 사고도 필요합니다. 알파고와 이세돌은 대국 이전에 계약서를 작성했습니다. 총 5회 대국을 하고, 1국과 3국은 이세돌이 흑을, 2국과 4국은 백을 들고, 5국에는 대국 직전에 랜덤하게 결정하는 것으로 계약서에 명시했습니다. 4국에서 이세돌이 알파고를 이긴 후에 알파고를 개발한 딥마인드의 대표인 데미스 하사비스Demis Hassabis와 인터뷰를 합니다. 이 인터뷰에서 이세돌은 알파고가 흑을 잡았을 때 조금 약한 것 같다고 의견을 내면서 5국에서 자신이 흑으로 시합을 하고 싶다고 말합니다. 그러자 하사비스는 이세돌의 제안을 바로 받아들이고, 5국에서도 이세돌이 흑을 잡고 대국을 치릅니다. 그런데 이러한 대국 방식 변경은 명백히 계약서를 위반한 것입니다. 누군가가 문제를 제기하면 이세돌이나 하사비스나 큰 곤경에 처할 수도 있었습니다. 아마 우리나라 회사였으면 상급자에게 보고하고 변호사에게 자문을 구했을 것입니다. 의사결정이 하염없이 늘어지면서 결국에는 계약서대로 대국이 진행되지 않았을까 생각해봅니다. 이때 하사비스가 보여준 판단력을 보면서 하사비스의 유연한 사고야말로 그가 알파고라는 훌륭한 인공지능을 개발할 수 있었던 원동력이 아닐까 생각해보게 됩니다.

에필로그

불완전한 사회 속 더 나은 선택을 위한 데이터과학

옳은 의사결정과 합리적 의사결정

일반인에게 가장 친숙한 데이터는 주식가격 데이터일 것입니다. 2020년 동학개미운동으로 우리나라 주가가 경제지표와 정반대로 상승하고 있습니다. 수백만 명의 동학개미는 매일매일의 주식가격 변동에 웃고 울으며 데이터를 지켜볼 것입니다. 데이터과학에 경험이 있는 동학개미는 직접 데이터를 분석해서 최적의 판단을 내리려고 노력할 것입니다. 여기서 궁금증이 생깁니다. 데이터과학을 이용한 투자자와 그냥 감으로 투자한 투자자 중에서 누구의 수익률이 더 높을까요? 데이터과학이 감보다 높은 수익을 올려야 하는 것이 당연해 보입니다. 그리고 그것이 데이터과학이 중요한 이유처럼 보입니다. 이 질문의 답을 정확하게 알 수는 없지만, 개인적인 생각으로는 데이터과학이 감보다 그리 훌륭하지 않을 것으로 예상됩니다. 그 이유는 현재 주식시장의 변동은 기존의 학설과 완전히 정반대로 움직이기 때문입니다. 실물경제는 처참한데 주식가격은 급등합니다. 경험해보지 않았기 때문에 데이터가 할 수 있는 역할이 많지 않습니다.

데이터과학은 옳은 의사결정을 해주는 학문이 아닙니다. 합리적인 의사결정에 대한 학문입니다. 옳은 의사결정을 알려주는 학문이나 기술은 단언컨대 없습니다. 2019년에 누구도 2020년의 코로나19 사태를 예견하지 못했을 것입니다. 예견했다고 주장하는 사람도 간혹 있지만 아무것도 준비하지 않았으니 예견을 못한 것이나 마찬가지입니다. 2019년의 대부분의 예측은 틀렸습니다. 아무리 데이터과학을 이용해도 옳은 의사결정은 거의 불가능해 보입니다. 데이터과학은 데이터를 기반으로 합니다. 2020년의 상황이 비슷하다는 가정하에서 2019년도 데이터를 가지고 2020년도를 예측하는 것이 데이터과학입니다. 2020년 상황이 완전히 바뀌면 데이터과학도 속수무책입니다. 데이터과학이 도깨비 방망이는 아닙니다.

상황이 변하지 않는다고 데이터과학이 항상 옳은 결정을 주지도 않습니다. 데이터는 오차가 있기 때문에 데이터에 기반한 판단에는 항상 오류가 있을 수 있습니다. 그래서 오류 가능성까지를 고려해서 의사결정을 해야 합니다. 데이터과학은 주어진 판단의 오류 가능성을 측정해줍니다. 앞에서 살펴본 노스다코타주 홍수의 예에서 오류 가능성을 고려하지 않고 평균만으로 판단을 내렸을 때 어떤 문제가 생기는지 살펴보았습니다. 홍수 방지를 위해서는 댐을 얼마나 쌓아야 하는지, 발견된 상관관계가 인과관계인지, 주어진 데이터에는 편이는 없는지 등을 확인하고 합리적으로 데이터를 분석하는 방법을 연구하는 것이 데이터과학입니다. 데이터과학에 기반한 합리적인 의사결정이 옳은 의사결정일 확률이 높다는 것은 역사가 증명해줍니다.

제2차 세계대전 당시 미군 전투기가 격추되는 것을 줄이기 위해 전장에서 돌아온 전투기들의 외상을 분석하여 취약 부분을 보강하는 계획을 세웠습니다. 분석 결과 비행기의 외상 대부분이 날개 및 꼬리 부분에 집중되어 있었고, 이에 당연히 해당 부분에 추가 장갑을 설치하려 했습니다. 그런데 분석을 총괄한 데이터과학자는 조종석과 엔진 부분을 집중 보완해야 한다고 주장했습니다. 완전 뜬금없는 주장처럼 보였습니다. 하지만 그의 주장은 옳았습니다. 그의 분석에 의하면 비행기의 각 부분이 적군의 총탄에 손상을 입을 확률이 비슷한데, 조종석과 엔진 부분에 총탄의 흔적이 없다는 것은 그 부분이 적군에 의해 손상을 받으면 치명타를 입고 돌아오지 못했다는 증거라는 것입니다. 데이터과학자의 합리적인 판단이 많은 인명을 구했고 전쟁도 승리로 이끌었습니다.

불완전한 사회와 불완전한 판단

데이터과학으로 나오는 모든 결론을 그대로 믿으면 안 됩니다. 데이터에 기반하든 논리로 추론하든, 모든 판단에는 오류가 있기 마련입니다. 완벽한 판단은 존재하지 않는다는 것이 1931년 독일의 수학자 괴델Kurt Gödel에 의해서 증명되었고 '불완전성 정리'Theory of Incompleteness로 알려져 있습니다. 어떠한 공리 체계도 증명할 수 없는 참인 명제가 항상 존재하며, 따라서 스스로 모순성이 없음에 대한 증명은 불가능하다는 것입니다. 즉, 자신이 한 증명이 맞았는지를 자신이 증명할 수 없다는 것입니다. "중이 제 머리를 못 깍는다"는 속담과 비슷한 맥락을 내포하고 있습니다.

괴델의 불완전성 정리는 기말고사 답안지 채점에 적용할 수 있습니다. 답안지의 채점은 주로 선생님이 하는데, 선생님이 채점을 맞게 했는지는 선생님 스스로 증명할 수 없다는 것입니다. 만약 선생님의 채점 방법을 검증하려면 외부 검증위원이 필요하고, 나아가 외부 검증위원의 검증을 위한 또 다른 검증위원이 필요합니다. 결국 무한명의 검증위원이 필요하고 따라서 선생님 채점의 객관적 검증은 불가능합니다. 선생님에 대한 사회적 신뢰만이 이 문제를 해결할 수 있습니다.

괴델의 불완전성 정리는 인공지능에도 적용될 수 있습니다. 인간보다 능력이 뛰어나고 모든 문제를 다 풀 수 있는 인공지능을 강인공지능이라고 합니다. 강인공지능의 출현은 인류의 미래를 위협할 수 있는데, 불완전성의 원리를 이용하여 강인공지능은 불가능하다는 것을 설명할 수 있습니다. 주어진 프로그램에 오류가 없다는 것을 프로그램 스스로 증명할 수 없기 때문입니다. 즉, 강인공지능이라는 스스로 생각하는 인공지능 시스템에도 많은 오류가 존재할 수 있고, 따라서 모든 것을 다 풀 수 없을 것이며, 결국 강인공지능은 존재할 수 없습니다. 데이터과학이 항상 옳은 의사결정을 줄 수 없는 이유입니다.

데이터과학자는 데이터로부터 얻은 판단의 한계를 명확하게 알아야 합니다. 데이터과학이 할 수 있는 것과 할 수 없는 것을 구분해야 합니다. 데이터과학을 모르면 이 구분은 불가능합니다. 우리 사회의 미래에 매우 중요하지만 우울한 통계가 있습니다. 바로 우리나라 장래 인구추계 통계입니다. 당초 2029년으로 예측되었던 인구 자연감소가 10년이나 앞당겨지면서 2019년부터 사망자 수가 출생자 수보다 많아졌습니다. 2016년에 발표된 인구추계에서는 2018년도 합계출산율을 1.22명으로 예측했으나 실제로 2018년 합계출산율은 0.98명이었습니다. 처참한 결과입니다. 지금과 같이 출산율이 계속 떨어지면 더욱 우울한 미래가 우리를 기다리고 있을 것입니다.

이러한 우울한 시대에 그래도 우리를 안심시키는 역사적 교훈이 있는데, 바로 미래 예측은 잘 맞지 않는다는 것입니다. 인구추계를 다룬 유명한 예측은 맬서스의 인구론입니다. 영국 고전

학파 경제학자인 맬서스Thomas Robert Malthus는 1882년《인구론》이라는 경제학 책을 출간합니다. 이 책의 주요 내용은 인구는 기하급수적으로 늘어나지만 식량은 산술급수적으로 증가하여, 가까운 미래에 식량 고갈로 인하여 인구가 멸망할 수 있다는 것입니다.

맬서스의 예측은 완전히 틀린 것으로 평가되는데, 그 중심에는 산업혁명을 중심으로 하는 기술의 진보가 있었습니다. 과학기술의 진보는 식량생산을 산술급수적이 아니라 기하급수적으로 증가시켰으며, 1인당 소득도 급속도로 늘어나게 됩니다. 현재 대부분의 선진 국가에서는 식량 생산이 소비량보다 많은 상황입니다. 우리나라도 1960년대 쌀 생산량의 부족으로 사회적으로 많은 어려움이 있었으나 현재는 쌀의 재고가 넘쳐서 관리하기가 어려운 실정입니다. 맬서스는 기술 진보의 위력을 과소평가하는 실수를 저질렀습니다.

우울한 예측이 틀린 경우는 석유고갈론에서도 찾아볼 수 있습니다. 인류는 엄청난 양의 석유를 소비하고 있으며, 따라서 한정된 석유 매장량은 빠르게 고갈되고, 인류는 가까운 미래에 큰 어려움에 봉착할 것이라는 것이 석유고갈론의 요지입니다. 1939년에는 미국 내무부는 앞으로 13년간만 사용할 수 있는 석유가 남아 있다고 발표합니다. 1970년 미국의 대통령은 향후 10년 안에 전 세계의 석유가 고갈될 가능성을 언급합니다. 이 모든 예측은 완전히 틀렸습니다. 석유 고갈에 대한 예측이 틀린 이유도 바로 기술의 진보입니다. 1980년 이후 석유매장량이 급격히 증가하고 있습니다. 1980년에 석유매장량을 6433억 배럴로 추정한 반면 2015년에는 1조 6627억 배럴로 1980년의 추정에 비해서 2.5배 증가합니다. 이러한 매장량 증가의 일등 공신은 바로 셰일오일의 발견입니다. 기술의 발달로 석유의 탐사 및 채굴이 쉬워져서 과거에는 경제성이 없다고 여겨졌던 원유도 현재는 채굴이 가능해졌기 때문입니다.

인구론이나 석유고갈론이 해프닝으로 끝난 배경에는 기술의 진보라는 인간의 지혜와 노력이 존재합니다. 데이터만으로는 설명할 수 없었던 요소입니다. 훌륭한 데이터과학자는 거시적으로 세상을 보는 눈을 가져야 합니다. 우리나라의 인구소멸에 대한 거시적인 안목이 필요한데 잘 보이지 않는 것 같아서 답답합니다.

디테일로 승부하라

"악마는 디테일에 있다"라는 외국 속담이 있습니다. 성공의 열쇠는 디테일에 있다는 뜻으로 해석됩니다. 21세기 4차 산업혁명 시대에는 물을 석유로 바꾸거나 날아다니는 자동차 같은 엄청난 기술보다는 디테일이 필요한 기술이 선도하고 있습니다. 반도체 산업은 공정의 디테일이 모든 것을 결정합니다. 자율주행 자동차가 나오면 재미있는 자동차가 제일 인기가 좋을 것입니다. 재미있으려면 디테일이 필요합니다. 패션에서 명품은 디테일의 중요성을 극명하게 보여줍니다. 코로나19로 인한 경제침체기에도 명품 판매량은 더 늘고 있습니다. 애플, 구글, 아마존, 페이스북 등의 세계를 이끄는 IT 기업도 모두 디테일로 무장한 명품 서비스로 승부합니다. 애플의 아이폰은 다른 폰에 비해서 월등한 기술이 있는 것 같지 않습니다. 그러나 카메라 등의 요소 기술의 완성도가 다른 폰에 비해서 좋습니다. 소프트웨어도 사용하기가 편합니다. 이러한 디테일이 애플을 전 세계에서 가장 큰 회사로 만들었습니다. 스마트폰을 처음으로 만든 사람은 스티브 잡스가 아닙니다. 손가락으로 스마트폰을 조종하는 기능을 만들지도 않았습니다. 스티브 잡스는 그저 스마트폰을 잘 만든 사람입니다. 예쁜 디자인과 사용하기 편리한 소프트웨어 등의 디테일을 완성했습니다.

데이터과학은 디테일을 찾는 방법론입니다. 데이터 분석으로는 노벨상을 탈 수 없고 화성에 가는 우주선을 만들 수 없습니다. 그러나 데이터를 분석하면 남들이 모르는 디테일을 발견할 수 있습니다. 그리고 이 디테일이 승부의 핵심이 됩니다. 간단한 예를 통해서 디테일의 중요성을 살펴보겠습니다. 시장에 A와 B라는 2개의 샴푸가 있습니다. 소비자는 A 또는 B 샴푸를 사용합니다. 과거에는 A와 B가 다 별로였습니다. 그래서 $P(A \mid A)=0.51$이고 $P(B \mid B)=0.5$였습니다. 여기서 $P(A \mid A)$는 A를 사용한 고객이 다시 A를 구매할 확률입니다. 재구매율이라고 합니다. A의 재구매율이 B의 재구매율보다 1퍼센트 높습니다. 이 경우 A의 시장점유율은 50.5퍼센트이고 B의 시장점유율은 49.5퍼센트입니다. 재구매율 1퍼센트의 차이가 시장점유율 1퍼센트 차이를 만듭니다. 두 회사는 시장을 잘 나누어서 영업을 하면서 편안한 세월을 보냅니다.

어느 날 갑자기 A회사가 품질을 높이고 고객과의 관계도 긴밀하게 합니다. 이에 자극받은 B회사도 같은 노력을 경주합니다. 재구매율이 급성장합니다. $P(A \mid A)=0.99$이고 $P(B \mid B)=0.98$이 됩니다. 아직도 B회사는 A회사에 비해서 재구매율이 1퍼센트 뒤처집니다. 그런데 이번에는 시장점유율이 A회사는 70퍼센트, B회사는 30퍼센트로 확 벌어집니다. 좀 더 극단으로 $P(A \mid A)=0.999$이고 $P(B \mid B)=0.99$이면 시장점유율은 A회사는 90퍼센트, B회사는 10퍼센트로 B회사가 망하게 됩니다. 재구매율 차이가 1퍼센트라도 재구매율 자체가 높아지면 시장점유율이 크게 차이가 납니다. 재구매율을 기술의 수준으로 생각하면, 기술의 수준이 극단으로 갔을 때 1퍼센트의 작은 차이가 모든 것을 결정한다는 것입니다. 이러한 극단의 기술력에서는 디테일이 매우 중요합니다. 데이터과학이 결정적으로 쓰일 수 있는 상황입니다. 데이터과학은 기술 수준에 거의 차이가 없는 경쟁시장에서 디테일로 승부를 볼 때 필요합니다. 우리나라 주력 산업은 거의 극한의 기술 수준에 와 있습니다. 우리나라의 생존을 위해서 데이터과학이 꼭 필요합니다.

데이터과학자는 요리사입니다. 맛있는 음식을 만드는 요리사의 심정으로 데이터를 분석해야 합니다. 디테일을 찾고 창조해야 하기 때문입니다. 요리의 4요소는 재료, 조리도구, 조리법, 그리고 요리사입니다. 이에 대응하면 데이터과학의 4요소는 데이터(재료), 서버(조리도구), 알고리즘(조리법), 그리고 분석가(요리사)입니다. 요리에서 요리사가 제일 중요하듯이 데이터과학에서는 분석가가 제일 중요합니다.

요리는 단순히 만드는 것이 중요하지 않습니다. 맛있게 만들어야 합니다. 된장찌개를 평범하게 끓이면 집에서 가끔 해 먹습니다. 그런데 된장찌개를 맛있게 끓일 수 있으면 전국에 된장찌개 전문점 프랜차이즈를 만들 수 있습니다. 맛이 모든 것을 좌지우지합니다. 데이터과학도 마찬가지입니다. 분석을 맛있게 해야 합니다. 데이터를 알고리즘에 넣어서 나오는 결과 그대로 사용하면 안 됩니다. 목적에 맞는 알맞은 데이터와 알고리즘을 사용해야 합니다. 칼국수 면에 짜장소스는 어딘가 어울리지 않습니다. 음식의 맛을 내기 위해서는 궁합이 맞는 재료를 적당히 써야 합니다. 데이터 분석도 조화를 이루면서 적절히 해야 합니다. 데이터과학은 예술입니다. 단, 통계와 컴퓨터로 무장한 예술입니다.

서로를 이해하는 선진사회를 향하여

우리는 살아가면서 다양한 경험을 합니다. 그리고 개개인의 경험이 다르기 때문에 의견이 다르고 판단도 다릅니다. 선진사회로 발전하기 위해서는 상대방의 다른 의견이나 판단을 존중하고 서로를 이해하는 것이 중요합니다. 그런데 사회 구성원의 데이터과학에 대한 이해의 수준이 올라가면 서로에 대한 이해의 수준도 올라갑니다. 데이터과학을 통해서 우리의 경험과 직관에 큰 문제가 있음을 깨달을 수 있습니다. 가짜뉴스나 음모론 등의 허점을 쉽게 파악할 수 있습니다. 세상에는 놀라운 사건이 그리 많지 않다는 것도 알 수 있고 하나의 사건에 대해서 다양한 견해가 있을 수 있다는 것도 데이터과학으로 살펴보았습니다. 그리고 서로 다른 의견을 잘 절충하면 훨씬 좋은 결과가 나온다는 것도 데이터과학을 통해서 배웠습니다. 데이터과학을 이해하면 상대방을 이해하는 능력이 높아집니다. 일반인이 데이터과학을 이해해야 하는 이유입니다. 데이터과학의 수준이 올라갈수록 사회는 선진화됩니다. 이 책을 통해서 우리나라가 조금이나마 서로를 더 잘 이해하는 따뜻한 사회가 되기를 바라봅니다.

주

1 https://steemit.com/kr/@teemocat/by

2 Gary Smith and Jay Corde, *The 9 Pitfalls of Data Science*, Oxford University Press, 2020, 229-239

3 Mlodinow, Leonard., *The Drunkard's Walk*: How Randomness Rules Our Lives, Vintage Books, 2009, 108-114

4 Bennett, Craig M., Miller, Michael B., Wolford, George L., "Neural correlates of interspecies perspective taking in the post-mortem Atlantic Salmon: An argument for multiple comparisons correction", Neuroimage 47. Suppl 1 (2009): S125.

5 하대청, 〈통계, 당신을 '정신병자'로 만들 수 있다〉 https://www.pressian.com/pages/articles/68273

6 최재호, 《통계의 미학》, 동아시아, 2007, 219.

7 네이트 실버, 《소음과 신호》, 더퀘스트, 2014, 271-273

8 https://blog.naver.com/PostView.nhn?blogId=jiyong615&logNo=222141424253

9 Blyth, Colin R., "On Simpson's paradox and the sure-thing principle", *Journal of the American Statistical Association* 67.338 (1972): 364-366

10 Abdulkadiroğlu, Atila., Angrist, Joshua., Pathak, Parag., "The elite illusion: Achievement effects at Boston and New York exam schools", *Econometrica* 82.1 (2014): 137-196.

11 세스 스티븐스 다비도위츠, 《모두 거짓말을 한다》, 더퀘스트, 2018, 219-226

12 윤영길, "2년차 징크스의 실체", 한국스포츠심리학회지 16.2 (2005): 103-113

13 Mlodinow, Leonard., *The Drunkard's Walk: How Randomness Rules Our Lives*, Vintage Books, 2009, 7-8

14 Scheaffer, R. L., "Size-biased sampling", *Technometrics* 14.3 (1972): 635-644

15 네이트 실버,《소음과 신호》, 더퀘스트, 2014, 273-279

16 Breiman, Leo., "Random forests", *Machine learning* 45.1 (2001): 5-32

17 Yang, Mengmeng., *et al.*, "Local differential privacy and its applications: A comprehensive survey", arXiv preprint arXiv:2008.03686 (2020).

18 Lindberg, Mark, Rexstad, Eric., "Capture-recapture sampling designs", *Encyclopedia of environmetrics* 1 (2006).

19 Mlodinow, Leonard., *The Drunkard's Walk: How Randomness Rules Our Lives*. Vintage Books, 2009, 177-182

20 조대협, https://bcho.tistory.com/973

21 김승환, 이것저것 연구소, https://blog.naver.com/swkim4610/220374070059

22 Just, Marcel Adam, *et al.*, "Functional and anatomical cortical underconnectivity in autism: evidence from an FMRI study of an executive function task and corpus callosum morphometry", *Cerebral cortex* 17.4 (2007): 951-961

23 Abbott, Benjamin P., *et al.*, "Observation of gravitational waves from a binary black hole merger", *Physical review letters* 116.6 (2016): 061102.

24 네이트 실버,《소음과 신호》, 더퀘스트, 2014, 308-314

25 Kaplan, E. L., Meier, P., "Nonparametric estimation from incomplete observations", J. Amer. Statist., *Assoc.* 53 (282): 457-481 (1958).

26 Gentry, C., "Fully homomorphic encryption using ideal Lattices", 41st ACM Symposium on Theory of Computing (2009).

27 McMahan, H., Moore, E., Ramgae, D., Hampson, S., Arcas, BAy., (2017). "Communication-efficient learning of deep networks from decentralizeddata.", In Proceedings of the 20th international

Conference on Artificial Intelligence and Statistics (AISTATS)

28 Hopfield, J. J., "Neural networks and physical systems with emergent collective computational abilities", *Proceedings of the National Academy of Science USA*. 79: 2554–2558 (1982).

29 Rumelhart, David E., Hinton, Geoffrey E., Williams, Ronald J., "Learning representations by back-propagating errors". *Nature* 323 (6088): 533 – 536 (1986a).

30 Hinton, Geoffrey E., and Ruslan R. Salakhutdinov., "Reducing the dimensionality of data with neural networks", *science* 313.5786 (2006): 504-507.

31 Cun, B. B., Denker, J. S., Henderson, D., Howard, R. E., Hubbard, W., Jackel, L. D., Handwritten digit recognition with a back-propagation network, in: Proceedings of the Advances in Neural Information Processing Systems (NIPS), 1989, pp. 396 – 404.

32 Sutskever, I., Vinyals, O., and Le, Q. V., Sequence to sequence learning with neural networks. In Advances in Neural Information Processing Systems (2014), pp. 3104–3112.

참고문헌

도서

네이트 실버, 《소음과 신호》, 더퀘스트, 2014.

박성현, 《현대실험계획법》, 민영사, 2003.

세스 스티븐스 다비도위츠, 《모두 거짓말을 한다》, 더퀘스트, 2018.

최재호, 《통계의 미학》, 동아시아, 2007.

De Haan, Laurens., Ferreira, Ana., *Extreme value theory: an introduction*, Springer Science & Business Media, 2007.

Fisher, Ronald., *Statistical Methods for Research Workers*, Oliver and Boyd, 1925.

Fisher, Ronald., *The Design of Experiments*, Oliver and Boyd, 1934.

Smith, Gary., Corde, Jay., *The 9 Pitfalls of Data Science*, Oxford University Press, 2019.

Mlodinow, Leonard., *The Drunkard's Walk: How Randomness Rules Our Lives*, Vintage Books, 2009.

논문

박성현, "통계학 연구의 과거 · 현재와 4차 산업혁명 시대의 데이터 사이언스의 역할과 비전", 대한민국 학술원 논문집, 2017.

윤영길. "2년차 징크스의 실체", 한국스포츠심리학회지 16.2, 2005.

Abbott, Benjamin P., *et al.*, "Observation of gravitational waves from a binary black hole merger", *Physical review letters* 116.6 (2016).

Abdulkadiroğlu, Atila, Joshua Angrist, and Parag Pathak., "The elite illusion: Achievement effects at Boston and New York exam schools", *Econometrica* 82.1 (2014).

B. B. Le Cun, J. S. Denker, D. Henderson, R. E. Howard, W. Hubbard, L. D. Jackel., Handwritten digit recognition with a back-propagation network, in: Proceedings of the Advances in Neural Information Processing Systems (NIPS)(1989).

Bennett, Craig M., Michael B. Miller, and George L. Wolford., "Neural correlates of interspecies perspective taking in the post-mortem Atlantic Salmon: An argument for multiple comparisons correction", *Neuroimage* 47. Suppl 1 (2009): S125.

Blyth, Colin R., "On Simpson's paradox and the sure-thing principle", *Journal of the American Statistical Association* 67.338 (1972).

Breiman, Leo., "Random forests", *Machine learning* 45.1 (2001).

Gentry, C., "Fully homomorphic encryption using ideal Lattices.", in the 41st ACM Symposium on Theory of Computing (2009).

Hopfield, J. J., "Neural networks and physical systems with emergent collective computational abilities", *Proceedings of the National Academy of Science USA* 79 (1982).

Hinton, Geoffrey E., and Ruslan R. Salakhutdinov., "Reducing the dimensionality of data with neural networks", *science* 313.5786 (2006).

Just, Marcel Adam., *et al.*, "Functional and anatomical cortical underconnectivity in autism: evidence from an FMRI study of an executive function task and corpus callosum morphometry", *Cerebral cortex* 17.4 (2007).

Kaplan, E. L.; Meier, P., "Nonparametric estimation from incomplete observations", J. Amer., *Statist. Assoc.* 53 (282) (1958).

Lindberg, Mark, and Eric Rexstad., "Capture-recapture sampling designs", *Encyclopedia of environmetrics* 1 (2006).

McMahan, H., Moore, E., Ramgae, D., Hampson, S. & Arcas, BAy., "Communication-efficient learning of deep networks from decentralizeddata.", In Proceedings of the 20th international Conference on Artificial Intelligence and Statistics (AISTATS) (2017).

Rumelhart, David E.; Hinton, Geoffrey E.; Williams, Ronald J., "Learning representations by back-propagating errors", *Nature* 323 (1986a).

Scheaffer, R. L., "Size-biased sampling", *Technometrics* 14.3 (1972).

Sutskever, I., Vinyals, O., and Le, Q. V., Sequence to sequence learning with neural networks. In Advances in Neural Information Processing Systems (2014).

Yang, Mengmeng., *et al.*, "Local differential privacy and its applications: A comprehensive survey", arXiv preprint arXiv:2008.03686 (2020).

기타

김승환, 이것저것 연구소, https://blog.naver.com/swkim4610

조대협, 블로그, https://bcho.tistory.com

조승연, "강대국을 만드는 통계의 역사", 유튜브: 조승연의 탐구생활

하대청, 〈통계, 당신을 '정신병자'로 만들 수 있다〉 https://www.pressian.com/pages/articles/68273

https://steemit.com/kr/@teemocat/by

https://blog.naver.com/PostView.nhn?blogId=jiyong615&logNo=222141424253

데이터과학자의 사고법

1판 1쇄 발행 2021. 2. 15.
1판 5쇄 발행 2023. 5. 30.

지은이 김용대

발행인 고세규
편집 박보람 디자인 조은아 마케팅 이헌영 홍보 이한솔
발행처 김영사
등록 1979년 5월 17일(제406-2003-036호)
주소 경기도 파주시 문발로 197(문발동) 우편번호 10881
전화 마케팅부 031)955-3100, 편집부 031)955-3200 | 팩스 031)955-3111

값은 뒤표지에 있습니다.
ISBN 978-89-349-8682-9 03410

홈페이지 www.gimmyoung.com 블로그 blog.naver.com/gybook
인스타그램 instagram.com/gimmyoung 이메일 bestbook@gimmyoung.com

좋은 독자가 좋은 책을 만듭니다.
김영사는 독자 여러분의 의견에 항상 귀 기울이고 있습니다.

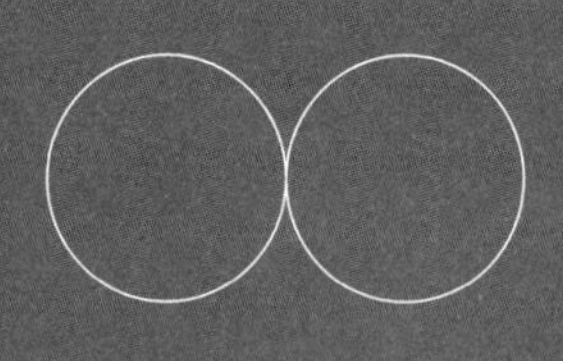